"十四五"普通高等教育城乡规划专业立体化系列规划

Introduction to
Rural Revitalization
Construction Plan

乡村振兴建设规划概论

主编 伍志凌 刘海静 包 静

WUHAN UNIVERSITY PRESS
武汉大学出版社

图书在版编目（CIP）数据

乡村振兴建设规划概论/伍志凌,刘海静,包静主编.—武汉:武汉大学出版社,2024.6
"十四五"普通高等教育城乡规划专业立体化系列规划教材
ISBN 978-7-307-24174-9

Ⅰ.乡⋯　Ⅱ.①伍⋯　②刘⋯　③包⋯　Ⅲ.乡村规划—中国—高等学校—教材
Ⅳ.TU982.29

中国国家版本馆 CIP 数据核字(2023)第 234071 号

责任编辑:郭　芳　　　责任校对:刘　杨　张钰晴　　　装帧设计:吴　极

出版发行:**武汉大学出版社**　　（430072　武昌　珞珈山）
（电子邮箱:whu_publish@163.com）
印刷:武汉雅美高印刷有限公司
开本:880×1230　　1/16　　印张:18　　字数:467 千字
版次:2024 年 6 月第 1 版　　2024 年 6 月第 1 次印刷
ISBN 978-7-307-24174-9　　定价:88.00 元

前 言

乡村振兴战略是以习近平同志为核心的党中央着眼国家事业与全局的重要部署，实施乡村振兴战略是促进乡村发展的重要举措。中国美，乡村必须美，乡村建设是乡村振兴的基础条件，也是必然要求，需要深刻把握现代化建设的规律与城乡关系变化的特征。党的十九大报告指出，我国社会主要矛盾已经转化为人民日益增长的美好生活需要和不平衡不充分的发展之间的矛盾。目前，乡村建设远落后于城市，乡村的建设需要一线工作人员、科研工作者扎根乡村，潜心研究与建设，绝不是挂挂画、画画墙、改改窗框的面子工程。

乡村振兴，规划先行。根据城乡规划专业人才培养目标，乡村规划是城乡规划专业重要的教学内容，同时也是近年来城乡规划学科和行业关注的热点话题之一。在国家全面实施乡村振兴战略背景下，乡村振兴规划对于国家加快乡村建设，全面实施乡村振兴战略具有重要意义。为适应新时代国家乡村振兴战略的需求，设立关于乡村振兴建设规划的教学内容实属必要。因此，顺应时代发展潮流，将"乡村振兴建设规划概论"作为城乡规划专业的选修课程，对于专业学科发展和专业人才培养具有举足轻重的作用。

目前，契合新时代国家乡村振兴战略的乡村规划设计类教材并不多见，本教材的编写目的就是让学生全面了解国内乡村发展现状，明确新时代国家实施乡村振兴战略的目标任务，掌握乡村振兴建设规划编制的内容和技术方法，掌握规划设计的新要求、新思路和新理念，熟悉近年来国内乡村振兴的实践路径和典型案例，综合培养学生的分析研究、统筹协调以及规划设计能力。

本教材理论架构清晰，内容全面、系统，重点突出，观点新颖，通俗易懂，实用性、可读性强。同时做到与时俱进，由浅入深，循序渐进，理论结合实践，图文并茂，较为符合当前乡村振兴背景下乡村规划建设和发展需要。本教材可作为高等学校城乡规划、建筑学、风景园林、城市地理等相关专业的教学参考书，也适合规划设计和相关行政管理人员参考使用。

编　者
2023 年 9 月

目　　录

第一章 乡村建设概述

乡村建设是伴随着人类聚居点的发展而产生的。乡村的发展经历了复杂、曲折的转型与重构。随着乡村振兴战略的提出，乡村建设进入新时期。实施乡村振兴战略，是党的十九大作出的重大决策部署，是决胜全面建成小康社会、全面建设社会主义现代化国家的重大历史任务，是新时代"三农"工作的总抓手，对于解决我国社会主要矛盾、实现"两个一百年"奋斗目标和中华民族伟大复兴具有重大意义。为促进乡村振兴战略的实施，2018年9月26日中共中央、国务院印发了《乡村振兴战略规划（2018—2022年）》。

第一节 乡村的相关概念、特征与类型

一、乡村概述

认识乡村必须从基本概念着手，并与农村、城市等相关概念进行比较分析，理解其差异和特点，如此才有助于后期对乡村振兴建设规划编制的研究。

（一）乡村的概念

对乡村的认知主要有三种视角：

一是基于乡村地理空间属性的认知，根据乡村空间和功能的非城市特征来界定乡村，即城市范围之外的地域统称为乡村；二是从政治经济学的视角来界定乡村，即根据生产方式、生活方式的非城市化特征来界定乡村，服务于农村经济生产与管理，以农业生产为主的地域就是乡村；三是强调乡村的社会文化属性，认为具有乡土文化氛围和农村社会结构特征的区域为乡村。

从乡村振兴战略实施和规划编制的角度而言，基于地理空间属性来认知乡村具有直观性和便于操作的优势。乡村就是具有自然、社会、经济特征的地域综合体，兼具生产、生活、生态、文化等多重功能，与城镇互促互进、共生共存，共同构成人类活动的主要空间。

从狭义上来讲，可以将乡村定义为以农民为主体、农业为主导、村庄为载体的农村地区，具体是指土地产权为集体所有、居民为农村户籍的行政管理空间单元。从广义上来讲，依据区域城乡二元结构理论，乡村是除城市之外的地域，区域生态空间、农业生产空间、农村生活空间和文化空间的总和。

（二）乡村与农村

农村和乡村在范围、产业结构、人口结构、行政级别和文化传统等方面有明显区别。首先，范围不同。乡村包括农村地区和市郊区域，而农村地区主要指农业区域，这意味着乡村的范围更广。其次，产业结构不同。乡村的经济发展不局限于农业，还包括其他产业，如制造业、服务业等，而农村地区的经济发展主要依靠农业生产。再次，人口结构不同。乡村地区比农村地区拥有更多的非农业人口，而农村地区的人口结构则比较单一，主要为从事农业生产的农民。最后，在行政级别方面，乡村是乡镇所辖的地域实体，以乡镇政府所在地为中心，包括其所管辖的全部乡村地域范围，不同于农村。除此以外，由于地理、气候等不同，乡村与农村的文化传统也有所不同。

（三）乡村与城市

乡村与城市相对而存在，是指与城市的发展程度差异较大的地区。这种差异表现在生产、生活方式等多方面，乡村的发展程度代表了乡村发展的不同阶段，城乡之间的关系也是动态发展的。

在社会急剧变迁的百年里，乡村在国家发展中的角色逐渐从经济、文化的源头沦为城市的附属。

随着乡村振兴战略的提出，需要重新思考"城"与"乡"的关系，强调城乡融合发展。这意味着乡村不再是城市的附属，而是与城市互相补充，并在国家发展新阶段承担着重要责任与使命。

二、乡村的主要特征

我国乡村具有如下主要特征。

（一）要素分散

乡村与城市最大的区别是其发展要素具有分散性：一是乡村居民点分散，服务于居民的公共服务设施难以集中布局；二是农村土地呈现分散细碎化特征，家庭联产承包责任制使得土地承包按照土地质量和地块远近分配，导致农业生产难以形成规模，呈分散、小规模的生产格局；三是以小农户经营为主的经营模式，使得农业生产及相关产业呈现分散、小规模特征。

（二）空间异质、类型多样

受复杂的自然地理条件以及经济社会发展水平影响，不同地区乡村发展的差异化特征显著。宏观尺度上，城市近郊区、平原区、山地丘陵区乡村发展差异十分显著，不同地区的乡村发展的阶段和动力机制不同，实施乡村振兴的路径也不尽相同。微观尺度上，即使同一地区，由于区位条件和经济基础存在差异，不同乡村的发展路径和振兴模式也有所不同。

（三）依赖城市

乡村是城市发展的缓冲区，乡村发展离不开城市的辐射与带动。一是农产品的消费主体主要来自城市，农产品的价格受附近城市居民收入水平与消费能力影响显著；二是由于农民的弱势性及其对非农就业的依赖性，中国有大量"城乡双漂"的农民工，他们的身份仍然是农民，但依附于城市，其70%以上收入来源于在城市务工；三是村庄建设与发展水平依赖于其周边城市公共服务和基础设施完备程度。

（四）产业受自然约束强

乡村产业与城市产业不同，种植业、乡村休闲旅游等乡村主导产业受自然因素约束、限制强。农业生产是自然再生产和经济再生产的过程，受气候和时间的限制，不确定性大，面临较高的自然灾害风险。多数乡村休闲旅游产业受季节限制，有旺季和淡季，营收难以保障。

三、乡村的类型

乡村类型是指根据乡村聚落某些共同点抽象出一些集合体，这些集合体涵盖了一定地域内乡村聚落的全部，并且内部具有高度一致性，互相之间具有高度差异性。依据不同的视角划分，结果也不尽相同，如表1.1所示。

表1.1　乡村类型划分视角及典型结果[①]

划分视角	亚类视角	典型结果
经济视角	经济水平视角	发达型、相对发达型、发展中型、相对落后型和落后型
	经济结构视角	农业主导型、工业主导型、商旅服务型和均衡发展型
	主导产业视角	旅游产业型、工业企业型、休闲产业型、商贸流通型、畜牧养殖型

① 段德罡，刘嘉伟.中国乡村类型划分研究综述［J］.西部人居环境学刊，2018，33（5）：78-83.

续表

划分视角	亚类视角	典 型 结 果
空间视角	生态环境视角	生态保护优先型、生态保护与城镇化发展并重型、城镇化发展型
	地形地貌视角	平原型、丘陵型、山地型
	发展与管制视角	空间增长型、空间控制型、空间紧缩型
	建设类型视角	转化型、改（扩）建型、新建型、保护型、控制型、搬迁型
	区位视角	城中村型、城郊村型、远郊村型
社会视角	家族权威视角	荣誉型、仲裁型、决策型、主管型
	社会结构视角	华南宗族型、中部原子化型、华北小亲族型

（一）按照经济视角分类

如依据经济水平，可将浙江省乡村划分为发达型、相对发达型、发展中型、相对落后型和落后型。从经济结构视角，可将沿海地区乡村划分为农业主导型、工业主导型、商旅服务型和均衡发展型四个类型。主导产业直接指导乡村产业发展，因此乡村也可分为旅游产业型、工业企业型、休闲产业型、商贸流通型、畜牧养殖型。

（二）按照空间视角分类

生态环境是乡村人工空间产生和发展的基础，基于生态敏感性、生态位等生态环境视角可将乡村划分为生态保护优先型、生态保护与城镇化发展并重型、城镇化发展型三类。地形地貌视角强调自然地理条件基础对村庄空间发展产生的影响，基于地形地貌视角可以把乡村划分为平原型、丘陵型及山地型三类。空间的发展与管制是乡村分类研究的重要视角，基于此视角可将乡村划分为空间增长型、空间控制型、空间紧缩型三种类型。乡村建设类型也是研究较多的内容，基于此视角可将乡村划分为转化型、改（扩）建型、新建型、保护型、控制型、搬迁型六类。区位视角下，研究者往往通过研究城乡空间关系、乡村区位，判断乡村类型，基于此视角可将乡村划分为城中村型、城郊村型、远郊村型三种类型。

（三）按照社会视角分类

乡村治理与乡村社会结构是社会学研究的重要内容。在当代中国村落家族文化的研究中，依据家族权威，可将乡村划分为荣誉型、仲裁型、决策型、主管型四种类型。根据乡村社会结构存在规律性差异，可将乡村划分为华南宗族型、中部原子化型、华北小亲族型。

（四）按照复合视角分类

为了科学有序引导乡村规划建设，促进乡村振兴，2019 年中共中央农村工作领导小组办公室、农业农村部、自然资源部、国家发展和改革委员会、财政部联合发布了《关于统筹推进村庄规划工作的意见》（农规发〔2019〕1 号），文件明确指出，综合考虑村庄人口变化、区位条件、资源禀赋等复合因素，将村庄划分为集聚提升类、城郊融合类、特色保护类和搬迁撤并类四种类型。

①集聚提升类：现有规模较大的中心村和其他仍将存续的规模一般的村庄，占乡村的大多数，是乡村振兴的重点。

②城郊融合类：城市近郊区以及县城城关镇所在地村庄，具备成为城市后花园的优势，也具有向城市转型的条件。

③特色保护类：历史文化名村、传统村落、少数民族特色村寨、特色景观旅游名村等自然历史文化特色资源丰富的村庄，是传承和彰显中华优秀传

统文化的重要载体。

④搬迁撤并类：生存条件恶劣、生态环境脆弱、自然灾害频发等地区的村庄，因重大项目建设需要搬迁的村庄，以及人口流失特别严重的村庄。

第二节　国内乡村建设

乡村建设简称乡建。狭义的乡村建设是指乡村物质形态的空间建设，是一种以改造空间为目的的在乡村地域环境中所做的建设活动。广义的乡村建设，除了物质空间建设外，还包括乡村的社会、经济、文化等方面的建设，是一种以改变人的观念意识为目的的建设活动或社会实践。

一、乡村建设的历程

乡村建设是伴随着人类聚居点的发展而产生的，与城乡空间关系的变革与发展密切相关。我国乡村经历了复杂、曲折的转型与重构。

（一）封建时期的"制度乡建"

1912年以前，封建时期的乡村建设，无论是空间建设，还是社会治理，都是封建宗法礼教制度约束下的产物，是"制度乡建"（图1.1）。伦理观念、等级意识反映在物质空间的建造中，小到门头屋脊的装饰物选择、色彩的应用，大到祠堂等重要公共空间布局、村庄空间肌理建构，都在强化宗族伦理秩序。我国封建时期的治理范式是"王权止于县政"，由于社会资源总量的限制，国家管理社会的方式主要体现为乡村社会自治。乡绅、乡贤等阶层承担乡村公共事务的管理职责，组织乡村农田水利、公共场所、桥梁道路、市政设施等的建设。封建时期的中国以乡村为主体，城市只承担政治和经济职能。

（二）民国时期的"救国乡建"

随着清政府被推翻，封建社会随之瓦解，中华民国成立后，社会亟须进行重新建设。一些仁人志士认为乡村掌握着中国社会的命脉，"救国乡建"是重新构造民国社会组织架构的良方。

"救国乡建"基于乡建者对社会体制瓦解、经济衰退、文化自信丧失等问题的关注，从重建制度框架、发展经济及文化复兴等层面推动乡村建设，进而实现救国目的（图1.2）。

民国"救国乡建"各实验区的理念与做法各有侧重，大致分为以下几种：一是以村民自治为核心的乡村治理模式；二是以经济建设为中心，强调以乡村工业化来实现乡村现代化的模式；三是以政治手段干预的乡村全体系管理模式；四是以现代化乡村教育、文化改良的民族自救和再造模式等。

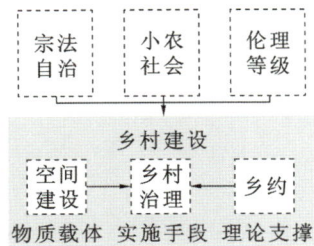

图1.1　"制度乡建"框架[1]

图1.2　"救国乡建"的框架[2]

[1]　段德罡，谢留莎，陈炼.我国乡村建设的演进与发展［J］.西部人居环境学刊，2021，36（1）：1–9.

[2]　同上。

（三）中华人民共和国成立后的乡建

1.1949—1978年：承载共产主义理想的人民公社化运动

1949年后，中国社会面临着两项重要的任务：一是完成政治重建，二是完成国民经济的体制改造。1958年开始的人民公社化运动，虽然形式上是经济活动，但实际上是潜在的政治重建工程。

为满足人民公社建设需要，建筑工程部（简称建工部）调派了大批专业团队建设乡村。这一阶段的乡村建设实质是国家意志支配下的技术下乡，通过人民民主专政建设乡村，在解决老百姓吃饭问题的同时为国家工业化服务，主要成果是农村组织建设、人民民主政治建设、集体经济制度建设、基础设施建设、科教文化建设、卫生医疗建设、乡村规划建设等全面提升，如图1.3所示。

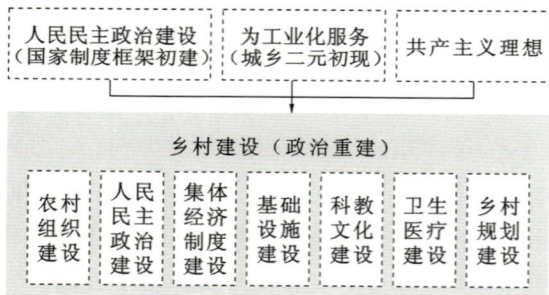

图1.3 "人民公社化运动"时期的乡建框架[1]

2.1979—2002年：重城轻乡背景下侧重房屋建设的技术输出

改革开放初期，国家发展的主阵地在城市，城乡差距拉大。十一届三中全会后，中共中央提出建立农工商综合经营的农业经济体制，乡镇企业逐渐发展，城乡开始竞争。自1985年起，城乡不平等关系开始加剧，为了引导乡村有序建设，1988年设立建设部，组织开展乡村住房建设、乡镇企业建设等乡村建设重点工作（图1.4）。

虽然村民新建了住房，解决了住房短缺问题，但乡村发展缺乏城乡合作机制，而且乡村公共产品严重缺乏，乡村其他各项建设均出现停滞或倒退。

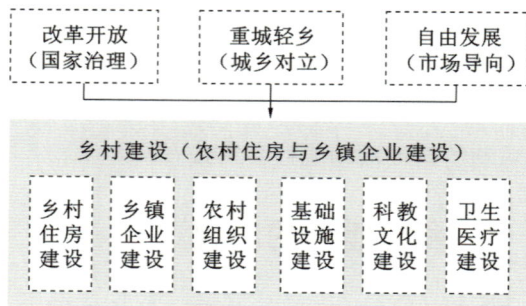

图1.4 "技术输出"时期的乡建框架[2]

3.2003年至今：城乡融合导向下的分阶段乡建

中央一号文件近20年持续关注"三农"问题，乡村发展逐步被中央高度关注。在国家政治导向和市场刺激下，社会各界全面加入乡村建设，引发了乡建热潮。从2003年浙江的"千万工程"，到2005年全国全面统筹城乡发展，大力发展并推进社会主义新农村建设，再到改善农村人居环境整治三年行动，体现了国家对乡村建设的重视。

该阶段的乡村建设重在基础。各级地方政府加大了对乡村建设的财政投入力度，改善了乡村的生活环境面貌，也影响了村民的价值观，促使其主动

---

[1] 段德罡，谢留莎，陈炼.我国乡村建设的演进与发展[J].西部人居环境学刊，2021，36（1）：1-9.
[2] 同上。

参与乡村建设，为实施乡村振兴战略奠定了重要基础。"新农村建设"时期的乡建框架如图1.5所示。

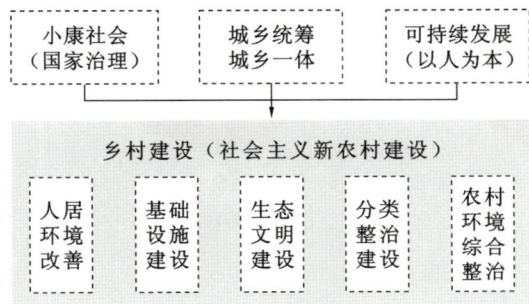

图1.5　"新农村建设"时期的乡建框架[①]

2018年，随着乡村振兴战略的提出，乡村建设进入新时期。"农地入市"成为农村经济结构转型的推手之一，户籍放宽、城镇吸引也促进了农村物质空间形态的重构，乡村建设的参与主体也更加多元。乡村建设包含了生态、产业、社会、空间、文化等多个维度。

该阶段的乡村建设并非简单的城市建设模式的复制，也并非单纯的工程建设或是田园情怀的寄托，更多在于乡村内在生命力的挖掘和生活品质的提升。当前，乡村振兴战略指导下的乡村建设与社会主义新农村建设时期的乡村建设相比，建设方式由"补齐短板"向"规划先行、分类推进"转变，建设理念由"城乡理念融合"向"城乡全要素融合"转变，建设重点由"物质空间建设"向"人的建设"转变。

"乡村振兴"时期的乡建框架如图1.6所示。

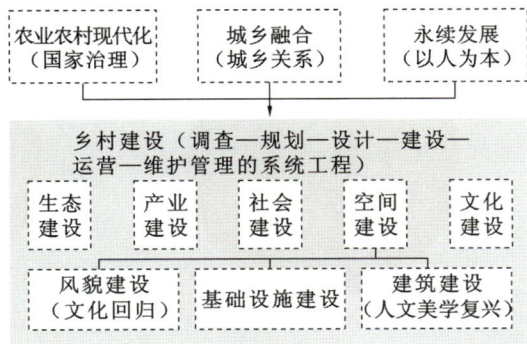

图1.6　"乡村振兴"时期的乡建框架[②]

二、乡村发展存在的问题

中国社会主要矛盾已转化为人民日益增长的美好生活需要和不平衡不充分的发展之间的矛盾，其中最大的发展不平衡是城乡发展不平衡，最大的发展不充分是乡村发展不充分。当前乡村发展存在的问题体现在以下几个方面：

（一）乡村人口结构失衡

随着工业化、城市化的进程加快，第二、第三产业迅速发展，近四十多年大量农村劳动力涌入城市，导致乡村普遍出现人口老龄化、空心化的现象。进入21世纪，我国人口城市化步伐进一步加快，城市人口数量呈不断上升趋势，农村人口数量迅速减少。大量青壮年为了追求更好的生活，提高收入水平，选择到城市打拼。导致乡村人口的年龄结构、性别结构出现严重失衡，留守在乡村的大多是老人、妇女、儿童，农业和乡村现代化的推进受到很大影响。我国2000年、2006年、2010年乡村人口的年龄结构如图1.7所示。

---

① 段德罡，谢留莎，陈炼.我国乡村建设的演进与发展［J］.西部人居环境学刊，2021，36（1）：1-9.

② 同上。

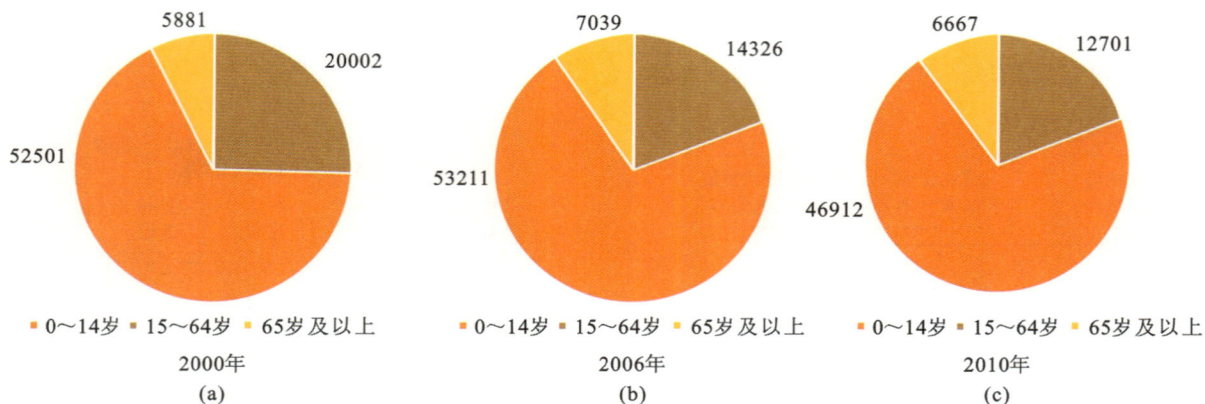

图1.7　我国乡村人口的年龄结构（单位：万人）①

（二）乡村产业发展滞后

从乡村的产业结构看，我国乡村第一产业的主要问题是生产效率不高，尤其是经济相对落后地区，仍在使用传统的生产方式；乡村第二产业生产工艺落后；乡村第三产业发展滞后。以家庭为单位的小规模农业经营模式制约了农业生产中现代要素的投入，农业的生产能力弱、生产效率低，一些主要农产品结构性矛盾突出，且阶段性问题浮现，导致我国农产品国际竞争力不强。一方面，农业生产风险大、收益低，导致了大量乡村土地闲置，造成了乡村土地资源严重浪费。另一方面，农业产业化程度较低，乡村产业结构单一，农民难以实现收入增加。

（三）基础设施不完善

随着美丽乡村建设的推进，乡村基础设施及公共服务已经得到极大改善，但仍无法满足乡村产业升级和农民提升生活质量的需求。乡村道路前期建设标准低，后期养护困难。乡村用电成本也明显高于城镇，恶劣天气时的断电现象严重。在供水方面，集中供水比例仍较低。农民患大病，乡镇医院无法医治，仍需到县级或更大规模的医院就医。乡村现

有垃圾处理设施不能满足日常生活需要，多数乡村没有修建污水处理设施和站点。以上因素使得乡村难以提供较高质量的人居环境，乡村发展受到制约。

（四）乡村传统文化衰落

乡村是一个天然共同体，基于人与人、人与自然、人与社会的长期互动而形成了独特的乡村文化，乡村文化规范着人、自然与社会的基本关系，维系着人们正常的生产秩序和生活秩序，没有了乡村文化，乡村就如同失去灵魂一般。随着城市化的发展，越来越多的农民"背土离乡"，由于生产、生活方式的改变，乡村传统文化存在的基础被破坏。我国现存的传统村落有着丰富的物质和非物质文化遗产，但这些文化遗产不断被埋没。有的人盲目崇尚城市文化、城市生活方式，不再认同乡村生活方式，导致原有的乡村价值观缺失，乡村传统文化难以传承，逐步衰落。

（五）乡村社会治理困难

目前，城乡差距越来越显著，农民在经济发展、社会安全、文化教育、医疗卫生等方面的诉求日益增多。现阶段我国快速推进的城市化进程客观上加

①　姜德波，彭程.城市化进程中的乡村衰落现象：成因及治理——"乡村振兴战略"实施视角的分析[J].南京审计大学学报，2018，15（1）：16-24.

大了乡村社会治理的难度。大量乡村人口外出务工后，出现了数量庞大的乡村留守群体；家庭成员的分居对乡村传统稳定的婚姻家庭结构造成了巨大的冲击；乡村公共生活缺乏活力；土地征用、拆迁等利益冲突事件频发；等等。这些情况在客观上给乡村社会治理带来了新的困扰和挑战：大量劳动力外出务工使乡村建设缺乏必要的主体；撤村并点等乡村社区调整使村民缺乏社区认同；基层政府和村委会开展乡村治理所需的经费支撑能力不足。

（六）乡村生态环境堪忧

城镇化带来的乡村生态环境问题是需要特别关注的问题。乡村环境污染不仅来自生活垃圾和工业生产排放，还有农牧业生产中产生的污染物，例如养殖业滥用激素和抗生素，种植业过量使用化肥、农药，造成水体和土壤中有毒物质和重金属含量超标；非法转基因作物在乡村不时突破监管底线。据2014年环境保护部和国土资源部联合发布的《全国土壤污染状况调查公报》，全国土壤污染总超标率为16.1%，耕地污染超标率为19.4%。乡村生态环境污染不仅影响空气、地表水，还危及地下水、土壤以及农作物的安全。乡村生态环境问题对空气、水、土壤、人体健康以及农业和乡村可持续发展的危害非常显著，由此引发的乡村群体性事件也逐年增多。

三、乡村建设面临的困境

在乡村建设过程中，不可避免地会受到"人、地、钱"等条件制约：

（一）人才困境

谁来建设？是基层地方政府、专业化人才还是广大农民？农民作为乡村的建设者和受益者，在乡村建设中发挥着关键性作用。乡村人口的流失导致"谁来种地、怎样种地"成为推进农业现代化亟须解决的难题。乡村留守人口年龄大、数量少，农忙时期人手不够、现代农业人才短缺问题突出。

乡村基层党组织是推进乡村振兴战略的主要力量，扮演着"带头人"的角色。但目前部分基层党组织人员的受教育水平较低、工作能力较弱且后备队伍不优，优秀基层干部人员短缺，严重制约着乡村组织力的提升。

新时代的农村需要更多优秀专业人才。产业兴旺的实现需要大量乡村管理人才、农业科技人才、电商人才，生态宜居的实现需要环境治理人才，乡风文明的实现需要文化传播人才，治理有效的实现需要治理能手，生活富裕的实现需要一批优秀的医疗、教育人才。乡村建设各环节都亟须引进更多优秀人才。

（二）土地困境

土地怎么改？怎么改革土地制度才合适？公共基础设施建设用地分配不合理且利用低效，征地拆迁等社会纠纷屡屡发生，是众多乡村在建设过程中普遍遇到的问题。

1978年家庭联产承包责任制的推行改变了我国落后的农业发展面貌，乡村的振兴同样离不开土地这一核心资源的高效利用。在乡村建设的过程中，公共利益界定模糊，导致乡村集体土地征收范围过宽，乡村集体土地被过度改为经营性用地，违背了党中央实施乡村建设行动的初衷。乡村集体建设用地不应该直接入市交易，乡村集体土地资产难以有效盘活，很难给农村带来收益。

关于宅基地使用权是否应该流转，学者们争议了多年。支持流转的学者认为宅基地作为农民的财产可以成为农民的收入来源之一，反对流转的学者认为宅基地的功能应该仅限于居住。如果单纯为了提高农民收入而允许宅基地自由流转，会引发城市

"圈地"运动，导致过度的低质量城市化，这对乡村未来发展不利。如何把握好宅基地流转的"度"需要进一步研究。

（三）资金困境

钱从哪里来？建设符合我国国情的美丽乡村，我们有足够的财政支持吗？应该如何引导更多资本投向乡村？当前乡村经济发展的资金主要来源于财政支农资金和信贷支农资金。乡村金融发展明显落后于城市，乡村金融体系尚未完善，财政支农资金投入不足，是制约我国乡村经济发展的重要原因。

同时，农户在开展生产活动遇到资金周转困难时，依旧无法通过正规信贷渠道获得资金支持，且地方政府干涉过多，乡村缺乏良好的金融信用环境，现行利率不适用，这些都在一定程度上使得银行在我国乡村发展困难，乡村发展面临资金困境。

■ 第三节　国外乡村建设

2021年中央一号文件出台后，"全面推进乡村振兴"落地见效，中国乡村建设如火如荼地开展。放眼全球，发达国家和地区，乡村建设是怎么实施的呢？

一、西欧国家的乡村建设

（一）循序渐进型：德国村庄更新

村庄更新是一项长期社会实践工作。循序渐进型模式是将乡村建设看作一项长期的社会实践工作，政府通过制度层面的法律法规调整，对乡村建设进行规范和引导。德国的村庄更新较具典型性。

1. 建设要点

德国的乡村建设起步于20世纪初期。其中，村庄更新是政府实施乡村建设的主要方式，历经了不同的发展阶段：① 1936年，政府通过实施《帝国土地改革法》，开始对乡村的农地建设、生产用地以及荒废地进行合理规划。② 1954年，村庄更新的概念被正式提出，在《土地整理法》中，政府将乡村建设和乡村公共基础设施完善作为村庄更新的重要任务。③ 1976年，德国在总结原有村庄更新经验的基础上，不仅首次将村庄更新写入新修订的《土地整理法》，而且试图保持村庄的地方特色和优势，对乡村的社会环境和基础设施进行整顿、完善。④ 20世纪90年代，村庄更新融入了更多的科学生态发展元素，乡村的文化价值、休闲价值和生态价值被提升到和经济价值同等重要的地位，实现了村庄的可持续发展。德国村庄更新（图1.8）的周期虽然漫长，但是所发挥的作用和起到的影响都是深远的。就乡村建设来说，这种循序渐进的乡村发展模式更能使乡村保持活力和特色。

2. 模式总结

循序渐进型模式是指为适应经济社会的快速发展，政府不断调整现行的乡村建设方式和手段，以实现乡村社会的整体效益。在循序渐进型的乡村建设模式下，政府通过宏观的规划制定和综合管理，依靠制度文本和法律框架促进乡村社会的有序发展。

（二）精简集约型：荷兰农地整理

精简集约型模式是指国土面积不大、乡村资源相对匮乏的国家，通过整合现有乡村资源，充分发挥地区优势，促进乡村社会的和谐发展，以荷兰的

图1.8 更新后的德国村庄

农地整理为代表。荷兰的国土面积仅为 4 万多平方公里，却常年占据世界第二大农业出口国的位置，这样的成就和荷兰乡村实行的精简集约型的农地整理模式是密切相关的。

1. 建设要点

早在20世纪50年代，荷兰政府就颁布实行了《土地整理法》，明确了政府在乡村治理中的各项职责和乡村发展的基本策略。1965 年通过的《空间规划法》对乡村社会的农地整理进行了详细的规定。

1970 年以后，荷兰政府重新审视了农地整理的目标，通过更加科学、合理的规划和管理，避免和减少农地利用的碎片化现象，实现农地经营的规模化。同时强调推进农业可持续发展，提高自然环境景观的质量；合法规划农地利用，推进乡村旅游和服务业的发展；提升乡村生活质量，满足地方需求等。从荷兰农地整理的方向来看，政府已经改变了过去单方面强调农业发展的做法，转向多目标的乡村建设。通过农地整理，荷兰的乡村不仅环境优良、景观美丽，而且农业经济发达，农民的生活条件得到极大改善。

荷兰的风车村和羊角村如图 1.9 所示。

图1.9 荷兰的风车村和羊角村

2. 模式总结

精简集约型模式是指在乡村资源相对有限的情况下，对乡村农地进行精耕细作、多重精简利用，以实现农业规模化和专业化，提高乡村建设经济社会效益。精简集约型模式一方面促进了乡村经济的发展，保护了乡村地区的自然生态环境；另一方面也有利于村庄可持续发展。

（三）生态环境治理型：瑞士乡村建设

生态环境治理型模式是指政府在乡村建设中，通过优美的环境、特色的乡村风光以及便利的交通设施来实现乡村社会的发展，提升乡村的吸引力，其中瑞士的乡村建设最为典型。随着城市化的发展，瑞士的乡村面积和农民人口不断减少，但是瑞士政府依旧将乡村发展作为推动国家前进的重要引擎，努力实现乡村社会的繁荣。

1. 建设要点

从瑞士政府在乡村建设中的主要做法来看，他们十分重视自然环境的美化和乡村基础设施的完善。瑞士政府制定相关激励政策，对农业发放资金补助，向农民提供商业贷款，改善乡村环境。政府通过财政拨款等方式，为乡村建设学校、医院、活动场所，修建天然气管道，改善交通基础设施等，以此完善乡村公共服务体系，缩小城乡之间的差距。在政府对乡村的持续性改造下，瑞士乡村风景优美，生机盎然；乡村基础设施完善，交通便利。现阶段，瑞士将乡村与周边的自然环境一起规划建设，乡村因其独具特色的田野风光，成了人们休闲娱乐和户外旅行的好去处。

瑞士的乡村风光与生态环境如图1.10所示。

2. 模式总结

生态环境治理型模式以绿色、环保理念为依托，强调将乡村社会的生态价值、文化价值、休闲价值、旅游价值以及经济价值相结合，从而提高乡村生活质量，满足地方发展需求。生态环境治理型模式在工业发达、城市化水平较高以及乡村建设已经达到领先水平的发达国家比较适用。

（四）综合发展型：法国乡村改革

综合发展型模式是指以满足乡村现代化的需求为核心，通过集中化、专业化以及规模化的建设方式，推动乡村的综合发展，法国的乡村改革最为典型。法国经济高度发达，既是一个工业强国，又是

图1.10 瑞士的乡村风光与生态环境

一个农业富国。法国只用了二十多年时间就实现了乡村现代化，这主要得益于法国政府采取了适宜的乡村建设策略，积极有效地推进乡村改革。法国乡村改革主要包括两方面内容，即"发展一体化农业＋开展领土整治"。

1.建设要点

发展一体化农业，就是在实施专业化生产和部门协调基础上，由工商业资本家与农场主通过控股或缔结合同等形式，利用现代科学技术和现代企业管理方式，把农业与同农业相关的工业、商业、运输、信贷等行业结合起来，组成利益共同体。开展领土整治，就是通过国家相关法律法规帮助和支持经济欠发达地区的乡村，实现乡村社会资源的优化配置，以此加快乡村社会的现代化建设。法国在发展一体化农业和开展领土整治工作中，非常强调应用财政扶持、技术保障以及教育培训等综合的方式来支持乡村建设，助推乡村社会的善治。这些措施最终加快了乡村地区的发展，使得乡村地区和城市的发展速度、经济水平和预期目标趋于平衡。

法国乡村的葡萄酒庄园和薰衣草庄园如图1.11所示。

2.模式总结

综合发展型模式在国家整体规划和科学指导下，通过有效协同的方式，加强各部门之间的联系，整合社会各个部门的优势资源，使其共同致力于推动乡村社会的发展。综合发展型模式非常强调合作机制的完善，通过融合和互促的手段建设利益共同体，以促进工农共同发展的良性经济循环，加快实现农业现代化。

二、北美国家的乡村建设

（一）城乡共生型：美国乡村小城镇建设

城乡共生型模式以遵循城乡互惠共生为原则，通过城市带动乡村、城乡一体化发展等策略来推动乡村社会的发展，最终实现工业与农业、城市与乡村的双赢，美国乡村小城镇建设最为典型。美国是世界上城市化水平最高的国家，在乡村建设过程中，非常推崇通过乡村小城镇建设来促进乡村社会的发展。

1.建设要点

1960年，美国开始推行"示范城市"试验计划，其实质就是通过对大城市的人口分流来推进中小城

图1.11　法国乡村的葡萄酒庄园和薰衣草庄园

镇的发展。在乡村小城镇的建设上，美国政府非常强调个性化功能的建设，发挥乡村区位优势，开发地区特色，以实现生活环境和休闲旅游的多重目标。小城镇有着良好的管理体制和规章制度，能够对全镇的经济社会进行统筹监管，保证小城镇有序与稳定发展。由于美国城乡一体化已经基本形成，乡村小城镇建设能够很好地带动乡村的发展。

美国乡村小城镇的风光如图1.12所示。

2. 模式总结

城乡共生型模式产生于特殊的社会人文环境，多见于经济发展程度较高的发达国家，以完善的乡村公共服务体系和发达的城乡交通条件为基础，能够全面提升国家的现代化水平。在城乡共生型模式下，政府在追求经济目标的同时，也重视乡村生态、文化、生活的多元化发展。

（二）伙伴协作型：加拿大农村计划

伙伴协作型模式是指在互相交流和充分沟通的基础上，通过跨部门之间的协商合作形成战略伙伴关系，共同致力于乡村善治目标的实现，加拿大的农村计划最为典型。虽然加拿大是世界上比较发达的国家之一，但也存在着城乡贫富分化的情况。为了改变这一情况，提升乡村社会的活力，加拿大政府颁布实施了《加拿大农村协作伙伴计划》，加大对乡村基础设施建设、公共事务治理以及村民就业教育问题的解决力度。

1. 建设要点

加拿大伙伴协作型模式主要包括五个方面的建设内容：第一，通过建立跨部门的乡村工作小组支持乡村工作和解决乡村问题，提高工作效率，降低政府行政成本；第二，建立乡村对话机制，定期举办乡村会议、交流学习、在线讨论等活动，及时掌握社情民意，为民众排忧解难；第三，构建乡村透镜机制，使各级政府部门官员站在村民立场上，时刻牢记为人民服务的宗旨；第四，组织和推动不同主题的乡村项目，激发企业和个人到乡村创业的激情；第五，在欠发达的乡村地区建立信息服务系统和电子政务网站，为村民提供信息咨询服务和专家指导建议。通过实行乡村协作计划，政府成了维护村民利益、提高村民生活水平的好伙伴，极大地推动了乡村地区的发展和社会的繁荣。

加拿大的乡村风光如图1.13所示。

图1.12　美国乡村小城镇的风光

图1.13　加拿大的乡村风光

2. 模式总结

伙伴协作型乡村治理模式改变了以往政府高高在上的形象，政府通过协调各部门之间的关系，与村民形成了新型的合作伙伴关系，积极帮助村民改善生活，促进乡村现代化的快速实现。伙伴协作型乡村治理模式的主要价值在于实现城乡的统筹协调发展，平衡城市与乡村的经济社会发展水平，提高乡村社会的整体效益。

三、亚洲国家的乡村建设

（一）因地制宜型：日本造村运动

因地制宜型模式是指在乡村建设中，挖掘本地资源、尊重地方特色，通过因地制宜地利用乡村资源来发展和推动乡村建设，最终实现乡村的可持续繁荣，日本的造村运动最为典型。

1. 建设要点

20世纪70年代，日本处于工业化和城市化快速发展阶段，国家片面重视发展城市工商业，致使乡村发展滞后。为了振兴乡村，实现城乡一体化目标，大分县知事平松守彦率先在全国发起了"立足乡土、自立自主、面向未来"的造村运动。在政府的大力倡导与扶持下，日本全国各地区根据自身的实际情况，因地制宜地培育富有地方特色的乡村发展模式，形成了为世人称道和效仿的"一村一品"。

首先，日本政府根据本国的自然条件状况，培育了独具特色的农产品生产基地，譬如水产品产业基地、香菇产业基地、牛产业基地等。其次，为了提升农产品的附加值，政府采取对农、林、牧、渔产品实行一次性深加工的策略。再次，充分发挥日本综合农协的作用，建立涵盖农产品生产、加工、流通和销售环节的产业链，促进产品的顺利交易。再次，通过完善教育模式，开设各类农业培训班，建立符合农民需求的补习中心，提高农民的综合素质。最后，政府对农业生产给予大量补贴，支持乡村发展。造村运动振兴了日本乡村经济，促进了日本农业现代化的实现。

日本的"一村一品"如图1.14所示。

2. 模式总结

因地制宜型模式在具体的乡村建设实践中，非常讲究具体问题具体分析，通过整合和开发本地特色资源，形成区域性的经济优势，从而打造富有地方特色的品牌产品。

图1.14 日本的"一村一品"

（二）自主协同型：韩国新村运动

自主协同型模式主要通过政府支持与农民自主发展相结合共同推动乡村治理目标的实现，以韩国的新村运动为代表。

1. 建设要点

和日本造村运动的背景相似，韩国新村运动也是在国内重点发展工业经济，推动城市发展，导致城乡两极分化、乡村人口大量外流、贫富悬殊的背景下开展的。20世纪70年代，韩国政府为了改善城乡关系，推动乡村发展，增加农民收入，决定在全国实行"勤勉、自助、协同"的新村运动。自主协同型的韩国新村运动具有科学的发展策略。

第一，针对乡村基础设施破旧的状况，政府在乡村积极修建公共道路、地下水管道，疏通河道，以此改善乡村生活环境，提升农民生活质量。第二，改变农业生产方式，推广水稻新品种，增种经济类作物，建立专业化农产品生产基地，提升农民的经济收入。"农户副业企业"计划、"新村工厂"计划以及"农村工业园区"计划都是政府为了优化农业产业结构、增加农民收入而实施的重要举措。第三，培育和发展互助合作型的农协，为各类农户提供专业服务和生产指导，提高农户的专业素养。第四，在各个乡村建立村民会馆，开展各类文化活动，激发农民的参与性和积极性。第五，在乡村开展国民精神教育活动，提高农民的知识文化水平，让农民自己管理和建设乡村。新村运动的实施改变了韩国落后的农业国面貌，使韩国乡村焕发了活力，实现了农业现代化的目标。

韩国的新村运动如图1.15所示。

2. 模式总结

自主协同型模式是一种自下而上的乡村发展模式，是在城乡差距十分大的国家或地区非常实用的一种乡村建设模式。一方面，政府为了维护自身的合法地位，塑造良好的形象，需要对乡村进行整治和改造；另一方面，农民也非常愿意通过自身的努力改变贫困的现状，提高生活质量和增加经济收入。

（三）创新技术型：新加坡都市农业

新加坡土地面积少的特点，造就了这个国家农业发展的特殊结构。在种植业结构上，大力发展果树、蔬菜、花卉等经济作物种植；在产业类型上，以高产值出口性农产品（如热带兰花、观赏性热带

图1.15　韩国的新村运动

鱼等）为主；在粮食结构上，主要生产鱼类、蔬菜和蛋类，且蔬菜仅有5%自产，绝大部分蔬菜从中国、马来西亚、印度尼西亚和澳大利亚进口。

1. 建设要点

一是发展高集约型农业。新加坡以追求农业高科技和高产值为目标，以建设现代化的农业科技园为载体，最大限度地提高农业生产力。现代集约型农业科技园是新加坡重要的都市农业发展模式。农业科技园的建设基本由国家投资，然后通过招标方式租给企业经营。每个科技园内都有不同性质的产业，如养鸡场、胡姬花园（出口多品种胡姬花）、鱼场（出口观赏鱼）、牛羊场、蘑菇园、豆芽农场等。这些农场应用最新、最适用的技术，以取得比常规农业系统更高的产量。二是打造创意垂直农场。提起新加坡现代化都市农业，不得不提到其创意垂直农场。这一节能环保型农场的动力能源取自太阳能、风力及不可食用的植物废料，并用处理过的污水来灌溉。三是农业发展服务业化。城内小区和郊区建立小型的农、林、牧生产基地，既为城市提供时鲜产品，又可取得非常可观的观光收入。

新加坡的都市农业如图1.16所示。

图1.16　新加坡的都市农业

2.模式总结

新加坡作为一个城市国家，素有"花园城市"之美誉。在几乎没有农田的背景下发展都市农业，注重以下几点：一是发展现代集约型农业科技园，提高食品自给率；二是建设都市型科技观光农业。

四、国外乡村建设经验总结

目前，世界主要发达国家和地区为改善乡村生活环境，提高乡村居民生活水平，缩小城乡发展差距，均已大力开展乡村建设，取得了良好效果且积累了丰富的经验。通过分析国外主要发达国家和地区乡村建设的发展历程、规划与政策措施、主要模式、组织方式和投融资渠道，可为国内乡村振兴战略的实施提供参考建议。

（一）乡村建设的发展历程

主要发达国家和地区的乡村建设，大致可以分为三个阶段：一是基础设施转变阶段，通过一系列改善乡村交通、水电、通信等状况的项目，完善和促进乡村基础设施建设，提高乡村生活质量。二是生产方式转变阶段，通过一系列项目和政策，如增加农业生产基础设施和建设工程，发展乡村旅游业等第三产业，增加农民收入，促进乡村经济绿色增长。三是乡村思想转变阶段，通过开展"农村启蒙"，兴建文化教育场所，如图书馆、休闲文化会馆等，加大乡村教育力度，提高农民的文化素质，提升其精神风貌，同时培养一批具有专业技能的农业人才，为乡村的持续发展奠定坚实的基础。

此外，从区域大小来看，乡村发展的趋势是由乡村单一发展向乡村区域统筹发展转变，邻近的乡村区域通过整合与统筹各自的发展规划与政策，形成一个统一发展的整体。

（二）乡村建设的规划与政策

国外发达国家和地区制定一系列规划和政策措施，促进乡村振兴，实现可持续发展。这些措施的主要目标是，加强粮食安全、减轻贫困以及鼓励自然资源的可持续管理。内容主要包括通过资助企业和合作社的发展来增加就业岗位和农民收入。同时，帮助建设乡村社区或完善社区设施，如水电设施、通信设施、学校、诊所和消防站等。但是规划与政策实施过程中，也会出现对环境造成严重破坏的情况，导致空气、土壤、地表水和地下水等污染，且使许多村庄的景观和文化建筑特征消失。

不同国家和地区发展程度不一致，乡村发展规划和政策重点也不相同。如美国和欧盟国家的乡村发展，优先考虑基础设施（道路、公共服务建筑和通信设施）的发展。

（三）乡村建设的主要模式

发达国家乡村建设以改变农业生产模式为主，通过加强基础设施建设和改善农业生产设备的方式来提高农业生产力，增加农民收入。同时，乡村居民利用乡村资源发展休闲旅游业，吸引城市居民体验乡村生活，带动当地农产品的地产直销，促进乡村地区经济发展。

目前，兴起的乡村旅游发展模式有日本的农家民宿、假期旅行、体验活动等方式，欧洲的休闲观光度假方式以及务农旅游等方式。乡村旅游的兴起，带动了乡村其他产业的发展。为保障乡村旅游等新兴行业的顺利发展，发达国家政府采取了一系列政策法规和经济措施。

例如，美国专门立法，从法律上保障乡村旅游健康发展；同时设立乡村旅游发展委员会等专门机构促进乡村旅游政策法规的实施；通过乡村旅游发展基金等项目加大对乡村旅游发展的资金投入等，为各地乡村旅游发展创造了良好的融资环境。日本中央政府制定详细的旅游发展规划，且提供技术支持、资金支持，而地方政府一般负责规划的落实等工作。

（四）乡村建设的组织方式

欧洲一些发达国家乡村建设采用的是自上而下的组织方式，主要表现为政府主导、民众参与，这种组织方式具有高效的特点，有的国家根据建设目标，通过项目组、联合会以及工作共同体等形式进行组织管理。一些国家则是采取自下而上的方式进行乡村建设，通过地方社区驱动和各社会部门合作的方式，高效推进乡村建设，这种方式具有很强的灵活性，例如日本的造村运动、韩国的新村运动等。

（五）乡村建设的投融资渠道

发达国家和地区乡村建设的投融资渠道，主要是政府财政支持，如农业生产补贴和中小企业发展补助等。如德国乡村建设资金主要来源于联邦政府、州政府、土地所有者和其他团体的融资；韩国的新村运动主要依靠中央政府拨款、地方政府融资，采取直接补贴或以优惠利率提供贷款及税务减免等形式来支持乡村企业创立、建设及日常运营。然而，对于税基普遍较弱的大多数发展中国家，对乡村发展的直接援助（如赠款和补贴形式）并不普遍，而倾向于将重点放在低成本和无成本的政策选择上。

第四节 乡村振兴的含义及乡村振兴战略的提出背景、特征及意义

一、乡村振兴的基本含义

（一）从字面意义来看

乡村振兴包括"乡村"和"振兴"两部分。根

据前文对于"乡村"概念的界定，"乡村"与"农村"内涵并非完全相同，"乡村"更具兼容性、动态性、综合性，强调农村、农民和农业的可持续发展。根据《现代汉语词典（第七版）》，"振兴"是指大力发展，使兴盛起来，其力度和范围均高于"发展"或者"建设"，振兴更具导向性和目标性。

（二）从语意逻辑来看

"乡村"说明了振兴的对象和范围。"振兴"说明了需要完成的目标，即将乡村面临的问题与当前国家"四化同步"和"五位一体"发展紧密结合在一起，最终实现乡村振兴目标。

（三）从科学内涵来看

乡村振兴是指通过制度创新、政策支持和工程技术等手段，改变现有制度、环境、技术条件下乡村发展滞后甚至衰退的态势，促进乡村转型和城乡融合发展，推动农业农村的现代化，实现农业强、农村美、农民富。乡村振兴发展包括资源开发利用、经济社会发展和自然人文耦合过程（图1.17）。

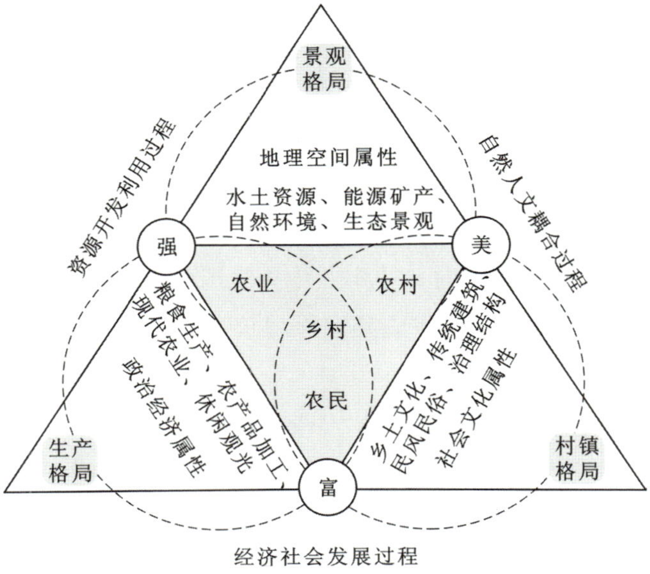

图1.17 乡村振兴发展的科学内涵[1]

① 王介勇，周墨竹，王祥峰.乡村振兴规划的性质及其体系构建探讨［J］.地理科学进展，2019，38（9）：1361-1369.

①资源开发利用过程，以乡村地域的自然生态资源为基础，进行农业种植等生产活动，是推动"农业强"的主导过程。事实上，乡村发展与变迁就是乡村水土资源开发利用的过程，乡村产业振兴的基础是其特色资源以及资源开发利用能力。

②经济社会发展过程，是农业经济增长、农民收入提高和乡土文化发展、农村治理改善的综合过程，是推动"农民富"的主导过程。

③自然人文耦合过程，促进自然与人文景观的耦合，形成独特的乡土文化景观和美学价值，是推动"农村美"的主导过程。

乡村发展过程的综合性特征，要求乡村振兴规划统筹考虑乡村发展的要素资源，把握乡村自然生态和经济社会发展的规律。

二、乡村振兴战略的提出背景

（一）提出的时间轴线

2017年10月，习近平总书记在党的十九大报告中正式提出乡村振兴战略。

2018年1月，中央一号文件《中共中央　国务院关于实施乡村振兴战略的意见》发布，全面实施乡村振兴战略。2018年9月，中共中央、国务院印发了《国家乡村振兴战略规划（2018—2022年）》。

2020年12月，《中共中央　国务院关于实现巩固拓展脱贫攻坚成果同乡村振兴有效衔接的意见》发布。

2021年2月，中央一号文件《中共中央　国务院关于全面推进乡村振兴加快农业农村现代化的意见》发布。同月，国务院直属机构国家乡村振兴局正式挂牌。2021年4月，十三届全国人大常委会第二十八次会议表决通过《中华人民共和国乡村振兴促进法》。

（二）提出的理论逻辑

1. 从历史维度来看

乡村问题是任何一个国家和地区在现代化进程中都会遇到的问题，而乡村衰落则是传统农业国的工业化、城镇化发展到了一定阶段后，在城乡二元体制和市场机制作用下，城乡差距拉大，进而出现的结构性问题。对中国来说，乡村衰落是现代化进程中"三农"问题的新表现与新挑战。中国经济社会发展的前半程是城乡二元结构与城乡二元体制并存的阶段，后半程则是实现城乡统筹、城乡一体化与促进城乡融合发展的阶段，而实施乡村振兴战略是中国现代化发展关键节点的必然选择。

2. 从现实维度来看

习近平总书记在党的十九大报告中提出的乡村振兴战略，首先是对乡村人口老龄化、乡村空心化、城乡公共服务不均等问题的一种关注；其次是针对社会主要矛盾变化的相应部署，乡村振兴战略不仅涵盖农民对美好生活的需要，也是满足城市居民对美好生活的需要，乡村要为整个社会提供优良的生态环境。在中国特色社会主义进入新时代的背景下提出乡村振兴战略来统领"三农"工作，立意更高，要求也更高，乡村振兴战略是新农村建设的升级版。

三、乡村振兴战略的特征

乡村振兴战略和科教兴国战略、人才强国战略、创新驱动发展战略、区域协调发展战略、可持续发展战略、军民融合发展战略一同被列为国家七大发展战略。作为一项关乎农业农村发展前景和国民经济发展方向的重大战略，乡村振兴战略具有系统性、长期性、融合性、差异性等特征。

（一）系统性

乡村振兴战略是针对乡村全面发展和城乡关系重构提出的总体规划，既是乡村发展全领域的总体部署，也是中国特色社会主义现代化经济体系的重要战略的重要内容之一，在战略目标、战略内容和战略实施主体等方面均具有显著的系统性。乡村振兴战略是多元目标的系统集成，不仅要求实现乡村的经济发展、社会进步，还要求实现乡村产业之间、经济与环境之间、生产与生活之间的融合，还包括城镇化、工业化发展目标与农业农村现代化发展目标的系统融合；乡村振兴战略不仅是现代农业发展，还包括乡村经济、社会、文化、生态等多个领域的发展。乡村振兴战略的实施主体不仅是政府和农民，还包括农业企业、村集体经济组织、农业合作社等，要求这些主体基于利益关系实现资源有机整合。

（二）长期性

乡村振兴战略是我国社会主义现代化建设战略的有机组成部分，贯穿基本实现社会主义现代化进而建成社会主义现代化强国的整个过程。因而实施乡村振兴战略具有近期目标、中期目标、长期目标，实施乡村振兴战略要秉持长期发展理念，避免急功近利、揠苗助长的短期化行为，要有步骤、有次序地推进，避免以短期项目建设的想法实施乡村振兴战略。

（三）融合性

乡村振兴战略不是就乡村谈乡村、就农业谈农业，而是城市与乡村、农业与非农业实现共同发展的战略，具有较强的融合性特征，既包括城乡规划布局的融合，又包括乡村产业发展、基础设施、公共服务、生态环境等领域的融合，还包括政府、农民、各类农业企业等乡村振兴主体，市场调节与政府调控，本地居民与外来居民之间、农民与农民之间、农民与村集体经济组织之间、农民与各类农业企业之间利益联结关系的融合。

（四）差异性

我国沿海与内地、平原与山区、城市近郊与远郊之间均存在较大差异，地区发展不均衡、农业农村发展基础差异较大的客观事实，决定了乡村振兴战略没有统一模板，需要各地区根据各自发展阶段、区位条件、要素禀赋等，针对不同类型、不同区域、不同特点的村庄，科学部署符合区域实际的乡村振兴战略规划，探索特色乡村振兴道路。

四、实施乡村振兴战略的重大意义

乡村兴则国家兴，乡村衰则国家衰。我国人民日益增长的美好生活需要和不平衡不充分的发展之间的矛盾在乡村最为突出，我国仍处于并将长期处于社会主义初级阶段的特征很大程度上表现在乡村。全面建设社会主义现代化强国，最艰巨、最繁重的任务在农村，最广泛、最深厚的基础在农村，最大的潜力和后劲也在农村。实施乡村振兴战略，是解决新时代我国社会主要矛盾、实现"两个一百年"奋斗目标和中华民族伟大复兴中国梦的必然要求，具有重大现实意义和深远历史意义。

（一）是建设现代化经济体系的重要基础

农业是国民经济的基础，乡村经济是现代化经济体系的重要组成部分。乡村振兴，产业兴旺是重点。实施乡村振兴战略，深化农业供给侧结构性改革，构建现代农业产业体系、生产体系、经营体系，实现农村一二三产业深度融合发展，有利于推动农业从增产导向转向提质导向，增强我国农业创新力和竞争力，为建设现代化经济体系奠定坚实基础。

（二）是建设美丽中国的关键举措

农业是生态产品的重要供给者，乡村是生态涵养的主体区，生态是乡村最大的发展优势。乡村振兴，生态宜居是关键。实施乡村振兴战略，统筹山水林田湖草系统治理，加快推行乡村绿色发展方式，加强乡村人居环境整治，有利于构建人与自然和谐共生的乡村发展新格局，实现百姓富、生态美的统一。

（三）是传承中华优秀传统文化的有效途径

中华文明根植于农耕文化，乡村是中华文明的基本载体。乡村振兴，乡风文明是保障。实施乡村振兴战略，深入挖掘农耕文化蕴含的优秀思想观念、人文精神、道德规范，结合时代要求，在保护传承农耕文化的基础上创造性转化、创新性发展，有利于在新时代焕发出乡风文明的新气象，进一步丰富和传承中华优秀传统文化。

（四）是健全现代社会治理格局的固本之策

社会治理的基础在基层，薄弱环节在乡村。乡村振兴，治理有效是基础。实施乡村振兴战略，加强乡村基层基础工作，健全乡村治理体系，确保广大农民安居乐业、乡村社会安定有序，有利于打造共建共治共享的现代社会治理格局，推进国家治理体系和治理能力现代化。

（五）是实现全体人民共同富裕的必然选择

农业强不强、农村美不美、农民富不富，关乎亿万农民的获得感、幸福感、安全感，关乎全面建成小康社会全局。乡村振兴，生活富裕是根本。实施乡村振兴战略，不断拓宽农民增收渠道，全面改善农村生产生活条件，促进社会公平正义，有利于增进农民福祉，让亿万农民走上共同富裕的道路，汇聚起建设社会主义现代化强国的磅礴力量。

第二章　乡村振兴
战略解析

2018 年中央一号文件《中共中央 国务院关于实施乡村振兴战略的意见》对实施乡村振兴战略进行了全面部署，指出实施乡村振兴战略，是党的十九大作出的重大决策部署，是决胜全面建成小康社会、全面建设社会主义现代化国家的重大历史任务，是新时代"三农"工作的总抓手。该意见以习近平新时代中国特色社会主义思想为指导，按照产业兴旺、生态宜居、乡风文明、治理有效、生活富裕的总要求，提出了实施路径和时间表，细化、实化工作重点和政策措施，是指导各地区各部门分类有序推进乡村振兴的重要依据。

第一节　战略总体要求

乡村振兴按照产业兴旺、生态宜居、乡风文明、治理有效、生活富裕的总要求，建立健全城乡融合发展体制机制和政策体系，统筹推进乡村经济建设、政治建设、文化建设、社会建设、生态文明建设和党的建设，加快推进乡村治理体系和治理能力现代化，加快推进农业农村现代化，走中国特色社会主义乡村振兴道路，让农业成为"有奔头"的产业，让农民成为有吸引力的职业，让农村成为安居乐业的美丽家园。

一、二十字总体方针

乡村振兴战略二十字方针"产业兴旺、生态宜居、乡风文明、治理有效、生活富裕"是党的十九大报告提出的实施乡村振兴战略的总要求。这五个方面是一个有机整体，不可分割，相互促进与协调，共同推动乡村振兴战略目标的实现。与 2005 年提出的社会主义新农村建设二十字方针相比，要求更高、内涵更丰富、措施更综合。乡村振兴与建设社会主义新农村的关系如图 2.1 所示。

（一）产业兴旺是基石

发展现代农业是产业兴旺最重要的内容，重点是通过产品、技术、制度、组织与管理创新，提升良种化、机械化、科技化、信息化、标准化、制度化以及组织化水平，推进农业、林业、牧业、渔业和农产品加工业转型升级。一方面，大力发展以培养新型职业农民、适度规模经营、外包服务与绿色农业为主要内容的现代农业；另一方面，推动农村三大产业融合发展，推动农业产业链延伸，给农民创造更多就业与增收机会。

（二）生态宜居是保证

生态宜居是提高乡村发展质量的保证。其内容

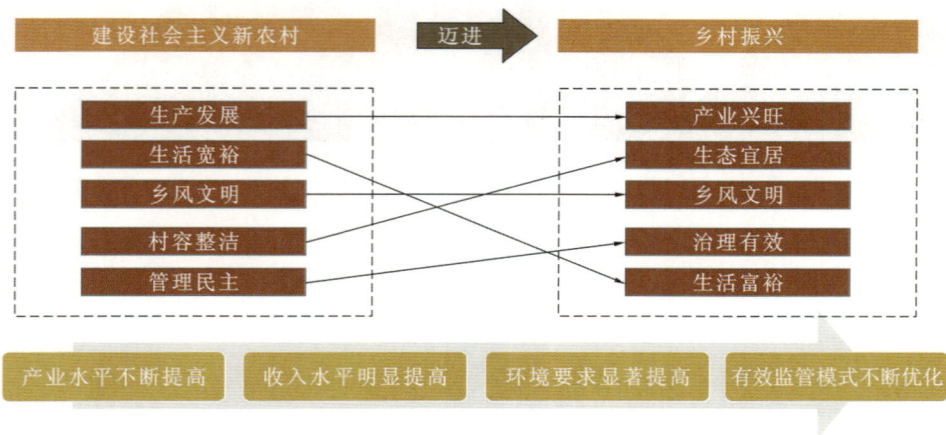

图2.1　乡村振兴与建设社会主义新农村的关系

包括村容整洁，村内水、电、路等基础设施完善，秉承保护自然、顺应自然、敬畏自然的生态文明理念。它提倡保留乡土气息、保存乡村风貌、保护乡村生态系统、治理乡村环境污染，实现人与自然和谐共生，让乡村更加美丽。

（三）乡风文明是灵魂

乡风文明建设既包含推动农村文化教育、医疗卫生等事业发展，改善乡村基本公共服务；又包含大力弘扬社会主义核心价值观，传承遵规守约、尊老爱幼、邻里互助、诚实守信等乡村良好习俗，努力实现乡村传统文化与现代文明的结合；还包含充分参考国内外乡村文明的优秀成果，实现乡风文明与时俱进。

（四）治理有效是核心

治理越有效，乡村振兴战略的实施效果就越好。因此，应建立健全党委领导、政府负责、社会协同、公众参与、法治保障的现代乡村社会治理体制，健全自治、法治、德治相结合的乡村治理体系，加强农村基层基础工作，加强农村基层党组织建设，推进村民自治实践，建设平安乡村。进一步密切党群、干群关系，有效协调农户利益与集体利益、短期利益与长期利益，保证乡村社会充满活力、和谐有序。

（五）生活富裕是目标

乡村振兴战略的实施效果要用农民生活富裕水平来评价。因此，要努力保持农民收入较快增长，持续降低农村居民的恩格尔系数，持续缩小城乡居民贫富差距，让广大农民群众和全国人民一道朝着共同富裕目标迈进。

二、三步走分期目标

党的十九大首次提出实施乡村振兴战略后，中

央农村工作会议立足当前、面向长远，就如何实施乡村振兴战略作出了具体部署，将实施乡村振兴战略作为新时代做好"三农"工作的总抓手、新旗帜，并明确实施乡村振兴战略的目标和任务，提出了实施乡村振兴战略三步走目标，如图2.2所示。

图2.2　乡村振兴战略三步走目标

（一）至2020年近期目标

到2020年，乡村振兴取得重要进展，制度框架和政策体系基本形成。农业综合生产能力稳步提升，农业供给体系质量明显提高，乡村一二三产业融合发展水平进一步提升；农民增收渠道进一步拓宽，城乡居民生活水平差距持续缩小；现行标准下农村贫困人口实现脱贫，贫困县全部摘帽，解决区域性整体贫困；农村基础设施建设深入推进，农村人居环境明显改善，美丽宜居农村建设扎实推进；城乡基本公共服务均等化水平进一步提高，城乡融合发展体制机制初步建立；乡村对人才吸引力逐步增强；农村生态环境明显好转，农业生态服务能力进一步提高；以党组织为核心的农村基层组织建设进一步加强，乡村治理体系进一步完善；党的农村工作领导体制机制进一步健全；各地区各部门推进乡村振兴的思路举措得以确立。

（二）至2035年远期目标

到2035年，乡村振兴取得决定性进展，农业农村现代化基本实现。农业结构得到根本性改善，农民就业质量显著提高，相对贫困进一步缓解，共同富裕迈出坚实步伐；城乡基本公共服务均等化基本实现，城乡融合发展体制机制更加完善；乡风文

明达到新高度，乡村治理体系更加完善；农村生态环境根本好转，美丽宜居乡村基本实现。

（三）至2050年远景目标

到2050年，乡村全面振兴，农业强、农村美、农民富全面实现。在此阶段，需要在乡村文化、生态环境和社会治理方面进行决胜攻坚，尤其是乡村文化的重振不是一朝一夕就能完成的任务，需要从人才培育、基础设施建设、思想道德引导和文化素质教育等方面进行长期和综合的培养，因此实现文化的振兴是乡村振兴决胜阶段的关键内容。在乡村文化振兴的基础上，乡村的生态环境和社会治理将会得到极大改善，由此，人、自然、社会的良性互动与循环就能在乡村中得以形成，最终使乡村实现从物质到精神的全面振兴。

三、七条实施路径

2018年的中央农村工作会议，首次提出走中国特色社会主义乡村振兴道路，并对中国特色社会主义乡村振兴道路的具体实施路径进行了阐述，对我国乡村振兴具有重要的指导意义。

（一）走城乡融合发展之路

必须重塑城乡关系，走城乡融合发展之路。要坚持以工补农、以城带乡，把公共基础设施建设的重点放在农村，推动农村基础设施建设提档升级，优先发展农村教育事业，促进农村劳动力转移就业和农民增收，加强农村社会保障体系建设，推进健康乡村建设，持续改善农村人居环境，逐步建立健全全民覆盖、普惠共享、城乡一体的基本公共服务体系，让符合条件的农业转移人口在城市落户定居，推动新型工业化、信息化、城镇化、农业现代化同步发展，加快形成工农互促、城乡互补、全面融合、共同繁荣的新型工农城乡关系。

（二）走共同富裕之路

必须巩固和完善农村基本经营制度，走共同富裕之路。要坚持农村土地集体所有，坚持家庭经营基础性地位，坚持稳定土地承包关系，壮大集体经济，建立符合市场经济要求的集体经济运行机制，确保集体资产保值增值，确保农民受益。

（三）走质量兴农之路

必须深化农业供给侧结构性改革，走质量兴农之路。坚持质量兴农、绿色兴农，实施质量兴农战略，加快推进农业由增产导向转向提质导向，夯实农业生产能力基础，确保国家粮食安全，构建农村一二三产业融合发展体系，积极培育新型农业经营主体，促进小农户和现代农业发展有机衔接，推进"互联网+现代农业"加快构建现代农业产业体系、生产体系、经营体系，不断提高农业创新力、竞争力和全要素生产率，加快实现由农业大国向农业强国转变。

（四）走乡村绿色发展之路

必须坚持人与自然和谐共生，走乡村绿色发展之路。以绿色发展引领生态振兴，统筹山水林田湖草系统治理，加强农村突出环境问题综合治理，建立市场化多元化生态补偿机制，增加农业生态产品和服务供给，实现百姓富、生态美的统一。

（五）走乡村文化兴盛之路

必须传承发展提升农耕文明，走乡村文化兴盛之路。坚持物质文明和精神文明一起抓，弘扬和践行社会主义核心价值观，加强农村思想道德建设，传承发展农村优秀传统文化，加强农村公共文化建设，开展移风易俗行动，提升农民精神风貌，培育文明乡风、良好家风、淳朴民风，不断提高乡村社会文明程度。

（六）走乡村善治之路

必须创新乡村治理体系，走乡村善治之路。建立健全党委领导、政府负责、社会协同、公众参与、法治保障的现代乡村社会治理体制，健全自治、法治、德治相结合的乡村治理体系，加强农村基层基础工作，加强农村基层党组织建设，深化村民自治实践，严肃查处侵犯农民利益的"微腐败"，建设平安乡村，确保乡村社会充满活力、和谐有序。

（七）走中国特色减贫之路

必须打好精准脱贫攻坚战，走中国特色减贫之路。坚持精准扶贫、精准脱贫，把提高脱贫质量放在首位，注重扶贫同扶志、扶智相结合，瞄准贫困人口精准帮扶，聚焦深度贫困地区集中发力，激发贫困人口内生动力，强化脱贫攻坚责任和监督，开展扶贫领域腐败和作风问题专项治理，采取更加有力的举措、更加集中的支持、更加精细的工作，坚决打好精准脱贫这场对全面建成小康社会具有决定意义的攻坚战。

四、七项基本原则

（一）坚持党管农村工作

毫不动摇地坚持和加强党对农村工作的领导，健全党管农村工作方面的领导体制机制和党内法规，确保党在农村工作中始终总揽全局、协调各方，为乡村振兴提供坚强有力的政治保障。

（二）坚持农业农村优先发展

把实现乡村振兴作为全党的共同意志、共同行动，做到认识统一、步调一致，在干部配备上优先考虑，在要素配置上优先满足，在资金投入上优先保障，在公共服务上优先安排，加快补齐农业农村短板。

（三）坚持农民主体地位

充分尊重农民意愿，切实发挥农民在乡村振兴中的主体作用，调动亿万农民的积极性、主动性、创造性，把维护农民群众根本利益、促进农民共同富裕作为出发点和落脚点，促进农民持续增收，不断提升农民的获得感、幸福感、安全感。

（四）坚持乡村全面振兴

准确把握乡村振兴的科学内涵，挖掘乡村多种功能和价值，统筹谋划农村经济建设、政治建设、文化建设、社会建设、生态文明建设和党的建设，注重协同性、关联性，整体部署，协调推进。

（五）坚持城乡融合发展

坚决破除体制机制弊端，使市场在资源配置中起决定性作用，更好发挥政府作用，推动城乡要素自由流动、平等交换，推动新型工业化、信息化、城镇化、农业现代化同步发展，加快形成工农互促、城乡互补、全面融合、共同繁荣的新型工农城乡关系。

（六）坚持人与自然和谐共生

牢固树立和践行绿水青山就是金山银山的理念，落实节约优先、保护优先、自然恢复为主的方针，统筹山水林田湖草系统治理，严守生态保护红线，以绿色发展引领乡村振兴。

（七）坚持因地制宜、循序渐进

科学把握乡村的差异性和发展走势分化特征，做好顶层设计，注重规划先行、因势利导、突出重点、分类施策、典型引路。既尽力而为，又量力而行，不搞层层加码，不搞一刀切，不搞形式主义，久久为功，扎实推进。

■ 第二节　战略主要任务

一、提升农业发展质量

乡村振兴，产业兴旺是重点。必须坚持质量兴农、绿色兴农，以农业供给侧结构性改革为主线，加快构建现代农业产业体系、生产体系、经营体系，提高农业创新力、竞争力和全要素生产率，加快实现由农业大国向农业强国转变。

（一）夯实农业生产能力基础

深入实施藏粮于地、藏粮于技战略，严守耕地红线，确保国家粮食安全，把中国人的饭碗牢牢端在自己手中。全面落实永久基本农田特殊保护制度，加快划定和建设粮食生产功能区、重要农产品生产保护区，完善支持政策。大规模推进乡村土地整治和高标准农田建设，稳步提升耕地质量，强化监督考核和地方政府责任。加强农田水利建设，提高抗旱防洪除涝能力。实施国家农业节水行动，加快灌区续建配套与现代化改造，推进小型农田水利设施达标提质，建设一批重大高效节水灌溉工程。加快建设国家农业科技创新体系，加强面向全行业的科技创新基地建设。深化农业科技成果转化和推广应用改革。加快发展现代农作物、畜禽、水产、林木种业，提升自主创新能力。高标准建设国家南繁科研育种基地。推进我国农机装备产业转型升级，加强科研机构、设备制造企业联合攻关，进一步提高大宗农作物机械国产化水平，加快研发经济作物、养殖业、丘陵山区农林机械，发展高端农机装备制造。优化农业从业者结构，加快建设知识型、技能型、创新型农业经营者队伍。大力发展数字农业，实施智慧农业林业水利工程，推进物联网试验示范和遥感技术应用。

（二）实施质量兴农战略

制定和实施国家质量兴农战略规划，建立健全质量兴农评价体系、政策体系、工作体系和考核体系。深入推进农业绿色化、优质化、特色化、品牌化，调整优化农业生产力布局，推动农业由增产导向转向提质导向。推进特色农产品优势区创建，建设现代农业产业园、农业科技园。实施产业兴村强县行动，推行标准化生产，培育农产品品牌，保护地理标志农产品，打造一村一品、一县一业发展新格局。加快发展现代高效林业，实施兴林富民行动，推进森林生态标志产品建设工程。加强植物病虫害、动物疫病防控体系建设。优化养殖业空间布局，大力发展绿色生态健康养殖，做大做强民族奶业。统筹海洋渔业资源开发，科学布局近远海养殖和远洋渔业，建设现代化海洋牧场。建立产学研融合的农业科技创新联盟，加强农业绿色生态、提质增效技术研发应用，切实发挥农垦在质量兴农中的带动引领作用。实施食品安全战略，完善农产品质量和食品安全标准体系，加强农业投入品和农产品质量安全追溯体系建设，健全农产品质量和食品安全监管体制，重点提高基层监管能力。

（三）构建农村一二三产业融合发展体系

大力开发农业多种功能，延长产业链、提升价值链、完善利益链，通过保底分红、股份合作、利润返还等多种形式，让农民合理分享全产业链增值收益。实施农产品加工业提升行动，鼓励企业兼并重组，淘汰落后产能，支持主产区农产品就地加工转化增值。重点解决农产品销售中的突出问题，加强农产品产后分级、包装、营销，建设现代化农产品冷链仓储物流体系，打造农产品销售公共服务平台，支持供销、邮政及各类企业把服务网点延伸到乡村，健全农产品产销稳定衔接机制，大力建设具有广泛性的促进农村电子商务发展的基础设施，鼓励支持各类市场主体创新发展基于互联网的新型农业产业模式，深入实施电子商务进农村综合示范，加快推进农村流通现代化。实施休闲农业和乡村旅游精品工程，建设一批设施完备、功能多样的休闲观光园区、森林人家、康养基地、乡村民宿、特色小镇。对利用闲置农房发展民宿、养老等项目，研究出台消防、特种行业经营等领域便利市场准入、加强事中事后监管的管理办法。发展乡村共享经济、创意农业、特色文化产业。

（四）构建农业对外开放新格局

优化资源配置，着力节本增效，提高我国农产品国际竞争力。实施特色优势农产品出口提升行动，扩大高附加值农产品出口。建立健全我国农业贸易政策体系。深化与"一带一路"合作伙伴和地区农产品贸易关系。积极支持农业走出去，培育具有国际竞争力的大粮商和农业企业集团。积极参与全球粮食安全治理和农业贸易规则制定，促进形成更加公平合理的农业国际贸易秩序。进一步加大农产品反走私综合治理力度。

（五）促进小农户和现代农业发展有机衔接

统筹兼顾培育新型农业经营主体和扶持小农户，采取有针对性的措施，把小农生产引入现代农业发展轨道。培育各类专业化市场化服务组织，推进农业生产全程社会化服务，帮助小农户节本增效。发展多样化的联合与合作，提升小农户组织化程度。注重发挥新型农业经营主体带动作用，打造区域公用品牌，开展农超对接、农社对接，帮助小农户对接市场。扶持小农户发展生态农业、设施农业、体验农业、定制农业，提高产品档次和附加值，拓展增收空间。改善小农户生产设施条件，提升小农户抗风险能力。研究制定扶持小农生产的政策意见。

二、推进乡村绿色发展

乡村振兴，生态宜居是关键。良好生态环境是农村最大优势和宝贵财富。必须尊重自然、顺应自然、保护自然，推动乡村自然资本加快增值，实现百姓富、生态美的统一。

（一）统筹山水林田湖草系统治理

把山水林田湖草作为一个生命共同体，进行统一保护、统一修复。实施重要生态系统保护和修复工程。健全耕地草原森林河流湖泊休养生息制度，分类有序退出超载的边际产能。扩大耕地轮作休耕制度试点。科学划定江河湖海限捕、禁捕区域，健全水生生态保护修复制度。实行水资源消耗总量和强度双控行动。开展河湖水系连通和乡村河塘清淤整治，全面推行河长制、湖长制。加大农业水价综合改革工作力度。开展国土绿化行动，推进荒漠化、石漠化、水土流失综合治理。强化湿地保护和恢复，继续开展退耕还湿。完善天然林保护制度，把所有天然林都纳入保护范围。扩大退耕还林还草、退牧还草，建立成果巩固长效机制。继续实施三北防护林体系建设等林业重点工程，实施森林质量精准提升工程。继续实施草原生态保护补助奖励政策。实施生物多样性保护重大工程，有效防范外来生物入侵。

（二）加强农村突出环境问题综合治理

加强农业面源污染防治，开展农业绿色发展行动，实现投入品减量化、生产清洁化、废弃物资源化、产业模式生态化。推进有机肥替代化肥、畜禽粪污处理、农作物秸秆综合利用、废弃农膜回收、病虫害绿色防控。加强农村水环境治理和农村饮用水水源保护，实施农村生态清洁小流域建设。扩大华北地下水超采区综合治理范围。推进重金属污染耕地防控和修复，开展土壤污染治理与修复技术应用试点，加大东北黑土地保护力度。实施流域环境和近岸海域综合治理。严禁工业和城镇污染向农业农村转移。加强农村环境监管能力建设，落实县乡两级农村环境保护主体责任。

（三）建立市场化、多元化生态补偿机制

落实农业功能区制度，加大重点生态功能区转移支付力度，完善生态保护成效与资金分配挂钩的激励约束机制。鼓励地方在重点生态区位推行商品林赎买制度。健全地区间、流域上下游之间横向生态保护补偿机制，探索建立生态产品购买、森林碳汇等市场化补偿制度。建立长江流域重点水域禁捕补偿制度。推行生态建设和保护以工代赈做法，提供更多生态公益岗位。

（四）增加农业生态产品和服务供给

正确处理开发与保护的关系，运用现代科技和管理手段，将乡村生态优势转化为发展生态经济的优势，提供更多更好的绿色生态产品和服务，促进生态和经济良性循环。加快发展森林草原旅游、河湖湿地观光、冰雪海上运动、野生动物驯养观赏等产业，积极开发观光农业、游憩休闲、健康养生、生态教育等服务。创建一批特色生态旅游示范村镇和精品线路，打造绿色生态环保的乡村生态旅游产业链。

三、繁荣兴盛乡村文化

乡村振兴，乡风文明是保障。必须坚持物质文明和精神文明一起抓，提升农民精神风貌，培育文明乡风、良好家风、淳朴民风，不断提高乡村社会文明程度。

（一）加强农村思想道德建设

以社会主义核心价值观为引领，坚持教育引导、实践养成、制度保障三管齐下，采取符合农村特点的有效方式，深化中国特色社会主义和中国梦宣传教育，大力弘扬民族精神和时代精神。加强爱国主义、集体主义、社会主义教育，深化民族团结进步教育，加强农村思想文化阵地建设。深入实施公民道德建设工程，挖掘农村传统道德教育资源，推进社会公德、职业道德、家庭美德、个人品德建设。推进诚信建设，强化农民的社会责任意识、规则意识、集体意识、主人翁意识。

（二）传承、发展、提升农村优秀传统文化

立足乡村文明，吸取城市文明及外来文化优秀成果，在保护传承的基础上，创造性转化、创新性发展，不断赋予时代内涵、丰富表现形式。切实保护好优秀农耕文化遗产，推动优秀农耕文化遗产合理适度利用。深入挖掘农耕文化蕴含的优秀思想观念、人文精神、道德规范，充分发挥其在凝聚人心、教化群众、淳化民风中的重要作用。划定乡村建设的历史文化保护线，保护好文物古迹、传统村落、民族村寨、传统建筑、农业遗迹、灌溉工程遗产。支持农村地区优秀戏曲曲艺、少数民族文化、民间文化等传承发展。

（三）加强农村公共文化建设

按照有标准、有网络、有内容、有人才的要求，健全乡村公共文化服务体系。发挥县级公共文化机构辐射作用，推进基层综合性文化服务中心建设，实现乡村两级公共文化服务全覆盖，提升服务效能。深入推进文化惠民，公共文化资源要重点向乡村倾斜，提供更多更好的农村公共文化产品和服务。支持"三农"题材文艺创作生产，鼓励文艺工作者不

断推出反映农民生产生活尤其是乡村振兴实践的优秀文艺作品，充分展示新时代农村农民的精神面貌。培育挖掘乡土文化本土人才，开展文化结对帮扶，引导社会各界人士投身乡村文化建设。活跃繁荣农村文化市场，丰富农村文化业态，加强农村文化市场监管。

（四）开展移风易俗行动

广泛开展文明村镇、星级文明户、文明家庭等群众性精神文明创建活动。遏制大操大办、厚葬薄养、人情攀比等陈规陋习。加强无神论宣传教育，丰富农民群众精神文化生活，抵制封建迷信活动。深化农村殡葬改革。加强农村科普工作，提高农民科学文化素养。

四、加强农村基层基础工作

乡村振兴，治理有效是基础。必须把夯实基层基础作为固本之策，建立健全党委领导、政府负责、社会协同、公众参与、法治保障的现代乡村社会治理体制，坚持自治、法治、德治相结合，确保乡村社会充满活力、和谐有序。

（一）加强农村基层党组织建设

扎实推进抓党建促乡村振兴，突出政治功能，提升组织力，抓乡促村，把农村基层党组织建成坚强战斗堡垒。强化农村基层党组织领导核心地位，创新组织设置和活动方式，持续整顿软弱涣散村党组织，稳妥有序开展不合格党员处置工作，着力引导农村党员发挥先锋模范作用。建立选派第一书记工作长效机制，全面向贫困村、软弱涣散村和集体经济薄弱村党组织派出第一书记。实施农村带头人队伍整体优化提升行动，注重吸引高校毕业生、农民工、机关企事业单位优秀党员干部到村任职，选优配强村党组织书记。健全从优秀村党组织书记中选拔乡镇领导干部、考录乡镇机关公务员、招聘乡

镇事业编制人员制度。加大在优秀青年农民中发展党员力度。建立农村党员定期培训制度。全面落实村级组织运转经费保障政策。推行村级小微权力清单制度，加大基层小微权力腐败惩处力度。严厉整治惠农补贴、集体资产管理、土地征收等领域侵害农民利益的不正之风和腐败问题。

（二）深化村民自治实践

坚持自治为基，加强农村群众性自治组织建设，健全和创新村党组织领导的充满活力的村民自治机制。推动村党组织书记通过选举担任村委会主任。发挥自治章程、村规民约的积极作用。全面建立健全村务监督委员会，推行村级事务阳光工程。依托村民会议、村民代表会议、村民议事会、村民理事会、村民监事会等，形成民事民议、民事民办、民事民管的多层次基层协商格局。积极发挥新乡贤作用。推动乡村治理重心下移，尽可能把资源、服务、管理下放到基层。继续开展以村民小组或自然村为基本单元的村民自治试点工作。加强农村社区治理创新。创新基层管理体制机制，整合优化公共服务和行政审批职责，打造"一门式办理""一站式服务"的综合服务平台。在村庄普遍建立网上服务站点，逐步形成完善的乡村便民服务体系。大力培育服务性、公益性、互助性农村社会组织，积极发展农村社会工作和志愿服务。集中处理上级对村级组织考核评比多、创建达标多、检查督查多等突出问题。维护村民委员会、农村集体经济组织、农村合作经济组织的特别法人地位和权利。

（三）加强乡村法治建设

坚持法治为本，树立依法治理理念，强化法律在维护农民权益、规范市场运行、农业支持保护、生态环境治理、化解农村社会矛盾等方面的权威地位。增强基层干部法治观念、法治为民意识，将政府涉农各项工作纳入法治化轨道。深入推进综合行

政执法改革向基层延伸，创新监管方式，推动执法队伍整合、执法力量下沉，提高执法能力和水平。建立健全乡村调解、县市仲裁、司法保障的农村土地承包经营纠纷调处机制。加大农村普法力度，提高农民法治素养，引导广大农民增强尊法学法守法用法意识。健全农村公共法律服务体系，加强对农民的法律援助和司法救助。

（四）提升乡村德治水平

深入挖掘乡村熟人社会蕴含的道德规范，结合时代要求进行创新，强化道德教化作用，引导农民向上向善、孝老爱亲、重义守信、勤俭持家。建立道德激励约束机制，引导农民自我管理、自我教育、自我服务、自我提高，实现家庭和睦、邻里和谐、干群融洽。广泛开展好媳妇、好儿女、好公婆等评选表彰活动，开展寻找最美乡村教师、医生、村干部、家庭等活动。深入宣传道德模范、身边好人的典型事迹，弘扬真善美，传播正能量。

（五）建设平安乡村

健全落实社会治安综合治理领导责任制，大力推进农村社会治安防控体系建设，推动社会治安防控力量下沉。深入开展扫黑除恶专项斗争，严厉打击农村黑恶势力、宗族恶势力，严厉打击黄赌毒盗拐骗等违法犯罪。依法加大对农村非法宗教活动和境外渗透活动打击力度，依法制止利用宗教干预农村公共事务，继续整治农村乱建庙宇、滥塑宗教造像。完善县乡村三级综治中心功能和运行机制。健全农村公共安全体系，持续开展农村安全隐患治理。加强农村警务、消防、安全生产工作，坚决遏制重特大安全事故。探索以网格化管理为抓手、以现代信息技术为支撑，实现基层服务和管理精细化精准化。推进农村"雪亮工程"建设。

五、提高农村民生保障水平

乡村振兴，生活富裕是根本。要坚持人人尽责、人人享有，按照抓重点、补短板、强弱项的要求，围绕农民群众最关心最直接最现实的利益问题，一件事情接着一件事情办，一年接着一年干，把乡村建设成为幸福美丽新家园。

（一）优先发展农村教育事业

高度重视发展农村义务教育，推动建立以城带乡、整体推进、城乡一体、均衡发展的义务教育发展机制。全面改善薄弱学校基本办学条件，加强寄宿制学校建设。实施农村义务教育学生营养改善计划。发展农村学前教育。推进农村普及高中阶段教育，支持教育基础薄弱县普通高中建设，加强职业教育，逐步分类推进中等职业教育免除学杂费。健全学生资助制度，使绝大多数农村新增劳动力接受高中阶段教育、更多劳动力接受高等教育。把农村需要的人群纳入特殊教育体系。以市县为单位，推动优质学校辐射农村薄弱学校常态化。统筹配置城乡师资，并向乡村倾斜，建好建强乡村教师队伍。

（二）促进农村劳动力转移就业和农民增收

健全覆盖城乡的公共就业服务体系，大规模开展职业技能培训，促进农民工多渠道转移就业，提高就业质量。深化户籍制度改革，促进有条件、有意愿、在城镇有稳定就业和住所的农业转移人口在城镇有序落户，依法平等享受城镇公共服务。加强扶持引导服务，实施乡村就业创业促进行动，大力发展文化、科技、旅游、生态等乡村特色产业，振兴传统工艺。培育一批家庭工厂、手工作坊、乡村车间，鼓励在乡村地区兴办环境友好型企业，实现乡村经济多元化，提供更多就业岗位。拓宽农民增收渠道，鼓励农民勤劳守法致富，增加农村低收入者收入，扩大农村中等收入群体，保持农村居民收入增速快于城镇居民。

（三）推动农村基础设施提档升级

继续把基础设施建设重点放在农村，加快农村公路、供水、供气、环保、电网、物流、信息、广播电视等基础设施建设，推动城乡基础设施互联互通。以示范县为载体全面推进"四好农村路"建设，加快实施通村组硬化路建设。加大成品油消费税转移支付资金用于农村公路养护力度。推进节水供水重大水利工程，实施乡村饮水安全巩固提升工程。加快新一轮农村电网改造升级，制定农村通动力电规划，推进农村可再生能源开发利用。实施数字乡村战略，做好整体规划设计，加快农村地区宽带网络和第四代移动通信网络覆盖步伐，开发适应"三农"特点的信息技术、产品、应用和服务，推动远程医疗、远程教育等应用普及，弥合城乡数字鸿沟。提升气象为农服务能力。加强农村防灾减灾救灾能力建设。抓紧研究提出深化农村公共基础设施管护体制改革指导意见。

（四）加强农村社会保障体系建设

完善统一的城乡居民基本医疗保险制度和大病保险制度，做好农民重特大疾病救助工作。巩固城乡居民医保全国异地就医联网直接结算。完善城乡居民基本养老保险制度，建立城乡居民基本养老保险待遇确定和基础养老金标准正常调整机制。统筹城乡社会救助体系，完善最低生活保障制度，做好农村社会救助兜底工作。将进城落户农业转移人口全部纳入城镇住房保障体系。构建多层次农村养老保障体系，创新多元化照料服务模式。健全农村留守儿童和妇女、老年人以及困境儿童关爱服务体系。加强和改善农村残疾人服务。

（五）推进健康乡村建设

强化农村公共卫生服务，加强慢性病综合防控，大力推进农村地区精神卫生、职业病和重大传染病防治。完善基本公共卫生服务项目补助政策，加强基层医疗卫生服务体系建设，支持乡镇卫生院和村卫生室改善条件。加强乡村中医药服务。开展和规范家庭医生签约服务，加强妇幼、老人、残疾人等重点人群健康服务。倡导优生优育。深入开展乡村爱国卫生运动。

（六）持续改善农村人居环境

实施农村人居环境整治三年行动计划，以农村垃圾、污水治理和村容村貌提升为主攻方向，整合各种资源，强化各种举措，稳步有序推进农村人居环境突出问题治理。坚持不懈推进农村"厕所革命"，大力开展农村户用卫生厕所建设和改造，同步实施粪污治理，加快实现农村无害化卫生厕所全覆盖，努力补齐影响农民群众生活品质的短板。总结推广适用不同地区的农村污水治理模式，加强技术支撑和指导。深入推进农村环境综合整治。推进北方地区农村散煤替代，有条件的地方有序推进煤改气、煤改电和新能源利用。逐步建立农村低收入群体安全住房保障机制。强化新建农房规划管控，加强"空心村"服务管理和改造。保护保留乡村风貌，开展田园建筑示范，培养乡村传统建筑名匠。实施乡村绿化行动，全面保护古树名木。持续推进宜居宜业的美丽乡村建设。

■ 第三节　战略保障措施

一、推进体制机制创新

实施乡村振兴战略，必须把制度建设贯穿其中。要以完善产权制度和要素市场化配置为重点，激活主体、激活要素、激活市场，着力增强改革的系统性、整体性、协同性。

（一）巩固和完善农村基本经营制度

落实农村土地承包关系稳定并长久不变政策，衔接落实好第二轮土地承包到期后再延长 30 年的政策，让农民吃上长效"定心丸"。全面完成土地承包经营权确权登记颁证工作，实现承包土地信息联通共享。完善农村承包地"三权分置"制度，在依法保护集体土地所有权和农户承包权前提下，平等保护土地经营权。农村承包土地经营权可以依法向金融机构融资担保、入股从事农业产业化经营。实施新型农业经营主体培育工程，培育发展家庭农场、合作社、龙头企业、社会化服务组织和农业产业化联合体，发展多种形式适度规模经营。

（二）深化农村土地制度改革

系统总结农村土地征收、集体经营性建设用地入市、宅基地制度改革试点经验，逐步扩大试点，加快土地管理法修改，完善农村土地利用管理政策体系。扎实推进房地一体的农村集体建设用地和宅基地使用权确权登记颁证。完善农民闲置宅基地和闲置农房政策，探索宅基地所有权、资格权、使用权"三权分置"，落实宅基地集体所有权，保障宅基地农户资格权和农民房屋财产权，适度放活宅基地和农民房屋使用权，不得违规违法买卖宅基地，严格实行土地用途管制，严格禁止下乡利用农村宅基地建设别墅大院和私人会馆。在符合土地利用总体规划前提下，允许县级政府通过村土地利用规划，调整优化村庄用地布局，有效利用农村零星分散的存量建设用地；预留部分规划建设用地指标用于单独选址的农业设施和休闲旅游设施等建设。对利用收储农村闲置建设用地发展农村新产业新业态的，给予新增建设用地指标奖励。进一步完善设施农用地政策。

（三）深入推进农村集体产权制度改革

全面开展农村集体资产清产核资、集体成员身份确认，加快推进集体经营性资产股份合作制改革。推动资源变资产、资金变股金、农民变股东，探索农村集体经济新的实现形式和运行机制。坚持农村集体产权制度改革正确方向，发挥村党组织对集体经济组织的领导核心作用，防止内部少数人控制和外部资本侵占集体资产。维护进城落户农民土地承包权、宅基地使用权、集体收益分配权，引导进城落户农民依法自愿有偿转让上述权益。研究制定农村集体经济组织法，充实农村集体产权权能。全面深化供销合作社综合改革，深入推进集体林权、水利设施产权等领域改革，做好农村综合改革、农村改革试验区等工作。

（四）完善农业支持保护制度

以提升农业质量效益和竞争力为目标，强化绿色生态导向，创新完善政策工具和手段，扩大"绿箱"政策的实施范围和规模，加快建立新型农业支持保护政策体系。深化农产品收储制度和价格形成机制改革，加快培育多元市场购销主体，改革完善中央储备粮管理体制。通过完善拍卖机制、定向销售、包干销售等，加快消化政策性粮食库存。落实和完善对农民直接补贴制度，提高补贴效能。健全粮食主产区利益补偿机制。探索开展稻谷、小麦、玉米三大粮食作物完全成本保险和收入保险试点，加快建立多层次农业保险体系。

二、强化乡村振兴人才支撑

实施乡村振兴战略，必须打破人才瓶颈。要把人力资本开发放在首要位置，畅通智力、技术、管理下乡通道，造就更多乡土人才，聚天下人才而用之。

（一）大力培育新型职业农民

全面建立职业农民制度，完善配套政策体系。实施新型职业农民培育工程。支持新型职业农民通过弹性学制参加中高等农业职业教育。创新培训机制，支持农民专业合作社、专业技术协会、龙头企业等主体承担培训。引导符合条件的新型职业农民参加城镇职工养老、医疗等社会保障制度。鼓励各地开展职业农民职称评定试点。

（二）加强农村专业人才队伍建设

建立县域专业人才统筹使用制度，提高农村专业人才服务保障能力。推动人才管理职能部门简政放权，保障和落实基层用人主体自主权。推行乡村教师"县管校聘"。实施好边远贫困地区、边疆民族地区和革命老区人才支持计划，继续实施"三支一扶"、特岗教师计划等，组织实施高校毕业生基层成长计划。支持地方高等学校、职业院校综合利用教育培训资源，灵活设置专业（方向），创新人才培养模式，为乡村振兴培养专业化人才。扶持培养一批农业职业经理人、经纪人、乡村工匠、文化能人、非遗传承人等。

（三）发挥科技人才支撑作用

全面建立高等院校、科研院所等事业单位专业技术人员到乡村和企业挂职、兼职和离岗创新创业制度，保障其在职称评定、工资福利、社会保障等方面的权益。深入实施农业科研杰出人才计划和杰出青年农业科学家项目。健全种业等领域科研人员以知识产权明晰为基础、以知识价值为导向的分配政策。探索公益性和经营性农技推广融合发展机制，允许农技人员通过提供增值服务合理取酬。全面实施农技推广服务特聘计划。

（四）鼓励社会各界投身乡村建设

建立有效激励机制，以乡情乡愁为纽带，吸引支持企业家、党政干部、专家学者、医生、教师、规划师、建筑师、律师等，通过下乡担任志愿者、投资兴业、包村包项目、行医办学、捐资捐物、法律服务等方式服务乡村振兴事业。研究制定管理办法，允许符合要求的公职人员回乡任职。吸引更多人才投身现代农业，培养造就新农民。加快制定鼓励引导工商资本参与乡村振兴的指导意见，落实和完善融资贷款、配套设施建设补助、税费减免、用地等扶持政策，明确政策边界，保护好农民利益。发挥工会、共青团、妇联、科协、残联等群团组织的优势和力量，发挥各民主党派、工商联、无党派人士等积极作用，支持农村产业发展、生态环境保护、乡风文明建设、农村弱势群体关爱等。实施乡村振兴"巾帼行动"。加强对下乡组织和人员的管理服务，使之成为乡村振兴的建设性力量。

（五）创新乡村人才培育、引进机制

建立自主培养与人才引进相结合，学历教育、技能培训、实践锻炼等多种方式并举的人力资源开发机制。建立城乡、区域、校地之间人才培养合作与交流机制。全面建立城市医生教师、科技文化人员等定期服务乡村机制。研究制定鼓励城市专业人才参与乡村振兴的政策。

三、强化乡村振兴投入保障

实施乡村振兴战略，必须解决钱从哪里来的问题。要健全投入保障制度，创新投融资机制，加快形成财政优先保障、金融重点倾斜、社会积极参与的多元投入格局，确保投入力度不断增强、总量持续增加。

（一）确保财政投入持续增长

建立健全实施乡村振兴战略财政投入保障制度，公共财政更大力度向"三农"倾斜，确保财政投入与乡村振兴目标任务相适应。优化财政供给结构，推进行业内资金整合与行业间资金统筹相互衔接配合，增加地方自主统筹空间，加快建立涉农资金统筹整合长效机制。充分发挥财政资金的引导作用，撬动金融和社会资本更多投向乡村振兴。切实发挥全国农业信贷担保体系作用，通过财政担保费率补助和以奖代补等，加大对新型农业经营主体支持力度。加快设立国家融资担保基金，强化担保融资增信功能，引导更多金融资源支持乡村振兴。支持地方政府发行一般债券用于支持乡村振兴、脱贫攻坚领域的公益性项目。稳步推进地方政府专项债券管理改革，鼓励地方政府试点发行项目融资和收益自平衡的专项债券，支持符合条件、有一定收益的乡村公益性项目建设。规范地方政府举债融资行为，不得借乡村振兴之名违法违规变相举债。

（二）拓宽资金筹集渠道

调整完善土地出让收入使用范围，进一步提高农业农村投入比例。严格控制未利用地开垦，集中力量推进高标准农田建设。改进耕地占补平衡管理办法，建立高标准农田建设等新增耕地指标和城乡建设用地增减挂钩节余指标跨省域调剂机制，将所得收益通过支出预算全部用于巩固脱贫攻坚成果和支持实施乡村振兴战略。推广一事一议、以奖代补等方式，鼓励农民对直接受益的乡村基础设施建设投工投劳，让农民更多参与建设管护。

（三）提高金融服务水平

坚持农村金融改革发展的正确方向，健全适合农业农村特点的农村金融体系，推动农村金融机构回归本源，把更多金融资源配置到农村经济社会发展的重点领域和薄弱环节，更好满足乡村振兴多样化金融需求。要强化金融服务方式创新，防止脱实向虚倾向，严格管控风险，提高金融服务乡村振兴能力和水平。抓紧出台金融服务乡村振兴的指导意见。加大中国农业银行、中国邮政储蓄银行"三农"

金融事业部对乡村振兴支持力度。明确国家开发银行、中国农业发展银行在乡村振兴中的职责定位，强化金融服务方式创新，加大对乡村振兴中长期信贷支持。推动农村信用社省联社改革，保持农村信用社县域法人地位和数量总体稳定，完善村镇银行准入条件，地方法人金融机构要服务好乡村振兴。普惠金融重点要放在乡村。推动出台非存款类放贷组织条例。制定金融机构服务乡村振兴考核评估办法。支持符合条件的涉农企业发行上市、新三板挂牌和融资、并购重组，深入推进农产品期货期权市场建设，稳步扩大"保险＋期货"试点，探索"订单农业＋保险＋期货（权）"试点。改进农村金融差异化监管体系，强化地方政府金融风险防范处置责任。

四、坚持和完善党的领导

实施乡村振兴战略是党和国家的重大决策部署，各级党委和政府要提高对实施乡村振兴战略重大意义的认识，真正把实施乡村振兴战略摆在优先位置，把党管农村工作的要求落到实处。

（一）完善党的农村工作领导体制机制

各级党委和政府要坚持工业农业一起抓、城市乡村一起抓，把农业农村优先发展原则体现到各个方面。健全党委统一领导、政府负责、党委农村工作部门统筹协调的农村工作领导体制。建立实施乡村振兴战略领导责任制，实行中央统筹省负总责市县抓落实的工作机制。党政一把手是第一责任人，五级书记抓乡村振兴。县委书记要下大气力抓好"三农"工作，当好乡村振兴"一线总指挥"。各部门要按照职责，加强工作指导，强化资源要素支持和制度供给，做好协同配合，形成乡村振兴工作合力。切实加强各级党委农村工作部门建设，按照《中国共产党工作机关条例（试行）》有关规定，做好党的农村工作机构设置和人员配置工作，充分发挥决策参谋、统筹协调、政策指导、推动落实、督导检查等职能。各省（自治区、直辖市）党委和政府每年要向中共中央、国务院报告推进实施乡村振兴战略进展情况。建立市县党政领导班子和领导干部推进乡村振兴战略的实绩考核制度，将考核结果作为选拔任用领导干部的重要依据。

（二）研究制定中国共产党农村工作条例

根据坚持党对一切工作的领导的要求和新时代"三农"工作新形势新任务新要求，研究制定中国共产党农村工作条例，把党领导乡村工作的传统、要求、政策等以党内法规形式确定下来，明确加强对农村工作领导的指导思想、原则要求、工作范围和对象、主要任务、机构职责、队伍建设等，完善领导体制和工作机制，确保乡村振兴战略有效实施。

（三）加强"三农"工作队伍建设

把懂农业、爱农村、爱农民作为基本要求，加强"三农"工作干部队伍培养、配备、管理、使用。各级党委和政府主要领导干部要懂"三农"工作、会抓"三农"工作，分管领导要真正成为"三农"工作行家里手。制定并实施培训计划，全面提升"三农"干部队伍能力和水平。拓宽县级"三农"工作部门和乡镇干部来源渠道。把到乡村一线工作锻炼作为培养干部的重要途径，注重提拔使用实绩优秀的干部，形成人才向农村基层一线流动的用人导向。

（四）强化乡村振兴规划引领

细化实化工作重点和政策措施，部署若干重大工程、重大计划、重大行动。各地区各部门要编制乡村振兴地方规划和专项规划或方案。加强各类规划的统筹管理和系统衔接，形成城乡融合、区域一体、多规合一的规划体系。根据发展现状和需要分类有序推进乡村振兴，对具备条件的村庄，要加快推进城镇基础设施和公共服务向农村延伸；对自然历史文化资源丰富的村庄，要统筹兼顾保护与发展；对生存条件恶劣、生态环境脆弱的村庄，要加大力度实施生态移民搬迁。

（五）强化乡村振兴法治保障

抓紧研究制定乡村振兴法的有关工作，把行之有效的乡村振兴政策法定化，充分发挥立法在乡村振兴中的保障和推动作用。及时修改和废止不适用的法律法规。推进粮食安全保障立法。各地可以从本地乡村发展实际需要出发，制定促进乡村振兴的地方性法规、地方政府规章。加强乡村统计工作和数据开发应用。

（六）营造乡村振兴良好氛围

凝聚全党全国全社会振兴乡村强大合力，宣传党的乡村振兴方针政策和各地丰富实践，振奋基层干部群众精神。建立乡村振兴专家决策咨询制度，组织智库加强理论研究。促进乡村振兴国际交流合作，讲好乡村振兴中国故事，为世界贡献中国智慧和中国方案。

第三章　乡村振兴规划编制

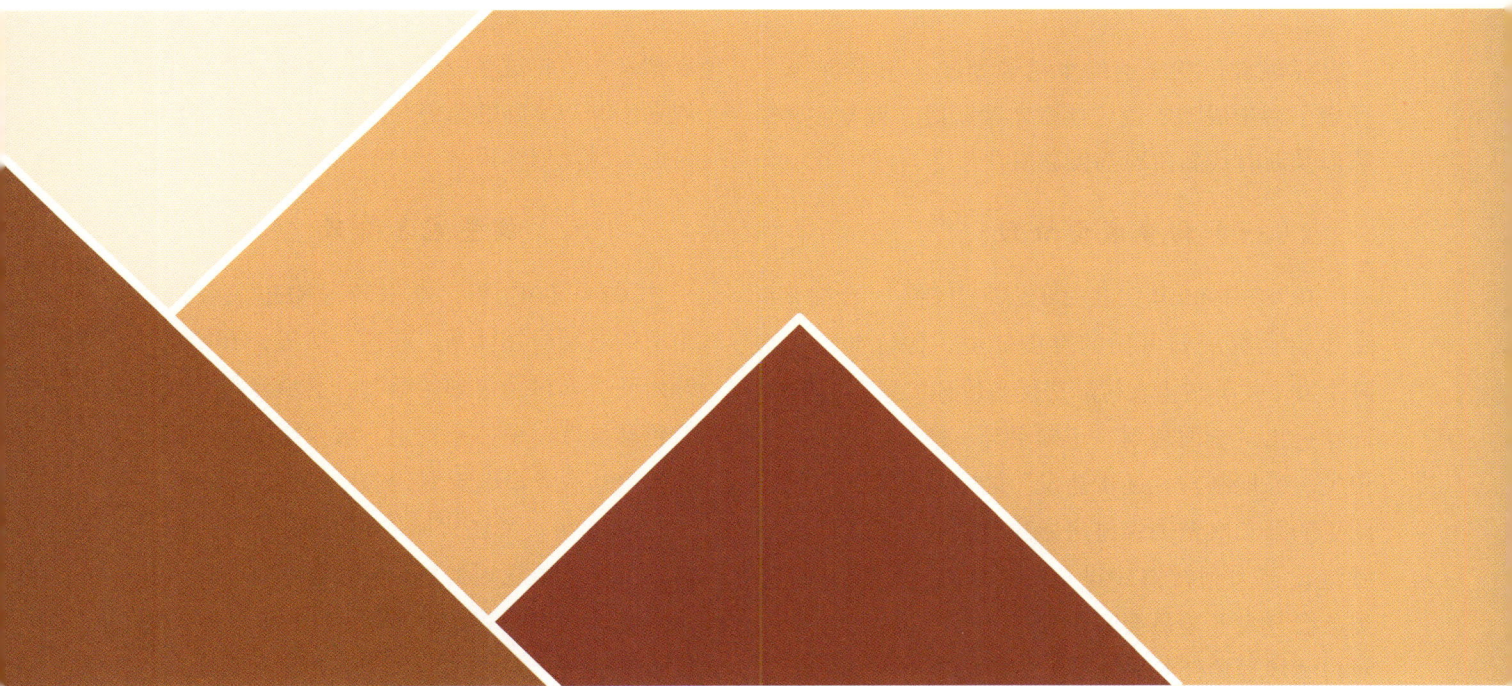

乡村规划是在一定时期内对乡村的社会、经济、文化传承与发展等所做的综合部署，是指导乡村发展和建设的基本依据。乡村地区要实现振兴，迫切需要解决规划问题，必须创新乡村振兴规划的理论框架，构建规划方法体系。当前，在国家、省、市等宏观层面乡村振兴战略规划都编制完成的基础上，编制好县域、乡镇以及村庄的乡村振兴规划是科学、有效指导乡村建设的关键。

第一节 乡村规划编制现状与趋势

一、乡村规划发展历程

我国真正意义上的乡村规划起步于 1978 年，经历了初步成型阶段、探索实践阶段、调整完善阶段以及新时代新阶段等发展阶段。

（一）初步成型阶段

1978—1988 年，乡村规划从无到有，我国乡村逐步走上有规划可循的发展轨道。1981 年，国务院下发《关于制止农村建房侵占耕地的紧急通知》，同年提出"全面规划、正确引导、依靠群众、自力更生、因地制宜、逐步建设"的农村建房总方针，同年的第二次全国农村房屋建设工作会议将农村房屋建设扩大到村镇建设范畴。1982 年，国家建设委员会与农业委员会联合颁布《村镇规划原则》，对村镇规划的任务、内容作出了原则性规定。

（二）探索实践阶段

1989—2013 年，该阶段主要为城市规划模式下的村镇体系规划探索，虽然还深受城市规划模式的影响，但从乡村角度出发、适合乡村发展需求的规划理念已经开始成为共识。

1989 年，《中华人民共和国城市规划法》（简称《城市规划法》）颁布，该法以城市为范围，造成了城乡规划割裂，乡村规划编制无法可依、不规范等问题，但乡村规划编制的探索并未停止。1988—1990 年，村镇建设司分三批在全国进行试点，探索村镇规划的编制。1993 年，城乡建设环境保护部颁布《村庄和集镇规划建设管理条例》，同年发布《村镇规划标准》，这两个文件成为乡村规划编制的重要标准与指南。2000 年，在试点实践与多方论证基础上，建设部颁布《村镇规划编制办法》，该办法分为村镇总体规划和村镇建设规划，从现状分析、总体规划、村镇建设规划等几方面规范了村镇规划的编制。2007 年，建设部颁布的《镇规划标准》提出了规划建设用地标准、居住用地规划等，但对中心镇周边的乡村重视不够。2008 年，《中华人民共和国城乡规划法》发布，代替《城市规划法》，将城乡一体化写入法律，强化了对乡村规划编制与实施的监督与检查，初步形成了镇、乡、村的乡村规划体系。

（三）调整完善阶段

2014—2017 年，这一阶段构建了乡村建设视角下的县域村镇体系。在这一阶段，开始从城乡统筹角度探索村镇规划的编制，县域乡村建设规划一般包括县域村镇体系规划、城乡统筹的基础服务设施和公共服务设施规划、村庄整治指引等重点内容。

2014 年，《住房城乡建设部关于做好 2014 年村庄规划、镇规划和县域村镇体系规划试点工作的通知》（建村〔2014〕44 号）发布，提出通过试点工作进一步探索符合新型城镇化和新农村建设要求、符合村镇实际、具有较强指导性和实施性的村庄规划、镇规划理念和编制方法，以及"多规合一"的县域村镇体系规划编制方法。

2015 年，中共中央办公厅、国务院办公厅下发的《深化农村改革综合性实施方案》提出，完善城乡发展一体化的规划体制，要求构建适应我国城乡统筹发展的规划编制体系。同年，《住房城乡建设部关于改革创新、全面有效推进乡村规划工作的指导意见》发布，提出到2020年全国所有县（市）都要完成县（市）域乡村建设规划编制或修编。

（四）新时代新阶段

党的十九大明确提出乡村振兴战略后，2018年1月，中共中央、国务院发布了《关于实施乡村振兴战略的意见》，指出乡村振兴要坚持科学把握乡村的差异性和发展走势分化特征，做好顶层设计，注重规划先行、突出重点、分类施策、典型引路。同年9月印发《乡村振兴战略规划（2018—2022年）》，要求各地区各部门抓紧编制乡村振兴地方规划或方案。

当前，关于乡村振兴规划的研究多聚焦于规划理念，以及县域、村域乡村振兴规划探索。乡村振兴规划是一项立足当前、着眼长远的系统工程，针对不同类型地区应采取不同办法，做到顺应村情民意，科学规划、注重质量、稳步推进。

二、乡村规划现存主要问题

国内现有的乡村规划体系，主要存在规划类型繁多、缺少法律基础支撑、边界与深度不清晰、技术理论发展滞后、实施保障机制不健全等问题，这也是国内乡村实现振兴迫切需要解决的问题。

（一）种类繁多

目前的乡村规划类型多、覆盖面不广、多部门管理，尚难形成有效指导乡村振兴发展的规划体系。主要表现为：①部门主导、条块分割，不同类型的规划隶属于不同的管理部门。②各类规划编制标准与技术方法不同，甚至规划目标与思路相互矛盾。③虽然规划种类较多，但是其覆盖面不广，城镇近郊区、风景名胜区、特色农业资源地区的规划较为完善，而大部分传统农区、山地丘陵地区、贫困偏远地区缺少规划引导。当前乡村规划的主要类型与特征如表3.1所示。

表3.1 当前乡村规划的主要类型与特征[①]

规划类型	规划的目的与重点	规划组织与实施	相关指导规划
乡村建设规划（村庄建设规划、新农村建设规划、美丽乡村建设规划）	促进乡村人居环境建设，以农房建设、环境整治和公共设施布局为规划重点，统筹考虑村庄建设与经济社会发展，侧重乡村建筑设计、景观营造以及公共设施配套	要由城乡建设管理部门组织规划，村庄自行实施。规划实施的动力主要来自国家或地方政府的村庄建设或环境整治计划	主要以城市总体规划（或城乡总体规划）为上位规划，在城乡总体规划的框架下推进实施
乡村产业规划（乡村特色产业发展规划、现代农业发展规划、村镇加工业规划等）	促进乡村产业发展，主要包括乡村现代农业特色产业和乡村工业。侧重乡村产业选择、培育及其空间布局	主要由农业管理部门组织规划。规划实施的动力主要来自国家或地方政府对乡村产业发展的政策支持，或者龙头企业带动	主要以区域产业规划或现代农业发展规划为上位指导规划，依托区域产业比较优势进行产业选择及布局优化
乡村居民点布局规划（乡村居民点整治规划、村庄迁村并点规划等）	促进优化乡村居民点（乡村聚落）空间布局，提高土地集约利用程度，改善乡村人居环境。规划以中心村选址，村庄空间布局优化，农村土地集约、节约利用为重点	主要由国土管理部门组织规划。规划实施的动力主要来自国土部门的城乡建设用地增减挂钩政策，以及生态移民、易地扶贫搬迁、城中村建设等	主要以土地利用总体规划和土地综合整治规划为指导
乡村旅游规划（乡村旅游景观规划、乡村休闲旅游规划等）	以乡村风情民俗、传统文化、田园景观、农业体验为依托，开发乡村旅游价值，支撑乡村经济社会发展	主要由旅游或农业农村管理部门负责组织规划，部分村镇根据自身资源和特色自主开展规划	主要以上位区域旅游总体规划或景区规划为指导

---

① 王介勇，周墨竹，王祥峰. 乡村振兴规划的性质及其体系构建探讨［J］. 地理科学进展，2019，38（9）：1361-1369.

（二）缺少法律基础支撑

乡村振兴战略确定了坚持农业农村优先发展原则，干部配备、要素配置和资金投入优先保障乡村地区，这要求乡村规划必须具有更强的要素资源配置能力。法律法规是规划编制和实施的根本依据，依法编制规划、依法审批规划、依法实施规划是规划的严肃性和强制力所在。由于缺少法律对责任与权力的监督，乡村规划对人才、资金等要素资源配置和管控能力较弱，将很难充分发挥作用。

（三）边界与深度不清晰

对乡村概念和发展规律认知不充分，对乡村规划的边界和编制深度认知不清晰。主要表现为：一是有的乡村规划比区域发展规划还复杂，而有的乡村规划仅对个别村庄进行规划，忽视乡村规划中对宏观要素资源的配置与协调；二是将规划看作上级制定的乡村振兴的政策方案，必须落实，不擅于发挥主观能动性，未能因地制宜地编制乡村振兴行动计划，规划的可操作性不强，难以落地实施；三是把乡村规划编制看作乡村产业发展规划编制，强调乡村产业发展和经济增长，忽视了公共基础设施和社会文化建设。

（四）技术理论发展滞后

乡村规划技术理论发展相对滞后，对乡村未来发展的规划缺少先进理论和技术支撑。一些地方乡村规划目标虚高，不符合地方经济社会发展实际，拆迁村庄数量多，项目预算投入大，这均将导致规划难以实施。部分乡村规划沿用城市规划技术标准，导致规划过于复杂且难以执行。

（五）实施保障机制不健全

规划实施保障机制不健全，乡村振兴需要大规模、持续的财政和社会资金的投入，然而大部分乡村规划缺少资金需求核算与可行性论证，规划实施需投入的资金也难以得到保障。公共参与机制不健全，规划的最终受众是广大人民群众，规划能不能有效实施最终要看群众接不接受。当前绝大多数规划为精英规划，政府、科学家、工程师是规划编制的主导力量，而规划的受众缺少参与机会和话语权。

三、新时代的诉求

针对目前乡村规划存在的问题和新时代乡村发展的诉求，必须转变乡村规划的编制思路，更好地落实乡村振兴战略，推进乡村高质量发展，与国土空间规划衔接，注重多规合一和实用性。

（一）落实乡村振兴战略

过去的乡村规划主要落实新农村建设发展的诉求。而在我国实施精准扶贫和全面建成小康社会的背景下，党的十九大报告提出了乡村振兴战略。乡村规划作为推进和实施乡村振兴战略的重要抓手，承担着新的历史使命，有助于乡村振兴战略的落实。

（二）推进乡村高质量发展

过去的乡村规划在注重乡村建设发展时，忽视了乡村生态文明的发展，以及土地资源集约、节约利用等相关问题，不利于实现地区高质量发展。新时代的乡村规划必须转变发展理念，更加重视生态的承载力，优先保护生态环境和基本农田，统筹国土空间开发格局，同时深入挖掘乡村文化价值，传承乡土文化，探索与乡村产业发展相适应的发展模式，引导乡村将生态、文化优势转化为经济、社会发展动力，最终实现农业强、农村美、农民富，增强农民的获得感、幸福感、安全感。

（三）与国土空间规划衔接

过去的乡村规划，强调对乡村建设空间的规划、建设与管理，缺乏对生态空间、农业空间等非建设空间的有效管控。在新时代国土空间全要素管控的背景下，要让乡村规划与国土空间规划相衔接，加强对非建设空间的有效管控，统筹乡村土地整治、耕地保护、生态修复等工作，改变过去采取的"消极"规划保护的模式，变消极保护为积极治理，最终实现从乡村建设空间管控向统筹全域空间管控的转变。

（四）创新方法多规合一

过去的乡村规划多规冲突严重，造成规划事权的"重叠"与"真空"地带并存的现象，难以统筹协调。乡村规划的多规合一，核心是"土地利用规划"与"城乡规划"的融合，要创新乡村规划编制方法，兼具土地综合管控和村庄发展建设的功能，统一工作底图，统筹乡村资源，搭建数据平台，破解"规划打架"的矛盾，最终实现乡村地区"一张图"管理。

（五）注重规划的实用性

新时代的乡村规划应更加强调实用性，应满足"政府管用、村委好用、村民实用"三大要求，既要满足各级政府部门的管控要求，也要便于村委实施管理，还要积极响应村民的合理诉求。在此背景下，须创新乡村规划编制方法，以问题为导向，实现从自上而下的任务式模式向自下而上、上下结合的实用性模式转变，统筹协调好乡村地区规划、建设、管理三者之间的关系。

■ 第二节　乡村振兴规划的定位与特征

一、乡村振兴规划的定位

乡村振兴规划是指导乡村全面发展的战略性、全局性、基础性的系列规划，是乡村振兴的空间落实和时序安排，是乡村优化空间和配置资源的重要手段，是乡村产业发展、生态保护、村庄建设、基础设施建设、公共服务配套和人居环境改善的直接依据。

实施乡村振兴战略是未来较长一段时间内解决"三农"问题的总抓手，是建设现代化经济体系的重要基础。乡村振兴规划作为指导和推进乡村振兴的重要依据，应成为国家发展规划的重要组成部分。乡村振兴规划的目标是落实乡村振兴战略，统筹安排乡村各项要素与资源，优化乡村空间布局，促进农业农村优先发展。

二、乡村振兴规划的特征

乡村振兴规划在性质上不同于管控型规划和一般的发展导向型规划，其是为综合协调型、公平导向型和全社会参与的过程规划。重点在于建立统筹协调乡村内部及城乡之间要素资源的规划协调机制，促进城乡要素资源的有序流动；建立以公平为导向的城市支持乡村、工业反哺农业的规划决策机制，支撑农业农村优先发展；完善全社会参与的乡村规划机制，充分尊重村民意愿，保障规划落地实施。

（一）综合协调性

乡村振兴规划是对乡村空间要素资源配置的统筹协调过程。由于乡村具有发展要素分散、类型多样以及依赖城市和区域特征，乡村振兴规划编制的难点在于如何统筹安排异质性的乡村空间、分散的乡村发展要素，以及乡村与城市、乡村与区域的关系，因此，乡村振兴规划应是一个多维度、多层次的综合协调性规划。在规划维度方面，包括乡村地区的居住环境、产业发展、基础设施、生态保护、文化发展、公共服务、商业服务等多个维度，需要多个部门的协作；在规划层次方面，包括国家、省、市、县、乡镇、行政村、自然村等多个层级要素资源的管理和协调，需要自上而下和自下而上的多级政府协同。

（二）公平导向性

乡村振兴规划应正确处理好效率和公平的问题。效率和公平在经济社会发展中辩证统一的。长期以来，以效率为主导的重城轻乡的发展模式使得乡村由于缺少比较优势而衰退。实施乡村振兴战略，在政府调配各种资源时注重以公平为导向，改善乡村基本公共服务设施，加大乡村产业发展的支持和保障力度，通过政府人力、财力和物力的投入激发乡村发展活力。以促进公平为导向的规划需要三个基本条件：一是足够的政府资金投入和转移支付能力；二是促进公平的制度和法治环境；三是健全的管理和实施机构。这三个条件也是乡村振兴规划的内容。

（三）全社会参与

乡村振兴规划应重视乡村发展主体的权益，确保乡村要素资源的公平分配和有效配置，广泛征求各相关利益群体的意见，强化全社会参与。规划的社会参与过程是乡村发展目标协调统一的过程，是相关利益群体利益协调的过程，是乡村集体对乡村未来共同选择的过程。这一过程可以增强规划的公平性、实用性、可操作性，提高群众对乡村振兴的满意度和获得感。

（四）乡村性

中国乡村村情决定乡村振兴规划需注重"乡村性"。不同乡村，特色、功能和优势各不相同，农业资源、区位条件、空间组织模式等存在较大差异，因而乡村振兴的阶段性目标与路径也不尽相同。为

此，乡村振兴规划需重视对乡村地域系统潜在功能与优势的挖掘，强调与现实需求的匹配性。同时应注意的是，乡村特有的文化与风貌是乡村发展的重要财富，因此推行乡村振兴战略时，需重视挖掘、保留和发扬乡村特色，不可过度强调城镇化发展。

三、与相关规划的关系

与相关规划有效衔接是保障乡村振兴规划科学制定与实施的重要前提与基础。

（一）与战略约束性规划衔接

乡村振兴规划要注重与新型城镇化规划、主体功能区规划等战略性、基础性、约束性规划的衔接。我国将国土空间分为优化开发区域、重点开发区域、限制开发区域和禁止开发区域四大主体功能区，这给乡村振兴战略布局指明了方向。因此，乡村振兴规划需以国家和省级主体功能区规划及相关战略、制度为基本依据，推动城乡国土空间开发格局优化。

（二）与国土空间规划衔接

乡村振兴规划要注重与国土空间规划的衔接。现阶段我国正大力推进空间规划体系的建设，其核心是推动各项规划（如国民经济和社会发展规划、城乡规划、土地利用规划等）在空间上的衔接，其目标是促进空间资源的合理保护和有效利用。国土是承载人类活动的重要载体，因而推动国土空间治理能力提升有利于进一步落实乡村振兴规划。此外，从规划涉及的内容而言，乡村振兴规划侧重于经济建设、生态建设、文化建设、政治建设、社会建设五大建设的统筹推进；从规划地位而言，乡村振兴规划作为战略性规划，侧重新型城乡关系下乡村的未来发展。综上可知，乡村振兴规划需强化其对国土空间规划的引导作用，国土空间规划需做好与乡村振兴规划的衔接，以落实乡村振兴相关战略举措。

（三）与系列发展规划衔接

乡村振兴规划要注重与美丽乡村规划、乡村整治规划等系列发展规划的衔接。美丽乡村规划强调科学、生产发展，而乡村振兴规划强调产业兴旺；美丽乡村规划强调村容整洁，乡村振兴规划强调生态宜居；美丽乡村规划强调管理民主，乡村振兴规划强调治理有效。可见，相对于美丽乡村规划，乡村振兴规划对乡村发展的要求更高，涉及范围更广。

乡村整治规划作为指导乡村发展和建设的基本依据，其目标是促使乡村整齐整洁，而这正是乡村振兴中"生态宜居"的重要一环。

必须认识到的是，围绕美丽乡村规划、乡村整治规划等展开的大量理论研究与实践探索可作为乡村振兴规划编制与实施的重要理论参考依据。因而，乡村振兴规划可从战略层面融合这些规划的理念。

（四）与产业等专项规划衔接

乡村振兴规划要注重与乡村产业融合发展规划、休闲农业发展规划等专项规划的衔接。从规划内容而言，乡村产业融合发展规划等相关规划侧重于农业发展，可视作针对"产业兴旺"这一目标而制定的详细规划。因此，在有条件的地区可在编制乡村振兴战略规划的基础上，围绕具体发展目标，编制更为细致的产业发展规划。

第三节 乡村振兴规划的理论基础、关键技术与体系构建

一、规划的理论基础

乡村振兴规划必须有科学理论支撑。乡村振兴规划是在我国城镇化、工业化、信息化快速推进背景下，对以农村、农民、农业为核心主体的乡村人地关系地域系统的经济、生态、文化、政治、民生等进行总体规划，在行政引导下不断优化发展的过程。学术界关于乡村振兴的研究，是基于如下理论基础。

（一）城乡关系理论

城乡关系是城市与乡村相互影响、相互制约、相互作用的互动关系，反映城市与乡村经济状况、文化状况、生态状况、基础设施状况在一定社会条件下的关联与差异。城乡关系是最基本的经济社会关系，是影响国家社会健康发展的重要因素。城乡关系伴随社会发展不断演化。一般而言，城乡关系演变包括以下四个阶段：

①相互独立、城乡分离阶段。城乡发展均处于低水平阶段，经济文化发展水平无明显差别，区域空间组织结构呈均质分布，城乡均处于相对独立的封闭式发展状态。

②城市—乡村二元结构阶段。城市大力发展工业，乡村生产、资本要素快速向城市转移，城市经济在乡村提供资源要素基础上快速发展，乡村开始衰落，形成二元结构。

③城市—城镇—乡村三元结构阶段。中心城市生产、资本要素逐渐向城市边缘的郊区、城镇扩散，带动城镇内部基础设施建设及经济增长。生产、资本要素在空间上的回流与转移，为周边乡村发展提供动力。区域空间结构由"城市—乡村""中心—边缘"逐渐演变为"城市—城镇—乡村""中心—边缘—外围"。

④城乡融合阶段。后工业化时期，各类生产、资本要素从城市中心逐渐转移到周边城镇，再由城镇转移到边缘地区乡村，区域要素在空间上均衡分布、自由流动，城乡在文化、产业、交通、人口福利等建设上实现全面融合。

（二）人地关系地域系统理论

人地关系地域系统是指人与地在特定地域中形成的相互制约、相互依存的关系系统。人地关系地域系统由自然子系统和人文子系统两大部分组成。自然子系统各组成要素遵循自然规律发展变化。人文子系统各组成要素主要遵循人文规律发展变化，但仍受自然规律制约。

在人地关系地域系统中，自然地理环境是基础，人类社会是中枢，自然地理环境和人类社会两个子系统间不断进行物质循环和能量转化，使得人地关系地域系统不断发展变化。因人类某些不合理活动，自然地理环境和人类社会之间、地理环境各构成要素之间、人类活动各组成部分之间，出现发展不平衡和矛盾不调和趋势。

要协调人地关系，首先要使人和地两个系统各组成要素在结构和功能保持相对平衡；保证自然地理环境对人类活动的可容忍度，使人与地可持续共存。协调的目的不仅在于使人地关系的各组成要素形成有比例的组合，关键还在于要达到理想组合，即优化状态。

为实现系统优化，需制订弹性优化目标和多种优化方案，采用组合优化模型，从众多可供选择的方案中选出最优调控方案。人地关系地域系统的优化调控过程是一个长期的战略过程，需从时间过程、空间结构、组织管理、整体协同和系统控制等各方面加以优化和有效调控。

（三）转型发展与乡村重构理论

转型是指事物的结构形态、运转模型和人们观念的根本性转变过程。发展是事物由小到大、由简单到复杂、由低级到高级的变化，是一种连续不断的变化过程。我国转型发展以经济体制改革为先导，社会结构转型同步进行，经济体制改革推动社会结构转型，社会结构转型又深刻影响经济体制改革。

乡村转型发展是乡村传统产业、就业方式、消费结构以及社会结构综合变化的结果。乡村重构与乡村转型发展内涵相似又有区别，乡村重构是乡村转型发展的过程，乡村转型发展是乡村重构的结果。

乡村重构是面向城乡融合体、乡村综合体、村镇有机体、居业协同体的构建，为适应快速发展的工业化、城镇化下乡村内部要素和外部调控变化，各行为主体通过优化配置和有效管理乡村的各类要素，在诱发机制、支撑机制、约束机制、促进机制、引导机制、引擎机制共同作用下，重构乡村空间，以实现乡村地域多体系系统内部层次分明、结构优化、功能提升，以及内外联动、结构协调、功能互补，共同促进社会经济发展，实现资源可持续利用。

（四）系统控制理论

系统控制理论是在接受系统论和控制论的思想和方法基础上发展起来的预防和控制问题的理论。系统论认为现实世界由各种系统组成，一个问题的产生不是一个孤立的现象，而是系统内某部分出现问题并相互作用的结果。控制论认为，在输出某个信号时，为得到积极、正面回应，应时刻检查输出的正确性和有益性，排除不利输出，选取有利输出，使系统始终保持安全稳定的状态。系统控制理论的形成激励科学界从不同学科和观点出发，对各种自然系统、社会系统和工程系统开展理论和应用研究，促进社会、经济、人口、生态等社会科学的发展。

系统控制的重要形式是分级控制，又称等级控制或分层控制，是指将系统控制分解成多层次、分等级的控制体系，一般呈宝塔形，同系统管理层次相呼应。分级控制的特点是综合集中控制和分散控制，控制指令由上至下越来越详细，反馈信息由下向上越来越精练，各层次监控机构有隶属关系，职责分明，分工明确。

县域乡村振兴多目标的顺利实现有赖于系统控制。乡村振兴控制体系（图3.1）由多个系统组成。

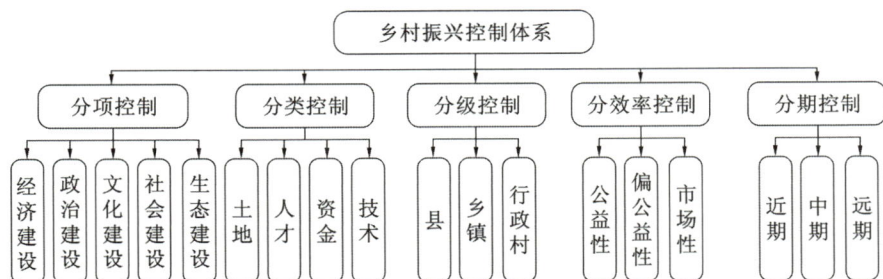

图3.1　乡村振兴控制体系框架[①]

同级系统间相互关联、相互作用，不同系统间严格监管，层次分明，使各部门职责明晰，共同推进乡村振兴的顺利实现。

二、规划的关键技术

基于当前乡村振兴战略重点任务的解析，结合经典文献的研究，总结出乡村地域系统诊断、资源环境承载力评价、地域模式甄别、乡村产业体系构建、乡村空间组织设计、乡村公共设施配置、社会治理体系建设等七项关键技术，可为制定乡村振兴规划提供技术支撑。

（一）乡村地域系统诊断

当代乡村不仅是传统的农业生产地和农民聚集地，还兼具经济、社会、文化、生态等多重价值和功能。在规划前期，需运用系统的观念去认识和理解乡村这个特殊地域系统，重点掌握其概念、内涵和特征，据此结合现实状况开展细致且深入的分析。作为综合协调型规划，乡村振兴规划虽涉及乡村发展的方方面面，但实际中鉴于区域发展面临问题的紧迫性，需强调阶段性。故而乡村振兴规划需在科学把握乡村概念和内涵的基础上，基于有限目标，有针对性地从产业、生态、文化、社会等方面诊断制约乡村发展的阶段性难点与痛点。

（二）资源环境承载力评价

作为连接资源环境要素与社会经济发展的重要桥梁，资源环境承载力评价一方面有助于定量揭示乡村资源环境状况及发展存在的制约性问题，另一方面可为设计乡村发展目标提供理论支撑。然而，由于规范化、系统化的资源环境承载力评价体系尚未完全建立，也没有合适的核算方法，且资源环境承载力对社会经济发展的作用机理尚未完全揭示，因此如何从理论与实践两方面开展乡村资源环境承载力评价工作并揭示其对实施乡村振兴战略的影响仍有待进一步探究。此外，从乡村振兴战略的提出背景及内涵来看，乡村振兴规划应是一个长期规划，立足现实资源基础的资源环境承载力评价难以适应未来乡村的发展变化。因此，还需在深入解析资源环境承载力形成机理及其影响因素的基础上，开展对区域资源环境承载状况的变化情况的预判工作。

---

① 杜国明，于佳兴，刘美.县域乡村振兴规划编制的理论基础与实践［J］.农业经济与管理，2018（5）：11-19.

（三）地域模式甄别

区域资源禀赋、文化特色、区位条件等因素的差异性决定了乡村地域模式的多元化。当前我国已围绕地域模式进行了一定的理论与实践探索。2014年，农业部以"美丽乡村"为创建目标，提出了产业发展型、生态保护型、城郊集约型、社会综治型、文化传承型等十大地域模式。2018年，中共中央、国务院提出集聚提升类、城郊融合类、特色保护类、搬迁撤并类等四种地域模式。这些地域模式给各级部门探寻乡村发展目标与发展路径指明了方向，需进一步探明这些地域模式的典型特征、驱动因素、可替代的发展路径以及未来推广的适应范围以及约束性条件。同时，好的地域模式应是清晰且具有较强可行性的，因此在实际规划编制过程中，需增强地域模式设计与现实基础及未来发展需求的衔接，以便更有效地服务于乡村振兴决策与实践。

（四）乡村产业体系构建

推动乡村产业振兴需围绕现代农业发展以及乡村一二三产业融合发展，构建乡村产业体系。国内正推行的"一二三产业融合""休闲农业""生态农业"等方面的规划则为构建乡村产业体系提供了有益参考，但仍需在充分理解规划理念与指导思想的基础上，融入我国乡村振兴的发展理念，深入解析如何通过吸纳新要素和创新产业发展动力来挖掘和释放乡村产业发展潜力，以形成系统化、综合化、多元化的乡村振兴产业体系。此外，需指出的是，乡村振兴不完全等同于城镇化发展，乡村产业发展要坚持立足于乡村、服务于乡村，重点借助乡村特有的资源、文化和生态优势，激发乡村发展内在活力，塑造发展核心优势。同时着力推动乡村产业转型升级，通过拓展产业空间、延长产业链、创新产业发展新模式，孕育乡村振兴新动能。

（五）乡村空间组织设计

乡村聚落空间空心化、废弃化等现象导致我国乡村断层和乡村活力丧失等问题频发，这些问题可从乡村空间组织设计的预期目标及乡村聚落布局的作用途径两方面着手进行分析。具体而言，可依据乡村地域系统诊断与地域模式甄别结果，明确不同类型、不同发展定位乡村对空间组织设计的要求，并据此识别乡村空间组织设计目标、原则与标准，探索乡村生活、生产、生态空间"三生融合"的途径。

（六）乡村公共设施配置

建设配套的公共设施是农业农村发展与农民生活条件改善的基础，同时也是乡村振兴规划的重要内容。然而，当前我国乡村（尤其是相对贫困地区）发展中尚存在公共设施稀少、质量不佳、类型不齐等现实问题，这些问题严重制约了乡村的发展。资源有限性与有效性决定了公共设施的配置需发挥其最大功效，这也对乡村公共设施配置提出了更高的要求。具体而言，需考虑公共设施体系内部协同以及公共设施体系与外部要素的协同。其中，内部协同包括设施点空间布局的时间顺序、相近功能的合理替代、公共设施与市场服务的协作等，外部协同包括设施配置与人口分布情况、道路交通情况等的协同。

（七）社会治理体系建设

有效的社会治理是维护乡村和谐、实现乡村长治久安的保障。在当前中国乡村社会治理体系尚未完全建立之际，需按照自治、法治、德治"三治"相结合的思路，探索乡村治理新模式。具体而言，首先应发挥好基层党组织的领导核心作用，提高对乡村干部的培养与配置，并借助新乡贤等群体的力量推进乡村治理工作。其次，应加强乡村法治建设，引导农民学法、知法、懂法和用法。最后，着力推进乡村精神文明建设，弘扬优秀传统文化及文明风尚，切实提升农民群众的文明素养。此外，需指出的是，有效的社会治理与空间规划等系列规划有着紧密而直接的联系，因此有必要在改革空间规划等系列规划的基础上，加强各规划与社会治理之间的有机融合，以推进乡村治理体系的进一步完善。

三、规划的体系构建

建立健全乡村振兴规划体系，统筹协调当前乡村规划以及乡村规划与其他规划的关系，有利于形成促进乡村振兴的合力。合理的乡村振兴规划体系包括五个方面内容，即主体规划系统、制度保障系统、多规协调系统、技术支持系统和参与反馈系统，五个系统相互支撑、共同作用，形成乡村振兴合力，统筹配置乡村要素资源。乡村振兴规划体系框架如图 3.2 所示。

（一）主体规划系统

主体规划系统包括三个层面内容：一是国家和省级乡村振兴战略规划，从宏观上确定乡村振兴的战略目标、阶段和任务，明确乡村振兴的方针政策

和实现途径。二是市、县级乡村振兴建设规划，从中观层面确定乡村振兴的具体目标和实施方案，包括村镇类型划分、空间布局、推进次序、项目安排、资金概算等。中观层面规划是基于现有空间规划、产业规划、人口规划等基础性规划，按照乡村发展实际和未来发展趋势做出的具体安排。三是微观层面村庄建设实施方案，根据市、县级乡村振兴规划和村庄发展的实际，确定村庄建设和产业发展的具体措施和工程设计方案，包括中心村选址、公共设施配置、特色产业选址等。村庄建设实施方案按照村庄建设发展的需求分类、分批制定。国家和省级乡村振兴战略规划重点在于通过制度创新和政策支持解决制约乡村振兴发展的制度性难题，市、县级乡村振兴建设规划是对乡村发展要素资源的统筹配置，而村庄建设实施方案是对乡村振兴规划的具体落实，是乡村振兴规划的核心内容。

（二）制度保障系统

近十几年来，中国实施了统筹城乡发展、社会主义新农村建设、美丽乡村建设等战略，历年中央一号文件将农业农村发展作为首要任务，农业农村发展受到了足够的重视。然而，农业农村发展仍然

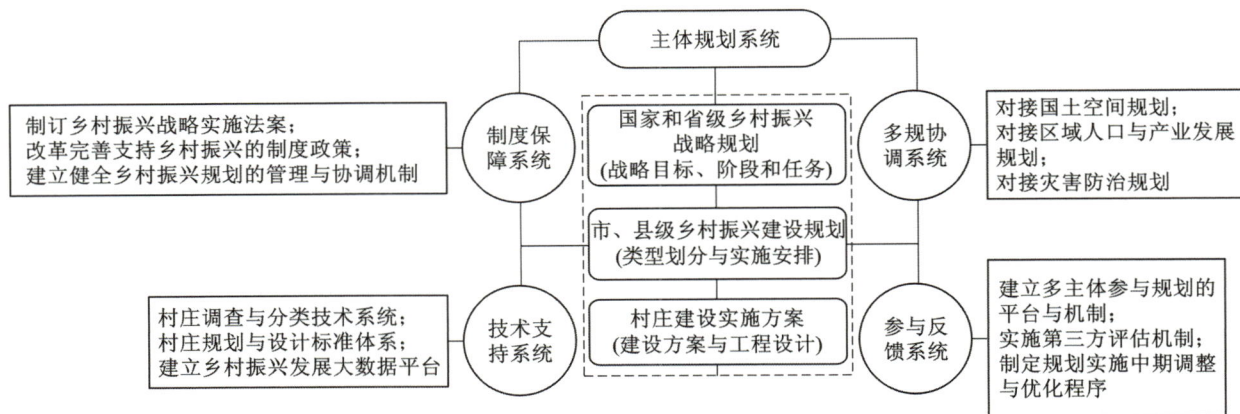

图3.2　乡村振兴规划体系框架①

---

①　王介勇，周墨竹，王祥峰.乡村振兴规划的性质及其体系构建探讨［J］.地理科学进展，2019，38（9）：1361–1369.

是短板，农民增收仍然是难题，这与农业弱质性、农民弱势性的本质特征有关。以促进公平为导向的乡村振兴规划需要完善的法律和制度政策保障，才能保持其较高的严肃性和权威性。高起点定位乡村振兴规划的法律地位，才能更好地统筹配置各类要素资源，协调各部门之间的关系，激发各部门的能动性，调动地方政府推进乡村振兴事业的积极性，增强乡村振兴投资者和参与者的信心。

首先，制定乡村振兴战略实施法案，将乡村振兴战略提升到法律层面，明确各级政府、企业和农民在乡村振兴中的责任；其次，改革完善支持乡村振兴的制度政策，如农业补贴、宅基地退出、财政转移支付以及乡村基层管理等方面的制度政策；最后，建立健全乡村振兴规划的管理与协调机制，统筹协调不同部门、不同层级政府乡村振兴要素投入和支持政策，形成乡村振兴的合力。

（三）多规协调系统

由于乡村对城市和区域发展具有从附性特征，乡村振兴规划需要统筹乡村地域可支配、可利用、可依赖的要素资源，综合协调区域多种主导规划，主要包括：

1. 对接国土空间规划

改革后的空间规划体系将国土空间规划作为空间发展依据，国土空间规划应为乡村振兴预留发展空间，建立覆盖乡村的公共基础设施体系，乡村振兴规划必须按照国土空间规划划定的类型区和边界线，合理安排乡村振兴的各项活动。

2. 对接区域人口与产业发展规划

人口问题是乡村振兴中需要解决的核心问题，乡村人口变化决定着乡村振兴的方向，产业发展对乡村振兴方向的影响也非常深远。结合人口与产业

发展规划，分析乡村发展趋向，确定乡村振兴的路径与措施。

3. 对接灾害防治规划

乡村尤其是山地丘陵区，多为自然灾害频发地区。因此，乡村振兴规划必须与灾害防治规划衔接，规划必须避开灾害风险区域，防范洪涝、泥石流、滑坡、飓风等自然灾害风险，并按照要求设防标准进行防护。

此外，乡村振兴规划还应与区域旅游发展总体规划、生态建设规划等主要规划协调。通过多规协调，统筹乡村振兴的可拓展空间、可支配要素和可利用资源，为乡村振兴主体规划形成基础规划底图。

（四）技术支持系统

创新乡村振兴规划的理论技术体系，改变过去以城市规划和区域发展规划为理论基础指导乡村建设发展的思路，建立兼顾农业生产、农民生活条件改善的乡村振兴规划的技术支持系统，促进乡村振兴规划由技术理性走向社会理性，增强规划的前瞻性和引领性作用。技术支持系统包括：

1. 乡村调查与分类技术体系

乡村调查与分类是乡村振兴的基础性工作，建立合理的乡村调查与分类技术体系，是因地制宜、分类分步实施乡村振兴战略的基础。

2. 村庄规划与设计标准体系

依据乡村振兴战略的总体目标和乡村发展实际，制定不同地域类型村庄有关住宅、公共服务设施配置等的设计标准与规范。

3. 建立乡村振兴发展大数据平台

以农户为基本单位，以行政村为管理单元，建

立乡村振兴大数据平台。大数据平台具体信息包括农户家庭成员、住房、土地、财产、就业状况等基本信息，以及村庄基础设施、产业发展、社区管理等信息。

（五）参与反馈系统

乡村振兴规划必须重视乡村发展主体——农民的生活与发展需求，需要强化多主体参与，充分尊重发展主体的选择。

1.建立多主体参与规划的平台与机制

让农民、企业和其他相关利益者参与规划的全过程，包括参与规划设计、规划方案听证、规划决策投票、规划实施监督等。

2.建立第三方评估机制

聘请第三方机构，评估规划实施情况，调查农民的满意度和获得感，监测规划实施的效果。

3.制定规划实施中期调整与优化程序

制定乡村振兴规划中期调整与优化的程序，根据乡村发展的实际需求和规划实施的情况，调整和优化乡村振兴和村庄建设的方案和措施，确保规划目标的实现，提高农民满意度。

第四节　乡村振兴规划编制总则、程序、内容与成果

为有效推动乡村振兴健康有序进行，促进乡村经济、社会和环境的协调发展，充分发挥规划的引领作用，做到精准施策、分类推进，根据党的十九大精神及《中共中央　国务院关于实施乡村振兴战略的意见》的要求，提出乡村振兴规划导则，在当前国家、省、市的乡村振兴规划的基础上，重点研究县域及县域以下层面的乡村振兴

规划编制工作。

一、规划编制总则

本导则所适用的对象是县行政辖区内的全部乡村区域（乡镇、村庄及农村全部区域）。规划性质为经济社会发展规划和区域建设规划的一体化规划。规划体系应包括县域乡村规划、乡镇或聚集区规划、村庄建设规划、重点项目规划四个层次。

（一）总体思路

县域乡村振兴规划的编制，应按照产业兴旺、生态宜居、乡风文明、治理有效、生活富裕的总要求，坚持城乡融合，"三生空间"融合，一二三产业融合以及产居融合，统筹空间布局、生态保护、产业发展、文化传承、人居环境提升、基础设施与公共服务设施建设、乡村治理，在充分尊重我国乡村多样性和差异性基础上，提出符合实际、富有当地特色的乡村振兴战略与实施路径。

（二）编制原则

1.坚持以人为本

以资源环境承载力为依据，按照有利生产、方便生活和保护生态的要求，科学研判乡村人口流动趋势及空间分布；充分尊重农民意愿，切实发挥农民的主体作用，调动农民的积极性、主动性、创造性，促进农民共同富裕。

2.坚持多规合一

统筹衔接经济社会发展规划、城乡规划、土地利用规划和产业发展规划等，在时空上将各类相关规划的目标、要求和项目集成整合，实现乡村振兴规划"一套蓝图、一套规划"，解决各类规划自成体系、内容冲突、缺乏衔接协调等突出问题。

3. 坚持绿色生态

牢固树立和践行绿水青山就是金山银山的理念，落实节约优先、保护优先、自然恢复为主的方针，统筹山水林田湖草系统治理，严守生态保护红线，不破坏自然环境、不破坏自然水系、不破坏村庄肌理、不破坏传统风貌，做到生态、生产、生活空间融合，营造良好的乡村环境，以绿色发展引领乡村振兴。

4. 坚持城乡融合

统筹公共资源在城乡间的均衡配置，促进城镇基础设施向乡村延伸、公共服务向乡村覆盖，建立健全城乡融合发展体制机制，构建全域覆盖、城乡一体、均等服务的基本公共服务体系，加快形成工农互促、城乡互补、全面融合、共同繁荣的新型城乡关系。

5. 坚持因地制宜

科学把握乡村的差异性和发展走势分化特征，循序渐进、扎实推进；充分发挥规划刚性控制和引领作用，突出重点、分类指导，因地制宜，有步骤、有计划地实现乡村振兴。

6. 坚持彰显特色

尊重自然，顺应自然，体现地域特点，彰显乡村特色，传承历史文化、乡风民俗、传统建筑等，展现田园风貌，塑造乡村特色风貌。防止把城市建设的做法照搬到乡村，推广"小规模、组团式、微田园、生态化"建设模式。

二、规划编制程序

从现有的乡村振兴规划编制来看，规划编制程序大致需要经过以下七个阶段，分别为工作准备阶段、基础研究阶段、大纲制定阶段、规划编制阶段、意见征询阶段、规划评审阶段、规划实施阶段。

（一）工作准备阶段

准备工作主要包括组织准备（成立规划领导小组、召开规划动员会等）、技术准备（选定规划编制技术协作单位，确定规划编制技术方案、工作方法与技术培训等）与经费准备（编制经费预算报告、申请经费等）。

（二）基础研究阶段

制作乡村基础资料调查表，向相关政府部门及村党组织和村民委员会搜集材料，充分掌握规划范围内上位相关规划、地形图、自然资源分布、地质灾害、人口和社会经济发展、各类基础设施建设等基础资料。深入乡村进行调查分析，通过实地调查、入户访谈、问卷调查、召开座谈会等多种形式的调查，全面、准确地了解乡村发展现状，并尽可能广泛了解村民的需求和意愿。根据调查资料，运用多种分析方法，进行问题归纳总结。

（三）大纲制定阶段

编制乡村振兴规划大纲，确定规划发展目标与发展战略。围绕乡村振兴的"二十字方针"，结合区域发展短板及限制因素，明确区域乡村振兴长期与短期目标。根据上级规划目标，确定与地方乡村振兴产业、经济、人居及文化方面的具体目标。

（四）规划编制阶段

在发展思路确定的基础上，具体针对乡村空间、产业发展、生态宜居环境建设、文化发展、治理体系建设、民生保障与改善等编制对应的规划。需要注意的是，规划编制必须做好与相关规划的衔接，如乡村产业发展需以主体功能区为行动指南，以国土空间规划"三线三区"划定结果为重要依据。各级规划编制必须以乡村振兴目标为重要抓手，紧密结合区域发展特色，强化乡村振兴实现路径的探索。

（五）意见征询阶段

各地要紧紧依托村党组织和村民委员会开展乡村振兴规划编制工作。规划编制过程中，充分注重村民的主体地位，在项目编制初期听取村民诉求，获得村民支持。规划文本形成后，应组织召开村民会议，鼓励村民充分发表意见，参与集体决策。规划报送审批前，应经村民会议或者村民代表会议审议通过，并在村庄内公示，确保规划符合村民意愿，且村民愿意主动实施规划。

（六）规划评审阶段

规划获得规划委托方、评审委员会、政府或立法机构评审通过后，才能付诸实施，但目前国家尚未出台相关政策法规明确乡村振兴规划的评审、报批和修定制度。按照一般程序，规划评审小组对规划成果进行审查，对规划成果提出纠正、修改或补充的具体意见。规划成果通过评审后，根据评审意见进行修改完善，按规定程序报上级人民政府审批。

（七）规划实施阶段

乡村振兴规划实施的主要任务在于各要素的协调。由于乡村各产业及各要素呈现动态变化趋势，乡村振兴规划必须不断调整以满足变化的客观现实的需要。建立乡村振兴规划实施第三方评估机制，聘请第三方中立机构，评估规划实施情况，调查村民的满意度和获得感，监测规划实施的效果。

三、规划编制内容

基于乡村振兴规划编制的一般思路及"二十字方针"总体目标，县域乡村振兴规划应包括规划总则解析、现状综合分析、战略定位及发展目标、实施路径及专项规划、保障机制与措施、分期行动与计划等六部分内容。

（一）规划总则解析

规划总则解析是乡村振兴规划编制的起点，旨在通过深入剖析乡村振兴、农业农村现代化发展、城乡融合发展等一系列发展理念与指导思想，厘清县域乡村振兴规划编制的重要意义，揭示乡村振兴规划编制面临的新要求，并对规划编制范围、规划依据、规划期限等基本情况进行必要说明。

（二）现状综合分析

现状综合分析是规划编制的现实基础，目的在于围绕五大发展目标，总结与反思区域农业农村发展效果，初步判断乡村振兴方向。主要针对城乡发展关系以及乡村发展现状，通过现场勘察、入户调研、问卷调查、专家访谈、驻村体验等方式，对乡村综合情况进行摸底，并对收集的资料进行整理、分析、总结、研判，这是编制乡村振兴规划的基础。具体包括以下三个方面：

1. 城乡关系分析

城乡关系分析主要包括乡村空间格局分析、城乡产业梯度分析、城乡发展机制分析、城乡生态空间分析、城乡要素流动分析、城乡市场流动分析、城乡文化分析等内容，为城乡融合发展的方向选择提供依据。

2. 乡村现状分析

乡村现状分析主要包括对区位条件（地理区位、经济区位、旅游区位、交通分析）、产业发展现状（产业结构、产业规模、产业聚集程度等）、乡村资源禀赋（自然资源、人文资源）、人口现状（人口构成、人口规模、人口流动趋向等）、村容村貌、土地利用、水系分布、地形地貌、基础设施和公共服务设施、乡村治理、政策体系、上位规划等进行全面分析。

3. 乡村振兴研判

根据分析结果，确定区域乡村发展的机遇、优势条件、制约因素及需要突破的难点和挑战。

（三）战略定位及发展目标

乡村振兴战略定位应在国家及地方乡村振兴战略与区域城乡融合发展的大格局下，运用系统性思维与顶层设计理念，通过乡村可适性原则，确定具体的主导战略、发展路径、发展模式、发展愿景等。而乡村振兴发展目标的制定，应在 2018 年中央一号文件《中共中央　国务院关于实施乡村振兴战略的意见》明确的乡村三阶段目标任务与时间节点基础上，依据现实条件，提出适用于本地区发展的可行性目标和具体乡村振兴指标体系。

（四）实施路径及专项规划

实施路径与专项规划是保障乡村振兴规划发挥引领作用的关键，其核心是针对空间布局、生态保护、产业发展、文化传承、人居环境提升、基础设施与公共服务设施建设、乡村治理等编制对应的规划。

1. 乡村空间布局规划

空间布局规划确定乡村振兴战略下的区域发展格局，是实现城乡空间有效融合，推动生产、生活、生态融合的空间，要求构建新型"乡镇—综合发展区—村庄社区"发展及聚集结构，同时形成一批重点项目，形成空间上的落点布局。

（1）乡村空间格局。明确区域内城镇化区、聚集区、永久现代农村地区等发展结构以及总体空间结构框架，并明确各主体区功能定位。提出集中建设、协调发展的总体方案和村庄整合的总体安排，结合原有的城镇体系规划，构建县政府驻地之外的乡镇、集聚区、村庄三级体系。预测各级体系的人口规模、建设用地规模及范围。

（2）乡村空间管制。根据城镇空间、农业空间、生态空间三种类型的空间，对应划定城镇开发边界、永久基本农田保护红线、生态保护红线三条控制线，明确管控措施。同时，进一步划定生态敏感区、水源涵养区、文化保护区、耕地保护区、城镇发展功能区、农业生产区等功能空间。

（3）空间分类指导。根据经济实力、与城区的关系、产业发展、交通条件等要素，对乡镇、集聚区、村庄三级布局按照集聚提升型、城郊融合型、特色保护型、搬迁撤并型进行分类并提供发展指导。

（4）用地结构调整。根据空间总体布局及国民经济和社会发展目标，结合气候条件、水文条件、地形状况、土壤肥力等自然条件以及人口未来发展需求等，确定农地转用、生态退耕、土地开发和整理、耕地占补等用地结构调整计划及总体布局，以达到土地集约化、高效率利用目的。

2. 乡村生态保护规划

统筹山水林田湖草生态系统，加强环境污染防治、资源有效利用、乡村人居环境综合整治、农业生态产品和服务供给，创新市场化、多元化生态补偿机制，推进生态文明建设，提升生态环境保护能力。

（1）生态系统治理。依据生态敏感度评价、环境容量核算及生态功能评估，做好区域生态规划、环境污染防治规划，通过人工种（养）殖以及退耕还林、退耕还湿、退牧还草、退耕还草等工程的实施，修复林业、湿地、草原生态系统，维护生物多样性，构建生态安全战略格局，推进生态文明建设。

（2）环境污染防治。坚守耕地红线，大力实施乡村土地整治，开展土壤污染治理与修复技术应用试点；实施循环农业示范工程，构建生态化产业模式；开展生态绿色、高效安全、资源节约的现代农业技术的研发、转化及推广利用；推动畜禽粪污、秸秆等农业废弃物的资源化利用及无害化处理；推进绿色防控技术的广泛应用，逐步减少农药用量，保护生态环境。

（3）生态产品服务。依托生态资源，结合旅游发展，规划建设一批特色生态旅游示范村镇、观光农业园、田园养生综合体及自然生态教育基地等。

3. 乡村产业发展规划

立足产业发展现状，充分考虑国际国内及区域经济发展态势，以现代农业三大体系构建为基础，以一二三产业融合为目标，对当地一二三产业的发展定位及发展战略、产业体系、空间布局、产业服务设施、实施方案等进行战略部署。

（1）产业发展方向。分析自身产业发展基础及现状、外部产业发展竞争环境，明确产业优势及特色，提出产业结构调整目标、产业发展方向和重点，提出一二三产业融合发展的主要目标和发展战略。

（2）现代农业发展。以绿色农业、农业现代化为目标，针对农业发展问题，从农业研发、农业生产、农业服务三大层面，做足前段，实现后延，构建农业产业体系、生产体系和经营体系。划定和建设粮食生产功能区、重要农产品生产保护区；支持新型经营主体和工商资本投入高标准农田建设；因地制宜，优化农业生产布局；深化农业科技体制改革，改善研究条件，打造现代农业产业科技创新中心，增强科技成果转化应用能力。实现科技引领下的农业增效；培育农产品品牌，实现一村一品、一县一业；加快实施"互联网+"现代农业行动，推进互联网农业小镇建设，加强农业智慧化建设及应用；创新乡村经营管理体系，引进和孵化新型经营主体，积极发展多种经营形式。

（3）乡村产业融合。以农业生产为基础，在提升农业现代化水平基础上，根据当地发展条件及外部需求，确定一二三产业融合的实现路径及关联性产业组合，构建产业链或产业集群。

（4）乡村产业布局。统筹规划县域乡村"三产"的空间布局，合理确定农业生产区、农副产品加工区、产业园区、物流市场区、旅游发展区等产业集中区或产业园区的选址和用地规模。

（5）产业服务设施。根据产业发展目标及产业体系，综合配套产业生产服务（农业品种培育交易服务、农科技术研发转移服务、职业农民培训管理服务等）设施、经营服务（经营主体管理服务、科技融资服务、预警监管服务等）设施、产业服务（创业孵化平台、农产品流通与冷链管理等）设施。

4. 乡村文化传承规划

遵循"在保护中开发，在开发中保护"的原则，对乡村历史文化、传统文化、原生文化等进行以传承为目的的开发，在与科技、新兴文化融合的基础上，促进区域竞争力增强以及经济发展。

（1）乡村文化保护。保持乡村的空间肌理与特色风貌；加强历史文化名城名镇名村、历史文化街区、名人故居保护，实施传统村落保护工程，做好传统民居、历史建筑、革命文化纪念地、农业遗产、灌溉工程遗产等的保护工作，抢救保护濒危文物、古树名木，实施馆藏文物修复计划；传承地域习俗、风情文化、传统工艺等非物质文化遗产。

（2）乡村文化开发。以文化创意为手段，以产业孵化为机制，通过"创意业态设计+创意产品打造+创意氛围营造+创意机制保障"，实现文化的创新性活化。突破文化的静态展示模式，通过业态的复合、文化意境的营造、节庆活动的举办等手段，将文化融入居民的日常生活，打造浸入式体验。

5. 乡村人居环境提升规划

以生态宜居为目标，结合产居融合发展路径，针对乡村环境整治、乡村风貌提升和乡村社区建设，对乡镇、聚集区、村庄等进行整治与规划。

（1）乡村环境整治。完善乡村生活垃圾"村收集、镇转运、县处理"模式，鼓励生活垃圾就地资源化，根据需要规划垃圾集中处理设施和垃圾中转设施。推进乡村污水处理统一规划、建设、管理，合理确定污水集中处理设施的选址和规模。实施乡村清洁工程，开展河道清淤疏浚。确定乡村粪便的处理方式和用途，鼓励粪便资源化处理。深化"厕所革命"，推进乡村无害化厕所建设及合理布局，并积极探索引入市场机制建设管理。

（2）乡村风貌提升。基于生态宜居目标，结合产居融合发展路径，提出乡村建设与整治的原则、要求和分类管理措施，重点从空间格局、景观环境、建筑风貌、污染治理等方面提出村容村貌建设的整体要求。保护乡村风貌，推进违法建筑整治，强化新房建设管控，开展田园建筑示范。

（3）乡村社区建设。乡村社区规划要尊重现有的乡村布局和脉络，尊重居住区与生产资料以及社会资源之间的依存关系，要确保规划后村民生产更方便、居住更安全、生活更有保障。应特别注重保护当地历史文化、风俗习惯、特色风貌和生态环境等。

6. 乡村公共服务与基础设施建设规划

以提升生产效率、方便人们生活为目标，对公共服务及基础设施的建设标准、配置方式、未来发展作出规划。

（1）公共服务设施建设。以宜居为目标，积极推进城乡基本公共服务均等化，统筹安排教育、医疗卫生、文化娱乐、行政管理与社区服务、商业金融服务、科技创新、社会福利、集贸市场等公共服务设施的布局和用地。

（2）乡村基础设施建设。乡村基础设施建设主要包括交通系统、给排水系统、能源系统、数字乡村工程等的建设。

交通系统：确定各级公路线路走向；明确水网地区航道等级和走向；确定县域汽车站、火车站、港口码头等交通站的等级和功能以及规划布局；确定批发市场的物流点和规划布局。

给排水系统：预测县域用水量，确定供水方式和水源、排水体制，提出雨水、污水处理原则，划分排水分区，估算污水量，确定污水处理率和处理深度，并布局污水处理厂等设施；推进节水供水，打造绿色生态水网。

能源系统：根据地方特点，确定主要能源供应方式。预测用电负荷，规划变电站位置、等级和规模，布局输电网络；确定燃气供应方式，提倡使用沼气、太阳能、地热、水电等清洁能源。

数字乡村工程：做好数字乡村整体规划设计，加快乡村宽带光纤网络和移动通信网络覆盖步伐，开发适应乡村的信息技术、产品、应用和服务，推动远程医疗、远程教育、远程控制、网络销售等的普及应用。

7. 乡村社会治理规划

基于乡村的人口结构，遵循市场化与人性化原则，综合运用自治、德治、法治等治理方式，建立乡村社会保障体系、社区化服务结构等新兴治理体制，以满足不同乡村人口的需求。

发挥市场"无形之手"的调节作用，依托政府的导向及服务作用，推动乡村体制改革。重点推进土地制度、社会保障体系、乡村治理体系、干部考核评价制度、政府与社会合作机制、人才培训方案、乡村经营制度等方面的创新。

（1）土地制度改革。在保证农村集体所有权和农户承包权的前提下，以三权分置为基础，放活经营权、使用权，探索宅基地、承包地、集体经营性建设用地等土地资产及其附着资产实现市场化流转的路径。在保障农民永久性、财产性收益的基础上，建立社会保障体系，彻底将土地与农民松绑，释放资产和资本要素的流通能力。实施新型农业经营主体培育工程，培育发展家庭农场、合作社、龙头企业、社会化服务组织和农业产业化联合体，发展多种经营形式。

（2）创新治理体系。构建以基层党组织为领导核心，自治、法治、德治相结合，民主监督为基本保障的"一核三治一监督"的乡村治理体系。并充分借助互联网推动乡村的社群化、社区化治理。重视乡贤在乡村治理中的作用，完善乡贤参与机制，提高乡村治理效率。

（五）保障机制与措施

乡村振兴规划的实施离不开有力的保障机制与措施。乡村振兴综合性很强，需要协调各方面的关系，需要各个部门的配合，统筹各部门的工作，推动乡村振兴规划顺利实施。乡村振兴支持保障体系建设的内容包括：管理与指导机构建设、乡村振兴融资保障、乡村振兴相关标准建设、政策支持、人力资源支持、土地供给等。

（六）分期行动与计划

首先，基于总体目标及总体规划要求，形成制度框架和政策体系，确定行动目标，分解行动任务，比如深入推进乡村土地综合整治，加快推进农业经营体系和产业体系建设、乡村一二三产业融合提升、产业融合项目落地计划、乡村人居环境整治三年行动计划等，明确各阶段应达成的目标。其次，制定政策支持、金融支持、土地支持等保障措施。最后，安排近期工作。

四、规划编制成果

规划可以分别按照县域乡村规划、乡镇或聚集区规划、村庄建设规划、重点项目规划四个层次进行编制，也可以一体化编制，按照顶层战略、总体布局、区域落地、项目建设的递进层级，分别提交相关成果。规划成果主要包括文本、图纸以及相关附件。文本应当规范、准确、含义清晰。图纸内容应与文本保持一致。基础资料、规划说明书、必要的专题研究报告等应纳入附件。

（一）县域乡村规划

1. 文本内容

县域乡村振兴规划是在上级战略规划指导下，就生态、产业、空间、文化、人居环境、公共服务与基础设施、社会治理等规划内容，从方向与目标上进行总体决策，并落地到土地利用、设施配置、空间布局与重大项目而进行的一定时间内的综合部署和具体安排。在总体规划的分项规划之外，可以根据需要，编制覆盖全区域的农业产业规划、全域旅游规划、生态宜居规划等专项规划。此外，规划还应结合实际，选择具有综合带动作用的重大项目，从点到面布局乡村振兴。

2. 基本图纸

除区位分析图外，其他图的比例尺为1：100000～1：25000，一般为1：50000，可根据县行政辖区面积的实际情况，适当调整比例尺大小。基本图纸包括：区位分析图、县域综合现状分析图、县域用地适宜性综合评价图、县域城乡空间结构规划图、县域空间管制规划图、县域空间布局规划图、县域乡村体系规划图、县域生态保护与修复规划图、县域环境治理规划图、县域产业布局规划图、县域综合交通规划图、县域基础设施规划图、县域公共服务设施规划图、县域历史文化资源保护规划图、近期重点建设项目规划图等。可结合实际，对上述图件进行合并、拆分，增加县域乡村旅游发展规划图、县域乡村风貌分区规划图、县域农房建设引导图、县域乡村振兴发展时序规划图、县域乡村村庄分类指引图以及其他相应的分析图等。

（二）乡镇或聚集区规划

1. 文本内容

乡镇规划以乡镇行政区划为边界。聚集区为跨村庄的区域发展结构，包括一二三产业融合先导区、产居融合发展区等。聚集区与乡镇的管理架构类似，可以纳入乡镇直接管理，也可以由县政府派出管委会进行管理，但将超越村民委员会的管理范畴。因此，聚集区规划的文本内容应与乡镇规划保持一致。对于跨村庄的区域发展结构，应在乡村土地利用、基础设施与公共服务设施建设、产业融合发展等方面提出规划方案。

2. 基本图纸

除区位分析图外，其他图的比例尺为1：10000～1：5000，重点区域的比例尺一般为1：2000～1：1000，可根据乡镇行政辖区面积的实际情况，适当调整比例尺大小。基本图纸包括：区位关系图、区域乡村综合现状图、区域用地适宜性评价图、区域乡村文化及景观资源分析图、区域乡村空间布局规划图、区域乡村体系规划图、区域乡村生态景观规划图、区域公共服务设施规划图、区域基础设施规划图、区域乡村产业规划图、重要区域现状分析图、重要区域规划总平面图、重要区域道路工程规划图、重要区域管线综合规划图、重要区域竖向规划图、重要区域效果图等。可结合实际，对上述图件进行合并、拆分，可增加区域乡村旅游规划图、乡村历史文化保护规划图、乡村近期建设规划图、乡村村庄分类指引图以及其他相应的分析图等。

（三）村庄建设规划

1. 文本内容

村庄建设规划是以上层规划为指导，对村庄发展进行整体部署，并具体到建设项目，是一种建设性规划。规划需要对村域产业发展、文化保护与传承、生态环境保护、空间布局、基础设施与公共服务设施、民居提升改造等提出具体要求，并制订方案。村庄建设规划需要村民委员会表决通过，最大限度满足村民的实际需要。

2. 基本图纸

除区位分析图外，村域图纸比例尺为1：2000，乡村聚居点图纸比例尺一般为1：500。基本图纸包括：区位关系分析图、村域国土空间利用现状图、村域国土空间利用规划图、村域产业发展与布局规划图、村域土地整治和生态修复图、村域道路交通规划图、村域公共服务设施规划图、村域市政设施规划图、村域环境卫生设施规划图、近期重点建设项目布局图、乡村聚居点规划平面图、乡村聚居点综合防灾规划图、乡村聚居点建筑方案设计图、乡村聚居点空间景观设计图、重点乡村聚居点规划效果图等。其中情况比较简单的村，可对相关图纸进行简化或合并绘制，也可增加规划结构图、乡村旅游规划图、历史文化保护图以及其他相应的分析图等。

（四）重点项目规划

1. 文本内容

重点项目是对乡村振兴中具有引导与带动作用的产业项目、产业融合项目、产居融合项目、现代居住项目的统一称呼，包括田园综合体、现代农业园、农业科技园、休闲农场、乡村旅游景区等。

重点项目规划以乡镇规划、村庄规划等上位规划为依据，制定具体的项目规划建设方案，指导项目落地建设。

2. 基本图纸

除区位分析图外，其他图的比例尺为 1∶2000～1∶500，一般为 1∶500。基本图纸包括：区位分析图、场地综合现状分析图、功能结构规划图、用地规划布局图、规划总平面图、道路交通规划图、绿地景观规划图、竖向规划图、单项或综合工程管网规划图、主要建筑方案设计图、景观节点规划设计图等。可结合实际，对上述图件进行合并、拆分，可增加滨水空间分析图、街道空间规划设计图、夜景照明规划图以及其他相应的分析图等。

第四章　乡村现状调研分析

第一节　乡村调研工作流程

一、确定乡村调研主题

（一）确定乡村调研主题的意义

确定乡村调研主题是科学开展乡村现状调查研究工作的第一步，意味着要为整个乡村调研工作定调，即要考虑为什么做乡村调研，做什么样的乡村调研，参与对象是谁，怎样开展乡村调研，如何处理乡村调研结果等。主题的选择决定着乡村调研的方向。不同的乡村调研主题，体现着乡村调研者不同的调研目的和调研任务，决定着乡村调研不同的目标和方向。

（二）确定乡村调研主题的原则

1. 必要性原则

乡村调研主题的确定要符合乡村社会发展的客观需求。开展乡村调研就是为了解决乡村社会现状存在的具体问题或分析乡村某一具体的社会现象，应体现必要性原则。

2. 科学性原则

乡村调研主题要以理论和事实为依据，不能随意地根据个人主观看法或爱好去选择，调研主题要符合科学理论，如果违背这些科学理论，那么乡村调研主题一定不是正确的调研主题，乡村调研活动可能中途无法继续进行下去，即使顺利进行下去，得出的调研结果也一定不是可靠的。

3. 可行性原则

乡村调研主题不能脱离调研主体、客体和环境的现实条件。在确定乡村调研主题的时候，一定要明确被调研对象的特征和实况，不能在不明确调研背景的情况下胡乱确立调研主题。此外，在确定调研主题时，也要充分考虑调研者的工作能力、实践经验等实际情况，超出调研者能力、学识、经验范围的主题很可能有始无终、事倍功半。因此，在选择乡村调研主题之前，一定要先考虑该主题的乡村调研在主观和客观方面是否切实可行。

（三）确定乡村调研主题的类型

乡村调研主题的选择过程是乡村调研目标的确定过程，既是明确乡村调研所要解答的具体问题，也是对乡村调研任务的明晰化，体现了乡村调研的中心和重点。在选择乡村调研主题时，首先，切忌贪大求全，一个乡村调研主题不可能解决所有的问题，因此在选择主题时从最关键的点入手即可。其次，乡村调研主题的选择不能脱离实际，一定要以乡村社会发展现状与现实生活环境为依据。

根据乡村调研主题的研究范畴，乡村调研主题可以分为综合性乡村调研主题和专业性乡村调研主题。综合性乡村调研主题是指宏观范畴的、具有全局性的主题，这类主题涉及范围广，应用知识多，综合性较强。例如，"基于乡村振兴的村庄发展现状情况调查"就是综合性乡村调研主题，需要乡村调研者全面地调查研究村庄整体情况，综合地看待村庄现状（图4.1）问题，并给出发展建议。专业性乡村调研主题是针对乡村某一具体、特定方向的研究主题，涉及面相对单一，针对性较强。这样的乡村调研属于不仅要回答"是什么""为什么"，而且要回答"将怎样"的问题。例如"对乡村垃圾处理现状及改革方案的调查研究"，不仅要调查乡村垃圾处理现状，分析背后的原因及改革的迫切性等，还要进一步研究如何改革，提出具体解决方案等。

图4.1 村庄发展现状

二、拟定乡村调研提纲

（一）乡村调研初步探索

在乡村调研全面开展之前，可以通过任务书解读、与甲方沟通、查询资料以及实地考察等方式对调研对象进行初步探索，明确需要解决的核心问题。乡村调研初步探索其实就是为正式调查研究"排雷"。乡村调研初步探索的主要目的不是直接回答乡村调研所要解决的全部问题，而是为设计具体调研方案提供可靠的客观数据，为正确解决乡村核心问题探寻可供选择的路径和方法。通过乡村调研初步探索，可以验证乡村调研的可行性，可以知道具体乡村调研开展过程中可能会出现的问题及其解决办法等。

乡村调研初步探索的首要任务是明确乡村调研的起点和重点。如果一开始把起点定得过高，那么就很可能脱离实际，难以完成调研工作；如果起点定得太低，那么调查工作的涉及面就可能十分宽泛，调研的重点就不突出，使得调研工作的意义模糊，指向不明，甚至失去意义。而在正式开展乡村调研

之前，调研者一定要了解和掌握与乡村调研主题相关的乡村发展时代背景、社会生活现实条件等，并根据时代背景和实际情况确定调研重点。此外，一定要密切注意前人进行相关乡村调研时，他们使用了什么调研指标，用过哪些调研方法，以及在调研过程中遇到了什么问题，他们是如何解决这些问题的，等等。只有掌握了这些情况，调研者才能根据实际制定更合理、更科学的调研方案，否则不仅容易导致乡村调研流于形式，还很可能在具体乡村调研过程中失去方向，影响调研成果质量。

（二）拟定乡村调研提纲的意义

乡村调研提纲是整个现状调研工作开展的行动指南，是乡村调研实践工作的基础，是最终确定的调研方法和途径。调研提纲的设计是否具有科学性和可行性，直接决定着调研工作是否能够顺利开展、调研的最终结果是否正确可靠。因此在拟定乡村调研提纲时，要对所有调研程序和实施过程中可能出现的各种问题进行全面、详细的梳理和考虑，并制订科学严谨、切实可行的现状调研计划，使后续的实践工作有迹可循、有章可依。

（三）乡村调研提纲的结构

作为乡村现状调研的纲领性文件，乡村调研提纲一般应该包括乡村调研目的、乡村调研意义、乡村调研内容等内容。

1. 乡村调研目的

乡村调研目的即调研意图，它既是乡村现状调研的出发点亦是落脚点，撰写乡村调研提纲时一般应逐一列出本次乡村调研所要解答的全部问题。

2. 乡村调研意义

乡村调研意义其实就是对乡村调研的重要性进行描述，说明本次乡村调研对乡村生态空间、生活环境、生产建设情况或对某种乡村社会发展规律等可能产生的影响。

3. 乡村调研内容

乡村调研内容是乡村调研方案设计的核心。乡村调研内容其实就是将调研目的分解和细化，使其更加具体。例如：在乡村现状空间环境调研中，可将调研内容分解为对乡村生态环境的调查，对乡村生产空间的调查，对乡村生活情况的调查。村庄规划调研提纲如图4.2所示。

4. 乡村调研地域

乡村调研地域区间是指调研的具体目的地范围。调研区域的选择要有利于完成该主题的乡村调

村庄规划调研提纲

一、基本图纸资料

1.用地红线控制范围。

2.规划范围内地形测绘图（比例尺1：1000以上）。

3.县域、镇域总体规划（最新版），村庄发展规划（如果有请提供）。

4.给水、排水管网规划布置图，暖通、电气管线规划图，建筑资料图。

二、地理人文资料

1.区位条件。

2.自然条件（地貌、气候、水文）。

3.社会经济条件：人口状况（户数、人数、人口结构、人均耕地面积）；经济发展状况（村庄总体收入状况、人均收入状况、村镇及个人的主要收入来源）。

4.公共服务设施：村庄行政办公设施，广场及其设施（娱乐设施、文化设施、健身设施）状况，学校（幼儿园、小学、中学等）设施状况，卫生所或医疗点设施状况。

5.文化相关资料：村庄内是否有古迹遗址、寺庙、古树名木，如果有请提供相关资料（包括地点、规模、现状等）；村内留存的民间习俗及村民经常参与的文化形式（如戏曲）。

6.产业：村庄的支柱产业及其他产业，村内及周边企业。

图4.2　调研提纲

研，并且要考虑乡村经济和社会发展等方面因素，使现状调研方案更具可行性。例如在综合性乡村调研中，一般会在确定的乡村宏观调研区域内，再选择有代表性的典型乡村生态空间、生活空间、生产空间进行针对性调研。但是在专业性乡村调研中，乡村地域的选择要考虑均衡性，不能刻意地选择某些能左右调研结论的区域。例如在"对乡村环境污染问题的调查研究"中，不仅要说明污染的情况，还要进一步研究为什么乡村污染日益严重，其与农业生产、乡村经济、乡村社会之间的关系等。故在确定的宏观乡村调研区域内，可再划分多个区域或片区，然后随机抽取某些区域进行调研或对整个区域进行调研，这样得到的结果才更客观、更可靠。乡村环境污染如图4.3所示。

5. 乡村调研时间

乡村调研的时间包括调研开始到完成时间。在设计针对乡村环境现状及发展建设情况进行的调研时，调研时间的确定要充分考虑农户的耕作时间和休闲时间。另外，选用不同的乡村调研方法，调研所需要的时间也不尽相同，如选用驻村体验法、陪伴式乡建法的调研时间通常会比常规的走访观察法的调研时间要长。

6. 乡村调研对象

大多数乡村调研，对象主要是当地村委干部、农民、驻村企业、游客等，但这是一个笼统的范围，不同主题的调研，调研对象不同。例如，乡村旅游发展情况调研涉及村委干部、农民、游客等多类对象，乡村农民受教育情况调研的对象则是全体农民，乡村生育情况调研只针对已婚妇女，乡村农产品加工业发展情况调研则重点针对相关企业单位。另外，还要根据乡村调研的类型确定调研对象的数量，并使其具备统计学意义。

7. 乡村调研方法

针对不同主题的乡村调研，选择的调研方法一般不同。乡村调研方法影响着乡村调研工作效率，只有合适的乡村调研方法，才能保证乡村调研工作顺利、高效地开展。因此，在设计乡村调研方案时，一定要确定适合本次乡村调研的方法。例如开展村庄规划、乡村振兴规划类项目时，前期乡村调研工作常用的方法有文献调查法、实地观察法、走访座谈法、问卷调查法、驻村体验法等，如图4.4所示。

（a）空气污染

（b）水体污染

图4.3　乡村环境污染

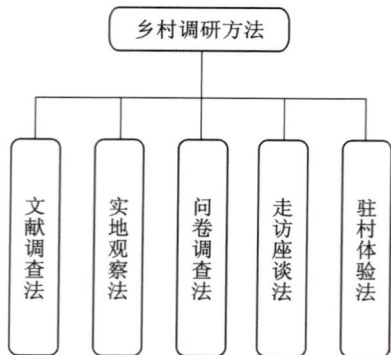

图4.4　乡村调研方法

8. 乡村调研经费与安排

调研经费对于任何主题的乡村调研来说都是必不可少的。如何筹集、管理和使用经费直接关系整个乡村调研工作是否能够顺利实施。因此，乡村调研经费也是设计乡村调研方案时所要着重考虑的内容。

同时，应结合乡村调研区域大小、调研内容广狭、调研对象多少等，把握乡村调研时间节奏，使得乡村调研能在规定的时间内按计划完成，并且对可能发生的意外情况做出合理调整，准备好应急预案。

三、开展乡村现场踏勘

（一）乡村现场踏勘的必要性

通常来说，查询文献或向他人咨询时，调研者所获得的并不一定是第一手资料，极可能是经过转述者处理过的内容，有时很多内容带有主观色彩，有的甚至无从考究，其真实性、可靠性存疑。因此，调研者绝不能仅仅依靠这些第二手甚至是第三手的资料就草草作出结论，而是应该深入乡村生产、生活环境进行实地考察，初步了解当地实际情况，充分考虑查询文献及咨询所得内容的社会和时代背景，筛选其中可靠的信息，对前期假设进行验证，为乡村调研的顺利开展打好前阵。

（二）乡村现场踏勘的任务

乡村现场踏勘的主要任务是按照设计好的乡村调研提纲，采取恰当的方式方法进行乡村现场调研。乡村现场踏勘调查是助力村庄规划、乡村振兴类项目的基础性工作和重要技术支撑。乡村现场踏勘主要是深入乡村获取自然、经济、人口、社会、生态、产业、规划建设、土地流转等多个维度的第一手数据，揭示乡村综合发展现状或某专项建设特征，发现乡村发展中的主要问题与矛盾，分析其可利用优势资源及其开发利用方式等。因此，乡村现场踏勘时，需要结合具体调研主题，寻找乡村综合发展建设或某专项发展建设的主要制约因素，挖掘该村优势资源并进行分析，从而为提出有针对性的和可行性的乡村发展策略奠定基础。例如在"乡村环境综合整治项目现场踏勘"工作中，除对地理位置、自然环境、社会人口、经济状况、产业发展情况、相关政策文件等前期资料进行分析外，还需要通过现场踏勘调查获取其他资料，主要包括：①生活垃圾（图4.5）污染状况（生活垃圾结构及产量、环卫设施数量及分布情况、垃圾处理方式、处理点的规模及处理点之间的距离等）；②生活污水污染状况（生活污水来源、排放方式，是否需要修建排水渠，排水渠修建位置及长度等）；③畜禽养殖（图4.6）污染状况（畜禽养殖种类及方式、养殖位置分布、是否需要修建畜禽排泄物收集渠或收集池、已有收集点数量及位置分布等）。

图4.5 生活垃圾

图4.6 畜禽养殖

在乡村现场踏勘这个阶段，调研者分散，工作接触面广，工作量大，调研情况复杂，实际问题多，指挥调度困难，对于乡村调研的领导者和组织者来说，要特别注意做好这个阶段的外部协调和内部组织工作。

（三）乡村现场踏勘的工作安排

乡村现场踏勘即调研工作的现场实施，调研者与调研对象直接接触，调研进程受外部因素影响往往无法完全控制。在该阶段，做好外部协调工作是顺利完成调研任务的最有力保障。外部协调包括两个方面的内容：一是努力争取被调研乡村的乡镇政府或村委会的支持和帮助，尽可能在不影响或少影响他们正常工作的前提下，合理安排乡村调研任务和进程。二是密切联系调研对象，尤其是乡村居民，努力争取他们的理解与合作，绝不做损害他们利益或感情的事情，绝不介入他们的内部矛盾，在可能的条件下给予他们最大的帮助，最大限度地获得他们的信任。

乡村现场踏勘通常要求调研人员分散到各目标区域开展工作。因此，为了保证乡村调研者按照统一要求完成乡村调研任务，必须合理安排乡村调研

内部工作。乡村调研的类型不同、工作阶段不同，内部工作重点也不尽相同。一般来说，在乡村调研的初期，调研者应尽快熟悉整个乡村调研工作的流程及要领，使乡村调研工作有好的开始。在乡村调研的中期，应注重总结交流调研工作经验，及时发现调研中出现的新情况，及时解决新问题，并采取有效措施加强调研薄弱环节，促进调研工作平稳协调进行。在乡村调研的末期，要注重调研扫尾工作，避免漏项，同时要严格检查和初步整理调研资料，以便及时发现、解决问题。

四、乡村调研资料整理

（一）乡村调研资料整理的意义

乡村调研资料整理在整个调研工作中具有重要意义，是乡村调研的深化和提高阶段，是从感性认识向理性认识飞跃的阶段。通过对现状调研资料的全面检查、整理、查缺补漏、去伪存真、去粗取精，使搜集的乡村调研资料能准确、简洁地反映乡村生活环境和社会实况。可以说，乡村调研最终能否取得满意成果，能否有效支撑乡村振兴建设，在很大程度上取决于乡村调研资料的整理分析。

（二）乡村调研资料整理的原则

1. 真实性原则

真实性是乡村调研资料整理必须遵循的最基本的原则。由于种种复杂因素的影响，搜集来的乡村调研资料难免夹杂着某些虚假信息，整理资料时必须认真鉴别，去伪存真。

2. 准确性原则

在乡村调研资料整理过程中，事实描述一定要准确，特别是数据要准确。如果经整理后的乡村调研事实材料仍然含糊不清、模棱两可，数据资料仍然笼笼统统、互相矛盾，那么就不可能据此得出科学的结论，会大大影响乡村调研结论的说服力。

3. 完整性原则

完整性原则是指反映乡村某一问题或社会现象的资料必须尽可能全面，以便如实地反映该问题或现象的全貌。如果相关资料残缺不全，就有可能犯以偏概全的错误，导致得出错误的结论。

4. 统一性原则

统一性原则是指对各个乡村调查指标要有统一的理解和解释，指标相关计算方法和计算单位也要统一，否则就无法进行统计，也无法进行比较研究。

5. 简明性原则

简明性原则是指乡村调研所得的资料要系统化、条理化，并尽可能以简单、明确、集中的形式反映出来，以便对相关调研内容进行科学合理的分析和研究。

（三）乡村调研资料整理的一般步骤

运用各种方法搜集到乡村调研资料后，接下来的任务就是要对这些原始资料（主要是现场踏勘、问卷调查等得到的资料）进行某种特定方式的整理，使之成为能进行乡村现状统计分析的基本数据，以及为未来撰写调研报告或编制相关乡村振兴类规划提供关键数据支撑。乡村调研资料整理工作主要包括对原始调研资料进行审核、复查，并对调研资料进行编码、录入和数据清理，制作调研统计表、统计图，对调研资料进行统计分析，对乡村调研进行总结评价等。

1. 原始调研资料的审核与复查

审核与复查搜集到的原始调研资料，主要是对问卷进行初步的审查和核实，校正错填、误填的答案，剔除乱填、空白和严重漏答的废卷。其目的是使原始资料具有较高的准确性、完整性和真实性，从而为后续资料整理录入与统计分析工作打下较好的基础。

2. 调研资料的转换与录入

在设计问卷时，要为每个项目进行编码，编码就是给每个问卷调研项目及答案编辑一个数字作为它的代码，这是为了在资料处理阶段，方便调查者按编码对资料进行转换与数据录入。因为调研的资料统计与分析工作一般由计算机来完成，这就需要将调研对象对问卷问题的回答转换成计算机可识别的语言。

3. 调研资料数据清理

将乡村调研资料问卷上的答案转换为编码，以及将其录入计算机，无论工作做得多仔细，还是难免会出现一些小的差错。在正式统计运算前，为了尽量降低数据的差错率，提高数据的质量，调研者还需要进行数据清理工作。数据清理工作在计算机的辅助下进行，通常采用的方法有三种：①有效范围清理；②逻辑一致性清理；③数据质量抽查。

4.调研资料的统计分析

乡村调研人员将获得的调研资料进行审核、整理与汇总后，只有再进行系统的统计分析，揭示调研资料所包含的信息，才能得出乡村调研的相关结论，因而统计分析是乡村调研中十分重要的一环。统计分析就是根据统计学的原理，通过运用各种工具和方法，特别是 SPSS 等计算机软件对审核、整理与汇总后的数据进行分析和处理，最后揭示乡村生产发展规模、乡村生活水平、乡村环境保护的现状等，从而为后期开展理论研究或提出发展规划建议提供切实可行的数据资料。

5.制作调研统计表和统计图

乡村调研资料整理的结果可以用多种不同的方式呈现，其中统计表和统计图是最常用的两种方式。统计表与统计图都是乡村调研资料经过整理、汇总和分组统计后所得的结果，能够有条理、系统地展示现状调研统计信息，使调研成果一目了然。

6.乡村调研的总结评价

乡村调研总结评价就是运用与调研相关的各种理论与方法，对经过审核的乡村调研资料和经过统计分析得出的乡村调研数据进行总结，并预测乡村调研区域未来的发展趋势，并在此基础上有针对性地提出村庄规划或乡村建设工作的具体策略及发展建议。

第二节　乡村调研工作方法

乡村调研工作方法是有目的、有计划、系统地搜集所研究的乡村区域的社会、经济、文化等方面存在的问题的方法，是综合运用观察、访问、座谈、踏勘或测验等科学方式，有计划地、周密地、系统地对乡村调研区域或乡村事物对象进行了解，并对搜集到的大量乡村调研资料进行分析、综合、比较、归纳，借以发现所研究的乡村区域存在的主要问题，探索有关乡村发展规律的方法。常用的乡村现状调研工作方法有文献研究法、实地观察法、问卷调查法、访谈法、驻村体验法等。

一、文献研究法

（一）文献研究的意义

文献研究法也叫非介入性研究，是通过对文献进行查阅、分析、整理而认识事物本质的一种研究方法。文献研究法也是乡村社会环境、生产发展、文化资源等调研中常用的一种方法。在乡村调研中，文献研究具有非常重要的意义，因为文本资料［主要包括乡村上位规划、政策文件、统计年鉴、县（乡）志、会议记录、档案资料等］具有历史性、非介入性和无反应性，不会受调研对象不配合等影响，所以，调研者可以通过文献研究法了解到以其他方式无法得到的乡村发展信息。而且文本资料存在的时间较长，调研者可以利用这些资料研究一些遗产资源或对历史与现实进行对比研究。例如：县（乡）志记载了一个县（乡）的历史、地理、风俗、人物、文教、物产等，本地各行各业情况都汇集在一块，相当于一个地方的百科全书，是乡村调研者了解风俗地情、研究社会生活、分析经济发展必不可少的资料。通过县（乡）志获取乡村历史发展及相关现状资料，也可以省去一些实地调研的时间和精力。

（二）文献研究的特点

1.不受调研对象的干扰

采用文献研究法进行乡村调研时，一般不需直接与农民等相关人员接触，所搜集的资料不受调研对象影响，避免了调研过程中可能出现的人为偏差，保证了搜集的乡村现状资料的准确性。

2. 不受时空的限制

文献研究法可以利用既有文献资料，超越时空的限制，对无法接触到的乡村调研对象进行研究。在具体乡村调研工作中，由于受到调研人力、物力、时间等条件的限制，加之乡村区域面积广阔，即使可以接触到调研对象，有时也会难以对调研对象进行有针对性的调查，此时可以通过文献研究法来实现乡村调查目标。

3. 研究费用较低

与其他乡村调研工作方法（如进行大规模问卷调查或乡村实地研究等）相比，文献研究的费用最低，不需要动用大量的人力、物力、财力。

当然，文献研究法也有自身的缺点和不足。如：文献本身的局限性会对研究结果造成影响。文献研究只能对可获得的资料进行研究，缺乏研究的主动性。同时，由于乡村基层统计工作制度化、规范化不足，加之信息统计手段相对落后，乡村历史性文献可能保存不完整或文献数量比较少。另外，文献资料本身可能也存在质量问题，如乡村统计数据的准确性问题、乡村事实资料的真实性问题，这些会对乡村调查研究成果质量造成影响。

（三）文献资料的搜集渠道

文献资料的搜集渠道主要有乡镇档案资料及其他文献记录，如涉及县、乡、村的政策法规、上位规划、文件档案类资料、会议记录类资料、公示公告类资料等。例如在开展村庄规划类、乡村振兴规划类调研时，前期需要重点对上位规划、政策法规等文献进行综合分析与研究。其中，上位规划主要有镇（乡）域规划、乡镇发展规划、经济发展规划及其他各种专项规划，如产业规划、农业规划、水利规划、交通规划、防灾规划、文化教育规划、市政设施规划等；政策法规主要有关于乡村振兴、新农村规划的政策，如新农村试点、农村建设项目、

帮农扶农政策等。此类文献资料的一般搜集渠道主要包括政府部门、管理机构、档案馆、博物馆、图书馆、学术会议、互联网等，获取的资料包括原始文件、档案、史志、谱牒、信函、回忆录、照片、影像等，也包括历史著作、研究报告、数据资料等。

二、实地观察法

（一）实地观察法的特点

在乡村调研中，调研者要了解乡村社会环境的真实情况，还必须亲自到现场进行直接调研。实地观察法指乡村调研者深入乡村，通过自己的眼睛、耳朵等感官或借助科学手段获取乡村现状资料的一种方法。在实际乡村调研中采用实地观察法有很多优点，如简便易行。另外，通过实地观察法获得的乡村现状信息更为真实。特别是调查一些乡村社会现象时，实地观察可以获得通过其他调研工作方法无法获得的线索，获得相对真实的信息。

但实地观察法也有自身的缺点。首先，由于观察不仅基于对乡村调研事物的感知，而且受乡村调研者的视角的影响，不同的乡村调研者在选取具体观察目标时难免会带有自己的主观倾向。其次，乡村调研者所观察到的事物或现象有时带有一定的偶然性、片面性。基于这些原因，乡村调研中，实地观察法通常不单独使用，而是与访谈法等其他工作方法配合使用。

（二）实地观察的分类

在乡村调研中，根据不同的分类标准可以将实地观察分为不同的类型。常见的有三种分类形式：一是根据乡村调研者是否使用科学的观察仪器，可分为直接观察与间接观察；二是根据乡村调研者与被观察者的关系，可分为参与观察和非参与观察；三是根据乡村调研观察的程序和操作方式，可分为结构式观察和非结构式观察。

1. 直接观察与间接观察

乡村调研中，实地观察大体可分为两类：一类是直接观察。直接观察具有强烈的真实感，但观察结果往往因人而异，带有一定的主观色彩。直接观察主要是基于乡村调研者的感觉器官，其中最主要的是视觉器官——眼睛。据心理学家的研究，人们获取的外部世界信息，约90%是通过眼睛获得的。因此，乡村调研者的视觉器官是最重要的观察工具。此外，乡村调研者还可通过耳、鼻、舌、皮肤等感觉器官进行观察，即通过亲自耳听、鼻闻、舌尝、触摸等感性认识活动直接感知乡村环境及事物。另一类是间接观察。间接观察能突破人类感觉器官的局限，获取更客观、更准确的乡村现状实地观察材料。间接观察是科学的观察仪器，如照相机、摄影机、望远镜、录音机、探测器、人造卫星等。这些科学的观察仪器，实质上是乡村调研者的感觉器官的放大或延伸。乡村调研者借助这些科学观察仪器去观察，即通过摄影、录制、探测等技术活动间接获取有关乡村环境及事物的材料。

2. 参与观察与非参与观察

参与观察也称局内观察，是指观察者参与被观察者的生产、生活、社会关系之中，与被观察者共同活动，从内部进行观察。参与观察是乡村实地调研中最常用的方法，主要用于对农民群体或乡村社区的深入研究，调研者在较长时间内与被观察群体生活在一起，学习当地的语言，了解当地的文化习俗和生活习惯及思维方式，对当地社会生活的各个方面进行全面的了解。

按照乡村调研者参与程度的不同，参与观察可分为完全参与观察和不完全参与观察。完全参与观察，就是乡村调研者完全融入被观察群体之中，作为其中的一员，在群体日常活动中进行观察。例如，乡村专业合作社农业技术推广机制的调研者到某专业合作社工作和生活了半年，参加专业合作社的会议、培训，与技术人员一起到田间地头开展技术推广工作，记录了大量的观察笔记，这就是完全参与观察。而不完全参与观察是指调研者以半"主"半"客"的身份加入被观察群体之中进行观察。例如，乡村社会工作者有时会去村里进行十天或半个月的蹲点调查，这就是不完全参与观察。

非参与观察也称局外观察，在乡村调研工作中，是指调研者不参与被观察者的活动，完全以局外人或旁观者的身份进行观察。例如，调查村干部选举与乡村治理时，可在具体选举日到村里观察选举活动是如何进行的，这就是一种非参与观察。和参与观察相比较，通过非参与观察获得的信息更为客观、公允，但观察到的结果大多是一些表面化的乡村社会现象，不够深入，甚至具有一定的偶然性。非参与观察比较适合调研乡村公共场所或公众活动中人们的行为表现。

3. 结构式观察与非结构式观察

结构式观察是一种系统观察方法，它是指根据事先设计好的观察项目和观察要求进行观察和记录的一种方式。乡村调研中，结构式观察的内容是调研者事先确定好的，用统一制定的观察表格或卡片，严格按照规定的内容和程序实施观察。结构式观察和结构式访谈一样，具有系统化、标准化和定量化的特点，能获得大量、翔实的观察材料，并可对观察材料进行定量分析和对比研究，但它缺乏弹性，而且比较费时。

非结构式观察也称无控制观察或简单观察。乡村调研中，观察的内容、程序事先没有设定固定模式，调研者根据现场的实际情况选择内容进行观察。调研者事先有一个总的观察目的，或一个大致的观察内容和范围，到达观察现场后随时调整观察内容和角度。无结构式观察比较灵活，适应性较强，而且简便、易行，但观察所得的材料比较零散，无法进行定量分析和严格的对比研究。

（三）实地观察的注意事项

乡村调研中，实地观察法对乡村生态环境、社会生活、生产发展等主题的调研来说是最基本、最直接的方法。运用实地观察法开展乡村调研时有以下注意事项：

1. 选择好观察目的地及观察对象

乡村调研中，调研对象数量通常较大，调研者不可能观察到调研区域的一切人和一切事，因此观察对象一定要有代表性和典型性。例如，要调研乡镇的环境卫生（图4.7），不仅要看一般的乡镇集市、街道、学校等，而且要重点观察乡镇企业工厂的"三废"处理和乡镇社区的公共厕所；要调研乡村农作物生长状况，应观察不同长势的田地，并重点看水田的"边"、旱地的"角"等。只有抓住了典型乡村环境中的典型对象作为观察的重点，才能取得"一叶知秋"的观察效果。

2. 选择好观察的时间和场合

在乡村地区，农民群体的作息时间和生产、生活场景都有别于城市，为了保证观察结果真实可靠，选择恰当的时间和场合对乡村调研实地观察法的实施颇为关键。例如，在农忙时节，农民多数是早出晚归，观察的地点就要设定为田间地头。如果采取入户观察，最好选择在晚上，农户吃完晚饭，相对悠闲的时间段为宜。

3. 灵活安排实地观察的程序

乡村实地观察程序，即在实地观察工作中，应结合调研目的，将具体乡村调研区域或事物按主次关系分类，优先观察乡村调研主要的对象、主要的部分、主要的现象，然后再观察次要的对象、次要的部分、次要的现象。同时，依据观察对象的位置和方位，根据具体情况，可采取由近到远或由远到近、由左到右或由右到左、由上到下或由下到上等顺序，依次普遍观察，防止发生遗漏某些观察项目的现象。另外，乡村实地观察中，一般调研涉及区域范围较广，调研对象相对分散，可先观察事物的局部，后观察事物的整体，或者先观察事物的整体，后观察事物的局部，再进行乡村实地观察资料的综合和分析，得出观察的结论。在具体乡村实地观察工作中，应根据观察的目的、任务和对象等灵活选用适合的程序。

（a）观察"三废"处理　　　　（b）观察乡镇社区公共厕所

图4.7　乡镇环境卫生调研

4.把观察与思考紧密结合起来

乡村实地观察不是调研者的视觉器官对观察对象的客观扫描,而是基于乡村调研目的和相关理论,并在一定的知识和经验基础上,开展的乡村调研感性认识活动。但如果只满足于身到乡村区域现场,眼看调研对象,而不积极思考问题,那么,即使观察了解到了十分有价值的乡村社会现象或问题,有时也会视而不见,听而不闻,调研效果大打折扣。因此,在乡村调研实地观察中,要善于把观察与思考结合起来。

5.认真做好观察记录

进行乡村实地观察,要认真做好观察记录。记录的方法,最好是同步记录,即在乡村现场观察时记录观察到的内容,如果不宜在现场做记录,就在观察之后尽快追记。如果不及时记录,仅靠回忆,可能忘掉许多当时观察到的真实情况。而且在进行某些主题的乡村实地观察时,还需要提前设计、制作观察类记录工具。例如在乡村聚居点基础设施建设情况调研中(图4.8),需要了解主要建(构)筑的使用情况、平面、立面、标高、与道路的连接情况,了解主要道路的幅宽、平曲线、主点标高、排水形式,了解公共空间广场的位置、大小、铺装、

标高、排水形式,了解电缆、通信、电线、给排水管、煤气、天然气等各种管线的位置、走向、长度、管径和一些其他技术参数,应提前制作好观察表格或观察卡片,确保调研工作按计划推进,并记录好被观察对象的特点。

另外,在综合性乡村调研工作中,由于需要观察搜集的相关信息较多,常常还需要利用绘图类工具。例如乡村土地利用现状调研(图4.9),调研内容包括乡村地理地貌、村庄聚居点分布、自然资源状况、农林地利用状况、基础设施及本地相关乡情民俗等。通过绘图类工具绘制乡村土地现状利用地图和制作聚居点现状环境模型等,是现场调研者直观呈现观察成果的有效方式。利用绘图类工具不仅可以展现乡村整体风貌,还可以使外来观察者和内部受访者对乡村的全貌有更深刻的了解。同其他表现形式相比,绘图对乡村状况的表达更加直观、生动,用当地居民都能接受的方式展示他们熟悉的事物,使得当地居民进一步认识其所生活的环境,同时也能获得与当地居民充分交流的机会。

在乡村调研工作中,实地观察需要调研者积极用腿、善于用眼、勤于动手,合理使用相关调研工具,以便更好地做好观察记录,提高实地观察成果质量。

图4.8 乡村聚居点基础设施建设情况调研

图4.9 乡村土地利用现状调研

三、问卷调查法

（一）问卷调查法的特点

问卷调查是一种向调研对象搜集信息的方法，一般可分为纸质问卷调查和网络问卷调查。在乡村调研中，问卷调查具有如下优点：调查精确度高，实施方便；调查时间短，调查效率高；调查方便易行，易于对资料进行统计处理和定量分析；问题内容全面、准确地反映事实；等等。同时，大量的相关统计分析软件可以帮助乡村调研者进行数据分析，有些甚至能直接帮助设计问卷。但在使用问卷调查法时，要尽量避免其缺点。例如，乡村调研中，调研对象涉及农民，文化水平参差不齐，难以对问卷进行有效的填答，故问卷的有效性、保证度不高。

（二）调查问卷的结构

调查问卷一般由标题、前言、正文、结束语四部分组成（图 4.10）。

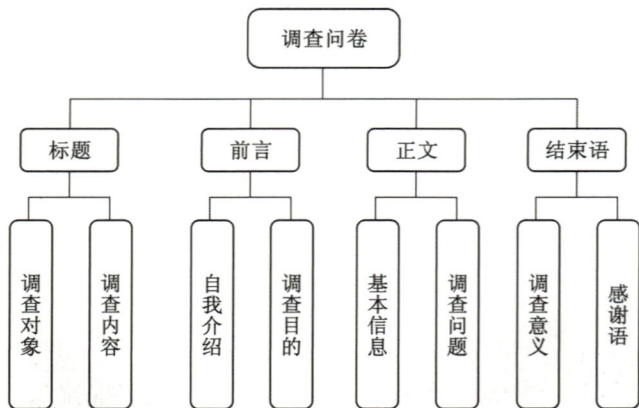

图4.10　调查问卷结构

乡村调研中，调查问卷的标题一般包括具体调研对象、调查内容等，一定要写清楚调查的范围和方向，避免模棱两可的词语。标题是为了点出整个乡村问卷调查的目的和内容，一定要让人一目了然，增加调研对象的兴趣和责任感。例如"乡村旅游产业发展对农民收入状况影响的调查问卷"这个标题，把调研对象以及调查内容直接表达出来，十分鲜明。

调查问卷的前言不仅要向大家介绍调查的背景，还要宣传说服，使调研对象认识到调查的目的，从而自愿接受调查。前言一般放在调查问卷的开头，篇幅不要太长，一定要写清楚调研单位等，这样不仅能体现出调查的正规性，而且能消除调研对象的疑虑。例如"基于乡村振兴的乡村产业发展状况"调查问卷的前言："您好！我们是××大学××专业的在校大学生，为了更好地了解乡村的产业发展状况占用您两分钟时间帮忙填写问卷。本次调查匿名填写，不涉及个人隐私，调查结果仅用于学术研究，请放心填写，真心感谢您的支持！"

正文是乡村调查问卷的主要内容，包括调研对象的基本信息和具体调查问题。设计乡村调查问卷的题目是问卷调查中非常重要的一个环节。通过在调查问卷中设置有关调研对象基本信息的问题，可以了解不同年龄阶段、不同性别、不同文化程度的个体对待被调查的乡村事物对象的态度，在调查分析时能够提供重要的参考。一定要保证所设计的问题和调查的主题密切相关，突出重点，不能偏离乡村调研主题，既要做到能够通过问题得到所需要的乡村现状信息和数据资料，又要做到减少不必要的问题。而且在编制问题的过程中，一定要考虑农民等调研对象的知识水平，问题切忌过于抽象或者专业，提问方式一定要符合乡村调研区域的社会生活特点，易于被调研对象接受。图 4.11 是关于"乡村振兴"的调查问卷示例。

在乡村调查问卷的最后，一定要写上结束语。结束语一般包括本次调查的重要性以及对调研对象的感谢。例如"感谢您在百忙之中抽出时间帮助我们进行乡村振兴调查工作，谢谢您的参与！您的答案对我们非常重要，祝您生活愉快！"结束语不仅能体现出调研者的礼貌，而且会让调研对象感到温暖。

关于"乡村振兴"的问卷调查

一、基本情况

您的所在地：_____省_____县_____乡（镇）_____村

您的文化程度：A.小学　　B.初中　　C.高中　　D.大学　　E.其他

您的性别：A.男　　B.女

您的年龄：A.18岁以下　　B.18～40岁　　C.40～60岁　　D.60岁以上

您家有_____口人。

您家目前人均年收入为：

A.1000元以下　　B.1000～2500元　　C.2500～4500元　　D.4500元以上

二、问卷主体

1.随着乡村振兴战略实施，您觉得近年乡村发展变化如何？（　　）

　A.非常大　　　B.较大　　　　C.较小　　　　　D.没有变化

2.您认为乡村振兴需要在哪些方面进行改进（可多选）？（　　）

　A.乡村道路　　B.绿化面积　　C.医疗保障　　　D.乡村文化教育

　E.乡村产业结构的创新　　　　F.其他

3.您对乡村振兴的具体期望有哪些（可多选）？（　　）

　A.提高农民生活水平　　　　　B.缩小城乡差距

　C.改变乡村以往的破败面貌　　D.增强建设过程中政务的透明度

　E.大力建设并保护发扬乡村文化　F.其他

4.您认为乡村振兴主要依靠（可多选）（　　）。

　A.政府项目资金扶持　　　　　B.村民自身努力　　　C.村民和政府集体努力

　D.招商引资　　　　　　　　　E.国家政策的正确引导

5.您认为乡村振兴战略实施的障碍是（可多选）（　　）。

　A.人才缺乏，科技含量不高　　B.国家政策和资金扶持力度不够

　C.交通以及通信不够便利　　　D.剩余劳动力趋于老龄化　　E.其他方面

6.您认为乡村人才振兴关键在哪？（　　）

　A.引人才　　　B.留人才　　　C.以上都是

7.您认为如何促进大学生返乡创业（可多选）？（　　）

　A.国家出台鼓励大学生返乡创业的相关政策

　B.加快促进乡村经济发展建设，为大学生提供良好的发展环境

　C.加快城乡一体化进程，提高大学生对乡村的认同感和归属感

　D.对返乡创业的大学生以优厚的薪资待遇　　　　E.其他

8.大多数乡村人才处于短缺状态，您认为影响乡村人才建设的是（可多选）？（　　）

　A.缺少人才配套政策　　　　　B.乡村教育体制僵化，难以培养高素质人才

　C.缺乏对人才实践能力的培养　D.乡村的环境很难留住人才

9.您认为政府如何加强乡村人才振兴（可多选）？（　　）

　A.政府机关参与，加大培训力度　B.政府提供优惠政策

　C.健全奖励机制，落实政策，发挥本地人才作用，招揽外部人才

　D.大力发展农民基层教育　　　　E.其他

10.您对乡村振兴有何实质性的建议？

图4.11　关于"乡村振兴"的调查问卷

（三）调查问卷设计的注意事项

1. 主题明确，问题通俗易懂

对于乡村调研来说，调研的目的就是问卷设计的灵魂，因为它决定着问卷的内容和形式。因此在设计问卷前必须厘清本次乡村调研所要了解的问题。在设计问卷时，充分考虑乡村环境及调研对象的社会文化背景的特殊性，问题要符合调研对象的理解能力和认知能力，避免使用专业术语。注意控制问卷的长度，问题明确，重点突出，不设可有可无的问题。同时，乡村调查问卷中问题的排列应有一定的逻辑顺序，符合调研对象的思维模式。一般是先易后难、先简后繁、先具体后抽象，使调研对象一目了然，并愿意如实回答，从而提高问卷填写的质量。

2. 便于乡村调研资料的校验、整理和统计

乡村调查问卷中的所有问题都要围绕明确的主题设计，既要保证覆盖调研的方方面面，又要保证所获的信息真实和实用。乡村调查问卷一般应以封闭式问题为主。封闭式问题需要列出答案供调研对象选择，问题与问题之间既相互独立，又相互关联。可设置少量开放式问题，但要控制数量。乡村调查问卷的内容还应当便于信息分析，从而有利于后期乡村调研资料的校验、整理和统计。

3. 确定调查问卷发放方式

乡村问卷调查的对象大多为农民，受职业、文化程度、性别、年龄状况等因素影响，要保证问卷填写质量，调研问卷的发放方式主要采用现场派单式。乡村问卷调查不宜采用电话问卷调查、邮寄问卷调查等形式开展，因为回收率及有效率无法得到保证。例如在关于"乡村农民生活质量与乡村经济发展状况"的调研中，需要了解农民在居住、教育、医疗、文化、经济等各方面的真实情况，一般采用

派单式的问卷调查，就是做一个书面的调查问卷，然后发放给调研对象填写，重点调研对象或特殊人群需要调研者现场访问了解情况。乡村调查问卷的发放方式对问卷调查结果的有效性有较大影响。在实际工作中，应结合具体乡村调研主题和调研对象的特点选择合适的调查问卷发放方式。

四、走访座谈法

（一）走访座谈概述

乡村调研中走访座谈法，是指调研者根据调研目的，拟定相应的走访座谈提纲，通过口头交谈等方式，有目的、有计划地向调研对象了解当地乡村的社会经济、历史文化等情况，是获取乡村基础信息的一种调查方法。与实地观察法一样，走访座谈法也是开展乡村调研中经常用到的一类重要资料搜集方法。但是，两种方法存在差异。实地观察是调研者被动接受或感受乡村现场或事物发生的一切。而走访座谈则是调研者主动追问、探求相关信息的过程，可以使乡村调研工作变得更加高效。

（二）走访座谈的方式

走访座谈调研时，调研者到达乡村调研区域，与调研对象面对面地交谈。由于调研对象多为农民，在走访座谈的过程中更适合就某一主题进行对话式的、非正规的轻松交流。与问卷调查不同，在走访座谈前，调研者可根据拟定的调查目的，列出一个粗略的问题提纲，然后与受访者进行面对面的交谈，可根据访谈时的具体情况做出相应的调整。走访座谈的外部环境，走访座谈的内容、方式和顺序，对回答内容的记录等，都可以不做统一规定和要求，调研者可根据实际情况灵活访谈。

例如关于"乡村沼气池使用情况"的调研，需要调研者在与村民、村委会成员等调研对象交流时，了解与沼气池的使用有关的内容，如沼气池使用的

频率、原料的供应、是否对环境有利、建后服务和维修等，这些内容都是进一步提出详细问题的基础，大多数这类问题都是在交流中提出来的，允许调研者和调研对象探讨细节，而且不需要预先准备。所以，乡村调研中，走访座谈的优点是可以充分发挥乡村调研者和调研对象的主动性，有利于及时发现和处理原先调查设计方案中没有考虑的新情况，可以对乡村调研方案中的问题和与之相关的乡村社会其他问题进行深入的探讨，是乡村调研中最常用的调查方法。

（三）走访座谈的注意事项

1. 走访座谈要"入乡随俗"

乡村调研中，在走访座谈前，应充分了解当地的民风民俗。作为外来访客，调研者必须通过网络、书籍、期刊、报纸等了解所要调研乡村的民风民俗。在走访座谈中，一定要尊重被调研乡村地域的风俗，即"入乡随俗"。同时，为了提高走访座谈的效率和质量，一定要选择恰当的走访座谈时间、地点。一般来说，针对村民的走访座谈，不宜选择在农忙时节或者欲出工的时候，最好选择在晚上或农闲时间等进行。走访座谈地点选择在农民农作地点或农户家为宜。

2. 走访座谈交流要"友好真诚"

在与调研对象（如村民）走访座谈之前，一定要做到心里有数，既要带着同理心与他们沟通，又要铭记调研目的，积极引导交流方向。在走访座谈开始时，先说明来意，并按照乡村当地的习俗以尊称相呼。访谈开始后，建议不要直接切入主题，否则会使访谈的内容大大受限。应以拉家常的形式进行沟通，先问候村民的生活情况，再切入主题。调研者要善于从访谈中提取有用信息。对走访座谈内容的记录应做到详略有度，若走访座谈内容较多或调研对象的回答较为宽泛时，可以只记录主干信息，保证信息的完整，具体内容可以待走访座谈结束后再做详细整理。另外，在走访座谈过程中，如果调研对象表现出某些落后意识、不良习惯或者不恰当的言论，绝不可有嘲笑或轻视的表示，应给予真诚、耐心的帮助。走访座谈结束后要向调研对象表达谢意。

3. 走访座谈纲要要"因人而设"

在乡村调研工作中，有时需要针对同一个调查主题与不同调研对象展开走访座谈，这种情况就需要乡村调研者在初步掌握调研内容相关知识的基础上，根据乡村调研目的和内容确定不同的走访座谈纲要。同时，需要对不同调研对象的情况进行初步了解，掌握调研对象的性别、年龄、职业、文化水平、生活经历等信息，此外还应了解调研对象当前的思想状况和精神状态等，尽可能详细掌握调研对象的相关情况。调研对象之间的情况存在差异，走访座谈纲要需要"因人而设"。例如在针对"大学生村官工作情况"的调研中（图4.12），调研对象涉及大学生村官、村委会成员与村民。调研对象的不同，走访座谈纲要也不尽相同。

五、驻村体验法

驻村体验指的是相关工作单位派人前往行政村或自然村开展村庄现状情况调研。驻村体验调研者应以"村里人"的身份来开展调查研究，在调研过程中，要最大限度地适应乡村目标区域和目标群体的现实条件，彻底转变自己的调研者角色，不给调研对象带来不适感或是负担，把发言权、分析权、决策权、管理权完全交由调研对象，让他们充分使用自己的标准、认知来进行分析，调动他们的积极性，让他们自愿、主动分享自己的观点、经验、态度。开展驻村体验调研的重点是参与调研对象的生活、学习，与调研对象建立伙伴、朋友关系。

"大学生村官工作情况"访谈纲要

一、针对大学生村官的访谈纲要

1.乡村情况比较复杂,作为外来"村官",您在上任后遇到过哪些困难?现在又面临着什么样的困难?您是怎么克服这些困难的?

2.您还希望国家出台哪些有关大学生村官的政策,帮助您更好地开展工作?

3.请问您对"村官"这一职务有什么看法?您认为"村官"对乡村的作用主要体现在哪些方面?

4.您对"村官"工作的规划、设想是什么呢?

二、针对村委会成员的访谈纲要

1.设大学生村官后,村委会内部职能分工有什么变化吗?

2.您认为大学生村官为本村带来了哪些变化?

3.结合本地实际情况,您认为大学生村官制度应该在哪些方面有所改进?

4.村委会是如何帮助大学生村官更好地融入村民的?

三、针对村民的访谈纲要

1.大学生村官来了之后,您的生活有哪些可喜的变化?

2.您认为大学生村官怎样做才能更好地为你们服务,从而更好地促进本村经济、文化的发展?

3.您通过什么渠道了解大学生村官的工作?

4.平时会经常和大学生村官一起聊天吗?

5.您认为大学生村官主要的职责是什么?

图4.12 "大学生村官工作情况"访谈纲要

例如,在编制相关村庄规划或村庄振兴类规划时,驻村体验是为了深入乡村环境,与村民同吃同住,并从乡村规划师的角色出发,依据驻村实践中所感、所思、所悟,结合驻村实际,有针对性地对村民进行相关访问,更深入地了解乡村发展的现实情况,全面掌握村情民风、班子建设、经济发展、社会治安、社会事业等方面的情况,找准目前存在的突出问题,研究分析相对落后的主要原因和下一步规划建设的工作重点,形成调研报告,制订具体的规划方案和工作计划。在乡建项目调研工作中,开展驻村体验有利于全面了解村庄现状,发掘村庄发展内生动力,引导村民依托村庄现有资源发展生产,助力乡村振兴,并为乡村发展提供新思路、新方法。

■ 第三节 乡村调研内容

乡村具有一定的地域范围,是自然要素与人文因素共同作用而形成的综合体,作为人类生产、生活和进行政治、经济、文化等活动的地域综合体,它主要包括山水、生物资源、村容村貌、民风民俗、人口活动、建筑物、产业等要素内容,如图4.13所示。对乡村各类要素进行全面剖析,弄清乡村发展的自然、经济、社会、历史、文化背景及经济发展的状况和生态条件,找出乡村振兴中需要解决的主要矛盾和问题,是乡村规划编制必要的前期工作。没有扎实的调研工作,缺乏大量的第一手资料,就不可能正确认识乡村现状环境,也不可能制订合乎实际、具有科学性的规划建设方案。因此,开展乡村调研是乡村规划编制和乡村发展建设的重要基础工作。

图4.13　乡村地域

一、乡村区位分析

（一）乡村区位的概念

乡村区位是一个综合的概念，除解释为乡村地域的空间位置外，还强调自然界的各种地理要素与人类社会经济活动之间的相互联系和相互作用在空间位置上的反映，是乡村自然地理区位、经济地理区位和交通地理区位在空间地域上的有机结合。

（二）乡村区位的类别

1. 乡村自然地理区位

乡村自然地理区位，即乡村自然地理情况，主要包括地形、气候、水源等。乡村自然地理区位分析主要对乡村区域与其周围山川、河湖等自然环境的空间位置关系，以及对该乡村区域的地貌、气候等自然条件组合特征进行分析。例如，某乡村区域要大力发展农业项目，则要分析当地地貌、气候对该产业发展具有怎样的影响，当地是平原还是丘陵，是山地还是河川，从而决定当地产业发展的方向；当地的气温、降水等条件，对某些重要农业项目有较大影响。

2. 乡村经济地理区位

乡村经济地理区位，是指乡村地理范畴上的经济活动的影响范围。乡村经济地理区位分析主要是分析乡村区域，人类社会经济活动中的人地关系，即对该乡村在特定经济区内所处的具体位置及与其他乡镇或农村居民点之间在经济上的相互关系进行分析。乡村经济地理区位条件对乡村未来发展建设有着重要的影响，有良好经济地理区位的乡村，经济增长较快。

3. 乡村交通地理区位

乡村交通地理区位，也就是乡村区域的内外交通条件，即乡村区域内外交通线路和交通设施的情况。乡村交通地理区位分析主要是系统分析乡村区域外部可进入性以及乡村区域内部交通组织情况，包括水路、陆路甚至航空等交通与该乡村区域的联通情况等。例如，某乡村区域有着丰富的乡村旅游资源，拟建设为全国著名乡村旅游示范地，需要着重分析其旅游交通地理区位，即重点研究该乡村旅游目的地与客源地之间的旅游交通空间格局等。

（三）影响乡村区位的因素

乡村区位分析，主要是从乡村区域的绝对地

理位置以及该乡村与其他区域的空间联系、相对区位关系两个方面进行分析。影响乡村区位的因素（图4.14）主要有两个：一是自然环境因素，即乡村地理位置、地形、气候、水文等；二是社会经济因素，即经济、资源、交通、人口、政治、军事、文化等。

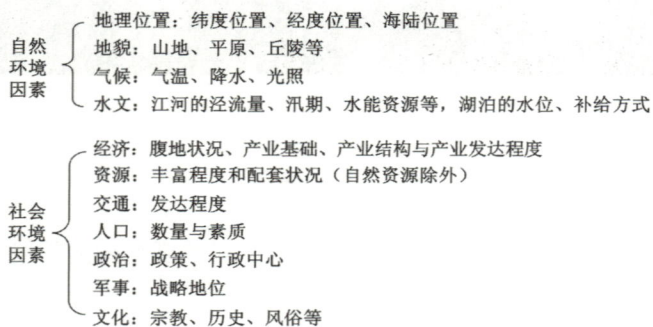

特色农业、农耕设施（图4.15）等3个方面进行。

自然环境因素
- 地理位置：纬度位置、经度位置、海陆位置
- 地貌：山地、平原、丘陵等
- 气候：气温、降水、光照
- 水文：江河的泾流量、汛期、水能资源等，湖泊的水位、补给方式

社会环境因素
- 经济：腹地状况、产业基础、产业结构与产业发达程度
- 资源：丰富程度和配套状况（自然资源除外）
- 交通：发达程度
- 人口：数量与素质
- 政治：政策、行政中心
- 军事：战略地位
- 文化：宗教、历史、风俗等

图4.14　乡村区位分析的影响因素

二、乡村自然资源调研

（一）乡村山水调研

中国传统村落的选址与布局多注重与自然资源的协调，山势、水流走向都是村落形成与发展过程中的重要影响因素。优渥的乡村山水资源，不仅能美化环境，还能维持生态平衡。例如，安徽宏村依山傍水而建，村后以青山为屏障，地势高，可挡北面来风，既无山洪暴发之危机，又有仰视山色之乐。宏村群山环抱，溪水萦回，山有小口（为村落与外界环境的连接），独特的山水让其极具魅力，有"画中村庄"的美誉。因此，乡村山水资源现状调研对于乡村未来发展建设具有重要意义。

（二）乡村田园调研

乡村田园是人在乡村中通过农业、畜牧业、游牧业、渔业、水产业、林业、野生食物采集、狩猎和其他资源开采等，与自然相互作用而形成的陆地及水生区域。乡村田园现状调查可重点从农田风貌、

图4.15　农耕设施

由于不同的乡村区域，人们的生产、生活方式不同，对土地的利用方式不同，故形成的乡村田园风光也不同，这点也体现了乡村田园的多样性。例如，广东最常见的桑基鱼塘形式就是典型的特色农业景观，川西平原的林盘景观也是四川盆地的特色田园风光，如图4.16所示。乡村广阔田园上斑斓的色彩、美丽的农田、起伏的山冈、蜿蜒的溪流、葱郁的林木和隐约显现的村落，恰好体现了乡村诗意地栖居的田园风光，因其具有自然与人文并蓄的特色，是一种独特的旅游资源。故乡村田园风光现状调查在乡村建设中也显得尤为重要。

（三）乡村生物资源调研

乡村生物资源包括农田里的庄稼、果园里的林木、溪流边的杂草、山林里的动物等（图4.17）。乡村生物资源对乡村生态系统的维护起着重要的作用，是乡村自然生态系统良好循环的重要支撑。

乡村生物资源作为乡村调研的重要内容，对于乡村生态系统保护及地方特色资源挖掘具有重要意义。

图4.16　桑基鱼塘、川西林盘

图4.17　乡村生物资源

三、乡村人文环境调研

乡村作为与自然联系最为紧密的一种聚居生态空间，其人文环境实际上是一个以人类活动为主导的由政治、经济、文化等诸多的环境因子构成的复合环境。这种环境下，不存在单一的要素，各要素之间必然产生联系，彼此之间相互影响。乡村人文社会环境的要素包括村落环境、建筑、庭院景观、基础设施、社会生活、民俗文化等内容。

（一）村落环境调研

村落环境（图4.18）调研不仅需要关注村落当前的空间结构与形态特征，也需要从发展的维度分析其演变历史以及促使其发生变化的因素。因此，村落环境调研的对象主要为村落整体的空间与形态，充分认识乡村的形成与发展过程，了解与村落发展有关的各要素如何协同作用，为后续村落空间整体评价与后期的更新发展寻求依据并提出策略。

图4.18 村落环境

影响乡村村落发展的社会因素有很多，而且表现出多结构、多层次的特点，要从多方面综合认识，不仅要考察历史，还要立足于现实，对未来发展建设作出预测。在具体调研时，可以采用文献研究法、实地观察法、问卷调查法、访谈法等多种方法获得资料，并通过数据整理、评价分析、阐释验证等方式进行深入研究。

1. 村落空间结构演变调研

村落空间结构是人类与乡村的物质环境之间互相影响、结合的体现。

村落空间结构演变调研的目的是通过文献资料（文字资料、绘图资料、照片资料、地图资料等）的搜集整理，对各时期的资料进行比较，总结乡村的变迁情况。同时，结合现场踏勘等调研方式，了解人类在乡村环境里的适应性，分析村落空间与人类活动之间的关系，村落空间结构的历史演变、要素构成和组织规律。其现实意义不仅是帮助人们更准确地判断村落空间结构的历史变化，还能够根据人类栖居形态的特点和变化来观察乡村社会结构的特点与演变的轨迹，帮助人们更好地把握村落空间特色，发掘村落环境中蕴藏的活力，也有利于推断出影响村落空间结构的要素，如生产生活方式、地貌、资源分布以及社会结构、家族结构等，进而指导人们在传统村落保护或村庄风貌改造等乡村更新建设中把握村落空间结构。

2. 村落空间形态调研

从空间形态来看，村落空间是"点""线""面"三种形态空间的组合（图4.19）。"点"主要指村落中重要的节点空间，例如宗祠、祠庙等祭祀空间，以及公共休憩场所等。"线"主要包含街巷空间、寨墙环壕、河流水系以及道路系统。"面"主要指街坊空间，是院落空间组合形成的街区的主体空间。

其中，村落的街巷空间往往是村落环境风貌改造中的重点对象，故在乡村调研中，应对街巷关系、沿街立面、色彩使用等方面进行调查记录。

另外，借助城市意象理论的分析手法，可以从边界、节点、标志物和路径四个方面来对村落空间形态进行分类和解读。可以运用图底关系法研究村落的空间拓展与实体环境因素、生产要素（农田、林地等）以及建（构）筑物之间的依存共生关系。记录村落中的重要节点、街巷的空间形态、空间景观构成以及空间利用方式。结合路径和标志物视觉通廊梳理，总结村落空间序列、层次与风貌。

图4.19　村落空间形态

3.村落街区尺度调研

村落街区的尺度（图4.20），可分为主要街道和次要街道的宽度，以及由街道宽度和建筑物高度共同构成的街道横剖面尺度比例两个部分。在乡村调研中，可通过文献资料搜集整理、现场踏勘、测绘统计得到上述各类尺度数据，分析村落街区的特征，并与人的行为心理相结合，在将来的更新改造过程中，在不影响村民基本生活的基础上将这些尺度特征延续下去。

4.村落空间人类活动调研

村落空间携带着大量与本地居民的文化习俗、生活习惯相关联的内容。其中，村落空间人类活动（图4.21）调研对于了解人的行为模式与空间结构之间的作用关系、解释乡村村落空间地方差异性具有重要意义。

村落空间人类活动调研离不开对村民行为活动的观察与记录。因此，需要深入乡村，对村民进行观察，记录村民日常生活中的行为模式以及相关的生产活动、礼俗活动，从而分析传统乡土文化影响下的人的行为活动。也可以通过访谈，更好地探索"历史记录"和"村民记忆"，为研究村落历史提供可资参证的材料从而深化对村落空间人类活动情况的理解。

（二）乡土建筑调研

在乡村振兴的时代背景下，积极开发乡村旅游资源发展乡村旅游具有重要意义。乡土建筑（图4.22）作为地域文化的一部分，在乡村旅游景观中扮演着重要的角色。

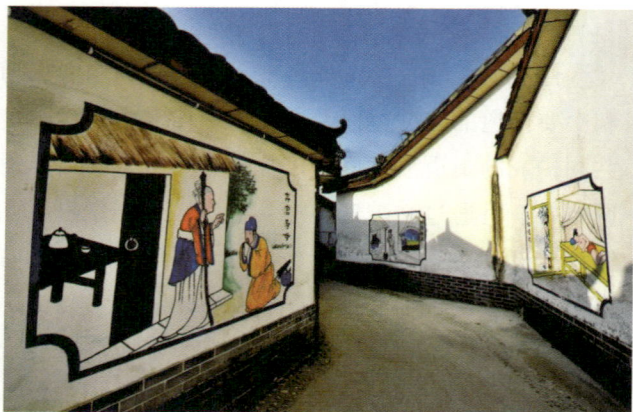

图4.20 村落街区尺度

图4.21 村落空间人类活动

四合院

吊脚楼

窑洞

蒙古包

徽派建筑

镬耳屋

土楼

岳麓书院

宗祠

图4.22 乡土建筑

乡土建筑包括民居、寺庙、祠堂、书院、戏台、酒楼、商铺、作坊、牌坊、桥梁等。乡土建筑本质上是乡土精神和本土文化的外在显现。乡土建筑有别于城市建筑：首先，从地域上讲，乡土建筑是建在乡村的。建筑体量相对较小，建筑形式多以当地特色建筑形式为主，建筑材料多以当地的石材、木材为主；其次，从建筑使用功能上讲，它包括民居、祠堂、书院、牌坊、桥梁等，这些乡土建筑一般承担着不同的使用功能；最后，从建设密度上讲，乡土民居建筑大多会在房前屋后设置庭院，导致乡村建筑密度低。

1. 乡土建筑的分类调研

在乡土建筑分类调研中，可重点采用实地观察法、绘图标注法等方法调研乡村区域内乡土建筑的类型。一般来讲，根据使用功能分类，乡土建筑可以分为居住建筑、宗法建筑、交通类建筑以及社会公益建筑四大类。

（1）居住建筑：乡土建筑中大部分为居住建筑，包括民居、各类街巷。

（2）宗法建筑：宗法建筑是村落中不可缺少的建筑形式，主要包括宗祠等。

（3）交通类建筑：交通类建筑是村落中不可缺少的公共设施，是人们与外界沟通、交流的桥梁，同时它也丰富了乡村景观。在乡土建筑中，各类桥梁是主要的交通类建筑，根据建筑材料及功能的不同又可分为石桥、木桥、亭桥、廊桥等。

（4）社会公益建筑：社会公益建筑也是村落建筑群体中的一部分。乡土建筑中的社会公益建筑有义仓、义学、社仓等。

在实地观察调研中，可以系统运用感官进行感知，通过摄像机、照相机等工具加以记录，运用绘图标注等方法描述，并分析乡土建筑的类型。

2. 乡土建筑的基础信息调研

在进行乡土建筑调研时，主要调查统计以下基础信息：

（1）基本信息：名称、地址（以某市、某县、某区、某乡、某村的形式记录）、产权所属、类别；

（2）历史沿革：建造年代、重建或重修情况、建筑历史用途、相关的重要历史人物与历史事件、所有权变更等信息；

（3）建筑本体基本概况：建筑面积（包括建筑总面积与各单体面积，用地面积），开间与进深，

建筑的层数、高度，以及建筑形式（结构形式、平面形式、立面形式、细部设计等）等信息；

（4）保存状况：建筑的结构完整度以及残损程度，并简要列出建筑残损原因。

对于一般乡土建筑，可结合乡村调研目的，根据以上内容进行普查并形成建筑信息调查表。信息记录并非建筑测绘信息，其具有更大的价值，原因主要在于记录的可分析性，重要建筑调查记录越是详尽细致，对该建筑的维护越具有科学指导性。

3. 乡土建筑的地域特色调研

乡土建筑具有明显的地域差别，它扎根于特定的地域，受地理环境的影响，表现出对不同自然条件的适应。因此，在乡土建筑的地域特色调研工作中，可以从建筑的色彩、建筑材料的选择、建造的工艺技法以及建筑的装饰（图4.23）等方面进行调查。对于重要的乡土建筑，还需要详细调查记录建筑本体（屋顶、梁架、墙身、台基及装饰和陈设）的信息。

（1）屋顶。对屋顶工程做法、屋顶构造及基本尺寸、瓦件数量、构造层次和节点、椽望构造及尺寸等内容进行调查记录。

（2）梁架。需对建筑举架（举折）规律、梁方柱构造关系、梁枋断面特征、柱的收分与卷杀、榫卯连接式样、自然弯曲构件等信息进行调查记录。

（3）墙身。调查记录墙体、砌筑方式和砖石砌筑层数、砖石尺寸等信息以及门窗各构件的连接方式、装饰构件尺寸、装饰构件基本特征等信息。

（4）台基。对台阶材料、砖石铺砌方式、砖石基本尺寸、排水系统等进行调查记录。

（5）装饰、陈设。对家具陈设、牌匾、对联、相关题记、铭刻等信息进行调查记录，一般采用表格形式，并对记录内容加以分析。

图4.23 建筑装饰

在具体调研工作中，可以结合文献调查、访谈等方法了解建筑基本信息。例如通过文献资料可以调查建筑的建造年代、重建（或改建）情况、使用与空置状况、相关历史人物与历史事件等历史信息。同时，还可重点对建筑所在地的老年居民、乡镇政府工作人员，以及相关档案馆、文史馆馆员等采用访谈法开展调查工作。这种方法可以有效了解某一历史时期生活方式、风俗习惯，加深对乡土建筑建造技艺及历史价值的理解。

（三）乡村庭院调研

乡村庭院是乡村建筑外围的休闲场所，是乡村生活休闲的重要载体。乡村庭院作为与村民日常生活联系紧密的空间场所，在村民生产、生活中扮演着越来越重要的角色。因此，在乡村风貌改造、乡村环境综合整治等工作中，均需要对乡村庭院的现状进行调查，以便在后期规划建设中，更好地满足农民生产和生活的需求。

1. 乡村庭院功能调研

在乡村庭院功能调研中，可重点采用实地观察法、绘图标注法等方法了解调研区域内乡村庭院的功能及特点。一般来讲，乡村庭院具有休闲游憩、美化庭院，以及带来一定经济效益的功能。

优质的乡村庭院可以营造舒适宜人的居家环境，为村民日常生活提供休闲游憩的室外空间。因此，可以通过实地观察、拍照记录等方式对村民在庭院空间中的纳凉、聚餐、文体活动等进行调查，并分析相关功能与乡村庭院空间的关系。

乡村庭院景观可以在美化庭院的同时创造一定的经济价值。例如，在一些面积较大的乡村庭院中种植具有经济价值的绿化植物品种，为村民带来更多的创收途径。因此，在实地调研中，要重点关注乡村庭院中珍贵树种、名贵花卉和高品质果树的培植情况，从而为后期乡村建设中的庭院美化以及提升经济效益提供思路。

2. 乡村庭院要素调研

乡村庭院（图4.24）要素包括绿化、围栏、铺地、亭廊、花架、桌凳等。每种要素对庭院的风格、功能都有重要的影响。针对不同的乡村庭院，可以具体从以下方面开展调研分析：

（1）绿化调研，主要对庭院植物及其景观效果开展调研；

（2）围栏调研，主要对围栏材料、类型及形式等进行调研；

（3）地面铺装调研，主要调研铺装材料、色彩、图案等；

（4）休憩设施主要包括庭院中的亭廊、桌椅、坐凳等，这些设施既可以提供休闲游憩功能，又可以提升庭院的观赏性。

图4.24　乡村庭院

（四）乡村基础设施调研

乡村基础设施是为发展乡村生产和保证农民生活而提供的公共服务设施的总称。乡村基础设施包括道路设施、水利设施、通信设施、电力设施、文化设施、卫生设施等，包括乡村农业生产性基础设施、乡村生活基础设施、乡村社会发展类基础设施等几类。它们是乡村各项事业发展的基础，也是乡村经济系统的一个重要组成部分，应该与乡村经济的发展相协调。在乡村振兴规划中，乡村基础设施规划是重要内容，基础设施的改善是乡村发展的有力支撑。但在广大乡村区域，基础设施建设仍存在许多问题，与乡村经济建设发展和农民百姓的需求还有一定的差距。开展乡村基础设施现状调研可为后期科学合理地开展乡村基础设施规划建设提供重要支撑，具有重大意义。

乡村基础设施调研可结合文献调查法、实地踏勘法、问卷调研法、走访座谈法等方法分类进行。

（1）在乡村农业生产性基础设施调研中，主要调研乡村区域中的现代化农业基地及农田水利建设情况；

（2）在乡村生活性基础设施调研中，主要调研乡村区域中的饮水安全、乡村沼气、乡村道路、乡村电力等基础设施建设和使用情况；

（3）在乡村社会发展类基础设施调研中，主要调研有关乡村社会事业发展的基础建设，包括乡村义务教育、乡村卫生、乡村文化基础设施等的现状。

由于乡村基础设施调研工作涉及内容较多，在实际工作中，需结合研究目的，制定有针对性的调研清单。例如，在乡村生活性、社会发展类基础设施调研中，可设计调研清单，如表4.1、表4.2所示，设施数量、规模、标准、造价等调研明细如表4.3～表4.8所示。

表4.1　乡村主要的生活性基础设施调研清单

类　　别	调研内容
道路设施	道路状况（路面宽度，路面材质，道路长度，道路等级）
给水设施	村庄的水源（水库、河流、湖泊），输水设施（管道、渠等）建设状况
排水设施	生活污水和工业污水处理，雨水、洪水的处理，明沟、明渠分布状况
电力设施	照明设施数量、布置与其他状况（如有无损坏、安全状况等），村内供电站分布，供电线路现状，电气的供需状况
电信设施	有线电话的接入状况、线路布置，无线信号站建设情况，邮政局及邮政站点状况，有线电视、广播线路建设状况
环境卫生设施	垃圾中转站点、处理站点和垃圾的处理方式

表4.2　乡村主要社会发展类基础设施调研清单

类　　别	调研内容
文体娱乐设施	娱乐、文化、健身等广场数量及其设施状况等
文化设施	幼儿园、小学、中学等教育设施状况，可容纳师生数量等
医疗卫生设施	卫生所或医疗点设施状况，医疗人员数量等

表4.3　道路设施规模、标准、造价调研明细一览表

设　　施	规模		标　　准	造价/元
	单位	数量		
乡道	米			
村道	米			
田埂道	米			

表4.4　给水设施规模、标准、造价调研明细一览表

设施	规模		标　　准	造价/元
	单位	数量		
水源工程	眼			
输水管道	米			
配水设施	套			

表4.5　排水设施规模、标准、造价调研明细一览表

设　施	规　模		标准	造价/元
	单位	数量		
污水管道	米			
污水处理站	座			
排水渠	米			

表4.6　电力设施规模、标准、造价调研明细一览表

设　施	规　模		标准	造价/元
	单位	数量		
输电线路	米			
变压器	个			
配电线路	米			

表4.7　环境卫生设施规模、标准、造价调研明细一览表

设　施	规　模		标准	造价/元
	单位	数量		
垃圾收集站	座			
配套设备	套			
垃圾转运车	辆			

表4.8　文体设施规模、标准、造价调研明细一览表

设　施	规　模		标准	造价/元
	单位	数量		
文化广场	平方米			
健身场地	平方米			
图书室	平方米			

（五）乡村社会生活调研

乡村社会生活调研可从乡村社会生活结构考察、乡村社会生活形态体验和村民居住环境满意度调查等方面着手。

1. 乡村社会生活结构调研

乡村社会生活结构调研主要围绕着"人"以及"人的生活"来进行，需要关注人口变迁、村落中的宗族（或家族）结构、社会制度、产业活动和礼俗活动等内容。对于乡村社会生活结构的调查研究，有助于理解乡村社会生活结构诸要素间的关系，从而对乡村未来的发展建设做出更加科学合理的预期和规划。

乡村社会生活结构调研内容包括：

（1）人口结构方面，一般包括当地户数、人口数量、年龄结构、性别结构、婚育情况以及人口流动情况等，在少数民族聚居的乡村区域，还要了解民族、姓氏等要素。此类调查一般可结合清单明细表（表4.9）收集相关资料，以方便后期统计整理。

（2）宗族结构方面，主要针对村落发展中形成的血缘宗亲，调研中需了解宗族的发展演变以及最终形成的乡约族规等文化要素。

（3）乡村社会制度方面，主要调查村落发展过程中逐步形成的规则与规范，它是人们行为的准则，是价值观念的具体化。

表4.9　乡村人口结构情况调研明细一览表

项目	数量	项目	数量
总户数		总人口/人	
60岁以上老人/人		18岁以下 未成年人/人	
80岁以上老人/人		残疾人 （有残疾证）/人	
留守老人/人		留守儿童/人	
留守妇女/人		孤儿/人	
低保户/户		独居老人/人	
大龄未婚人口/人		外出务工人口/人	
建档立卡贫困户/户		外来常住人口/人	

2. 乡村社会生活形态调研

对于乡村生活形态的调研，不应只停留在乡村物质空间上，更应注重生活其间的人，即村民的日常行为。村民的生活方式、生活状态及在空间中的各种行为是乡村空间活力的反映。根据村民与乡村社区（聚居点）空间的关系，一般在"日常、节庆及特殊"三种时间状态下，相关活动差异较大。故在乡村社会生活形态调查工作中，应结合实地观察、问卷调查、访谈等方式，针对"日常、节庆及特殊"三种时间状态下的相关活动进行调研，重点考察乡村公共空间、不同时间节点与村民活动之间的黏性。必要时，在节庆或特殊时间段内，还可通过"状态"研究和浸入式体验参与等方式深入了解乡村社会生活形态。

3. 村民居住环境满意度调研

在乡村振兴背景下，乡村作为一个整体，其建设的目的之一在于为村民创造环境优美、生活方便、精神愉悦的居住环境（图 4.25），并满足村民对美好生活的需要。在相关改善乡村居住生活质量措施的制定与落实之前，对村民的居住环境状况和生活状态进行科学、客观的调查评价是不可缺少的环节。这一调查评价结果为乡村振兴规划编制或更新提供基本支撑，既可帮助判断该乡村地区宜居性，同时也是优化改造乡村居住生活环境的重要依据。

居住满意度评价主要包括专业评价与村民评价两个部分。专业评价由调研团队根据居住以及生活空间的综合环境给出评价标准并进行客观评价，村民评价则需对村民进行访谈或问卷调查，以得到当地村民对居住环境的主观感受，由此对所研究区域的宜居性进行综合分析评价（村民居住环境满意度调查统计表如表 4.10 所示）。另外，在调研中，需要就调研的意义向村民给予充分说明，得到他们的理解，并争取到他们的配合。必要时，还可召开讨论会、研究会等，让专家、政府工作人员和村民交流信息、交换意见。

图4.25　村民居住环境

表4.10　村民居住环境满意度调查统计表

村人居环境整治	已硬化道路/（条/千米）		未硬化道路/（条/千米）	
	待整治湾塘/（个/米^2）		待整治违章建筑/（个/米^2）	
	村内公共安全视频监控/个		本村购房村民数/户	
住房改善情况	已建成公寓楼/套		在本村有两套以上住房户数/户	
	本村回迁村民户数/户			
	两层以上别墅楼/栋			

（六）乡村民俗文化调研

当前乡村民俗文化的传承与创新面临发展瓶颈，随着城镇化进程的加快，一些乡村民俗面临失传断档窘境。对乡村民俗文化进行调研和整理发掘，有助于丰富村民文娱生活，激活民俗文化活力，有助于传统文化的传承发展，对实现乡村振兴有着重要的现实意义。乡村民俗文化调研内容主要包括：

1. 乡村生活民俗调研

乡村生活民俗调研的主要内容有：①服饰民俗（例如服饰质地、服饰色彩和款式、服饰制作）；②饮食民俗（例如饮食种类、制作方法、日常饮食、节日饮食、宴客饮食、特色食品及其制作、饮食仪礼、饮食器皿、饮食信仰）；③岁时节庆民俗［例如岁时节庆种类、岁时节庆信仰、岁时节庆仪式（图4.26）］。

2. 乡村社会民俗调研

乡村社会民俗调研的主要内容有：①村落民俗（例如村落沿革、村落形态、村落结构和功能、村民组织、村规民约及其实施、村落公共建筑及其利用、村落公共活动、村落信仰、风水观念）；②人生礼仪民俗（主要包括诞生礼仪、成年礼仪、结婚礼仪和丧葬礼仪）；③乡村文艺民俗（例如民间艺术沿革、民间艺术种类及传承、民间音乐、民间舞蹈、民间戏剧、民间曲艺、民间美术）；④乡村民俗工艺（例如民间工艺沿革、刺绣工艺、编织工艺、刻印工艺、雕塑工艺、剪贴工艺、铸造工艺、装潢工艺、建筑工艺、烧制工艺、印染工艺、园林工艺、装裱工艺）等。刺绣工绣和编织工艺如图4.27所示。

在村落进行社会民俗调查时，还可通过实地观察，重点了解村庄内是否有古迹遗址、寺庙、古树名木等，并结合相关资料重点掌握其分布地点、规模、现状等，通过走访座谈等方法调查村内存留的民间习俗及村民经常参与的文化形式。

图4.26　乡村民俗

图4.27　乡村民俗工艺

3.乡村农业生产民俗调研

乡村农业生产民俗调研的主要内容有：①农业沿革和作物种类（例如稻作文化和麦黍文化有很大的差别）；②农作物的生产过程、技术；③乡村特殊农具的制造、使用和保存；④节气与农业的关系；⑤农谚；⑥土地制度；⑦农耕信仰等。

例如，通过调研农具（图4.28）如石碾、石磨、筒车、辘轳、耕具及水井等农业生产生活设施，可以直观了解乡村农业生产民俗，同时这些设施也是彰显当地文化特色的重要载体。

4.乡村其他民俗文化调研

其他乡村民俗文化调研包括乡村经济民俗、乡村交通民俗、乡村游乐民俗等方面的调研。在乡村经济民俗方面，主要调研乡镇商店、集市，以及商贩的各种习俗，集市与庙会的日期、特色、影响范围等；在乡村交通民俗方面，主要调研交通沿革，道路桥梁，运载工具及其制作，驿站码头等；在乡村游乐民俗方面，主要调研游乐沿革，游乐竞技种类及类型（如武术、游泳、赛马、摔跤、气功、划船、拔河等），游乐竞技传承方式，游乐竞技组织等内容。乡村游乐竞技如图4.29所示。

图4.28　农具

图4.29 游乐竞技

四、乡村产业结构调研

在目前乡村振兴的背景下，我国乡村产业发展需要立足于实际，因地制宜地发展乡村产业。在乡村进行产业结构调整需要尊重乡村原有的社会结构，结合乡村手工业的发展对乡村的产业结构进行转型升级。厘清乡村的产业结构现状及空间布局，有助于进一步对乡村未来的发展进行规划。

乡村产业结构调研，调研内容包括乡村农业中的种植业结构、林业结构、畜牧业结构；乡村工业中的农产品加工工业结构、机械加工工业结构、农村能源结构；乡村第三产业中的运输业结构、商业结构等。结合以上调研内容，目前我国的乡村产业结构大致可分为农业主导型、工业主导型、旅游主导型、商贸主导型、产业融合发展型五种类型。不同结构类型的乡村产业，调研的主要内容也不相同。

（一）农业主导型

以农业为主导产业的乡村以农业生产经营活动为主，产业涵盖种植业、畜牧业以及其他农业类型。以农业生产经营为主导依然是当前我国大多数乡村的现状。现状调研重点包括：①特色农业产业，比如特色种植业、特色养殖业的分布情况；②农业生产性服务产业，比如土地流转、田间管理代理、农资供应、技术推广、农机作业、疫病防治、金融保险、产品分级、储存和运销等情况。

（二）工业主导型

以工业为主导的乡村所处地区一般工业较发达，对外交通便捷，村庄内部或周边就拥有本土工业企业。土地大部分已流转，基本已无务农人口，村民大多在村内企业或附近企业上班，进行工业品的生产或加工。现状调研重点包括：①产品生产产业，比如方便食品、休闲食品、功能食品等的生产情况；②乡村传统特色产业，比如竹编、蜡染、剪纸、木雕、石刻、银饰、民族服饰等传统的手工业，卤制品、酱制品、豆制品以及腊肠、火腿等传统食品的加工，还有水果封装（图4.30）等。由于乡村传统特色产业既传承了文化，又具备独特的产业价值，故需重点了解分析。

图4.30　乡村食品加工

（三）旅游主导型

以旅游为主导的乡村一般具有优越的自然环境条件或丰厚的历史文化资源，并且旅游服务配套基础设施相对完善。旅游拉动型乡村便于村民就近在景区内务工或者在景区附近从事餐饮等旅游相关的服务业，解决一部分村民的就业问题。同时，可结合乡村自然资源和文化资源，就地发展乡村旅游，比如依托温泉、古建筑、民俗文化等开展旅游业务。调研此种类型的乡村，需重点了解其核心旅游资源及旅游服务设施分布等情况。乡村旅游如图4.31所示。

（四）商贸服务型

以商贸为主导的乡村距离城市较近，拥有良好的地理区位和便捷的交通条件。通常以发展现代乡村商贸流通服务业（图4.32）为主，区域内有农产品或者其他产品的交易中心。调研中，主要对产品交易、物流仓储、商品集散等服务项目进行重点了解。

（五）产业融合发展型

产业融合发展型乡村以农业为基础，通过整合要素、创新制度和技术，让农业不再局限于种养环节。调研中，主要了解农业产业链的产前延伸、横向拓展，即与产品加工、休闲旅游、电子商务等产业的关系，对产业之间是否有机结合、紧密相连、协调发展进行判断，为增强乡村产业发展的新动能和新活力等奠定基础。

在产业结构类型调研中，还需要调研相关产业在乡村区域范围内的分布和组合情况，即开展乡村产业布局调研。做好乡村产业结构及空间布局调研，可以更好地在后期乡村建设中统筹兼顾、合理安排，做到因地制宜、扬长避短、突出重点、兼顾一般、远近结合，促进产业协调发展（图4.33）。

图4.31　乡村旅游

图4.32　乡村商贸流通服务业

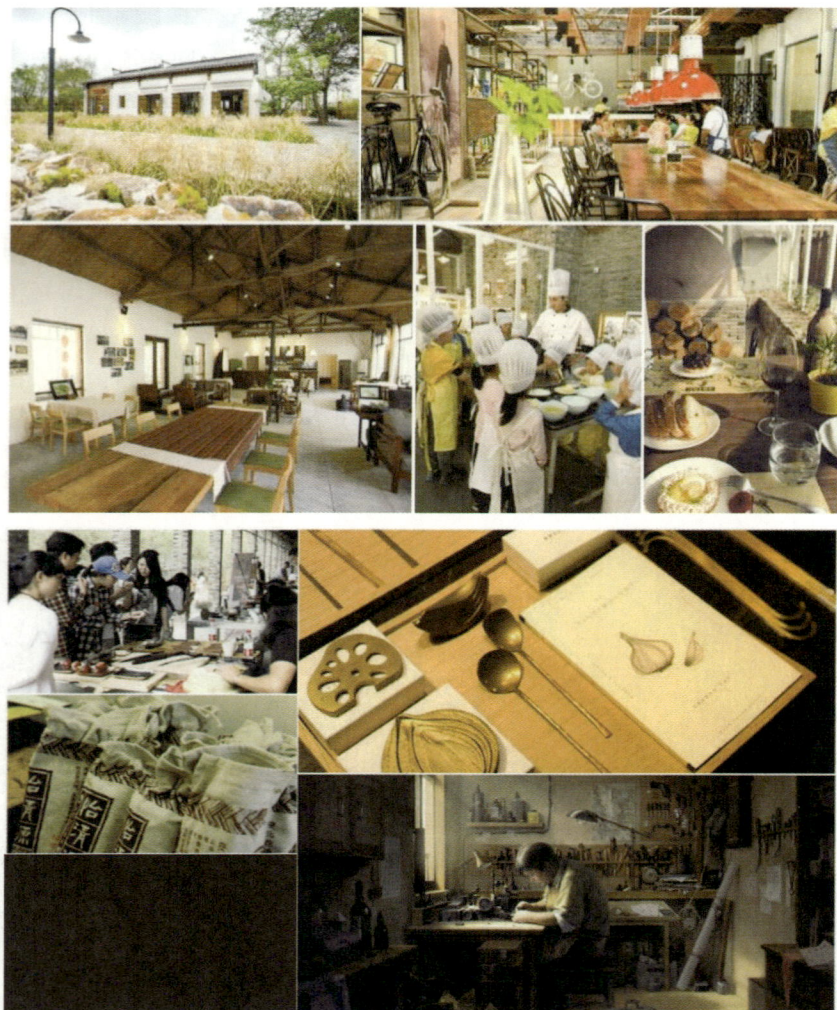

图4.33　乡村产业协调发展

第五章 乡村空间布局

第一节　乡村空间概述

一、乡村空间界定

乡村属于一种地域综合有机体，有着极其复杂的系统性，包含社会、经济、生态、文化等诸多要素。目前，乡村还没有一个被不同学界共同认可的定义。很多学者认为农村也可称作乡村国外学者维伯莱（G. P. Wibberley）认为乡村是某种特殊土地类型，能清晰地显示目前为土地的粗放利用所支配的迹象。有学者认为乡村包含农村，农村是乡村的主体，两者有很大的相似性，但并非同一概念。

从人类生态学视角来看，我国的乡村地域是由家庭、村落与集镇构成的农业文化区位空间。家庭既是经济生产和消费单位，又是基本宗法和礼仪的活动空间。村落以家庭为单位，以土地为基础，是农业文化中以血缘和地缘关系为纽带的生态图景。集镇是城市与乡村物质交流的主要场所，为农民提供技术服务、传播信息、扩大社交网络，是引领乡村时尚的文化空间。家庭、村落与集镇在互动中建立起一个相互依存的有机体。

从社会学角度来看，乡村社会生活以家庭、血缘、宗族为中心，居民从事农业生产以营生。乡村社会是熟人社会，人与人之间关系密切。乡村地区一般人口密度低，生活节奏慢。乡村社会区域文化差异小，风俗、道德等村规民约对村民行为约束力强。乡村地区物质文化设施相对落后，精神文化生活水平有待提升。

从地理学角度来看，乡村是非城镇化区域内农业人口聚居地，具有很强的人文组织与活动特征。乡村地区的社会、经济、人口、资源等及其时空变化规律都是地理学的研究范畴。

从行政管理学角度来看，乡与村分别是两个特定的主体。乡即包括乡镇党委和政府在内的乡政，村即行使自治权的以村民委员会为代表的村治，体现的是国家权力与村民权利之间的关系。乡政村治是当代中国乡村社会的基础性治理结构。

二、乡村空间构成

（一）广义的乡村空间构成

广义上，乡村是一个区域。相对于城市而言，乡村是指以从事农业生产为主要生活来源、以族群关系为纽带的人口分布较分散的地区，包含自然区域、生产区域和居民生活区域。

按照《中华人民共和国城乡规划法》，城乡规划涵盖城镇体系规划、城市规划、镇规划、乡规划和村庄规划，乡村应包括乡和村庄两类人口聚居地，通常存在集镇、村庄（行政村辖域）和自然村三个不同层次的聚落。

集镇（图5.1）是乡村一定区域内的经济、文化和生活服务中心，是商品经济发展到一定阶段的产物。早期的集镇也是城市的雏形。

村庄是村民居住和从事各种生产的聚居点，是乡村生产生活、人口组织和经济发展的基本单位。村庄的规模和当地的资源环境、产业、人口、文化传统有关。我国的村庄是一个自治体，土地属于集体所有，村民委员会是村民自我管理、自我服务的基层群众性自治组织，办理本村的公共事务和公益事业，调解民间纠纷，协助维护社会治安，向人民政府反映村民的意见、要求和提出建议。村庄是由一个或多个自然村组成的。中华人民共和国成立以来，我国乡村的居民点经过多次合并，村庄已具有一定的规模。

自然村是人类经过长时间活动，在自然环境

图5.1　集镇

中形成的聚居点，是乡村农业生产活动的最基本的居民点，也可以说是扩大的家庭，是乡村社会的基本细胞，多数情况下是一个或多个家族聚居的居民点，早期多是由一个家族演变而来的，由同姓同宗族的人聚居构成，是农民日常生活和交往的单位。它受地理条件、人类生活方式等影响，比如在山区，可能几户人家在路边居住几代后就会形成一个小村落。

（二）狭义的乡村空间构成

狭义的乡村空间指的是单个村庄聚落空间，通常是指一个行政村辖域的空间范畴，是农业生产空间、建筑与各类空间复合构成的本土化空间。

我国大多数村庄是以家族繁衍为起点的，即村庄的基本空间单元就是一个家族领地。以水网发达地区村庄空间为例，往往用河道将村庄围合起来，围合的空间就是一个家族领地，如图5.2所示。

（三）乡村空间特征

1. 自然性

乡村空间首要的特征是自然性，乡村往往更适合利用自然的生态系统打造适宜人居的环境。

2. 领域性

乡村空间有明确的界限，具有领域性，具有强烈的血缘和地缘关系，虽然内部有动态变化，但是基本上是稳定的。

3. 复合性

乡村的生产、生活空间是重叠的，很难清楚区分开来。以我国长三角地区的乡村空间为例，由于地处冲积平原，海水与淡水交汇之处，生物多样，资源丰富，大量兴建的圩区都是人工开挖运河，将所挖出的泥土堆于运河两旁，形成地势相对较高的

图5.2 河道围合的村落

闭合型的"垄"，将房屋建造于"垄"之上，既可防涝，又可获得良好的通风和光照条件，将围合在地块内部的水排到运河后获得耕地，在地块中部保留洼地作为鱼塘，使地块具有一定的水量调节和蓄洪能力，"垄、宅、田、塘"四要素共同构成一个圩的基本单元，同时也是一个基本的家族领地。这种古老的空间体系沿用至今，支撑着水乡地区的生产生活和社会经济的发展。纵横交错、四通八达的运河既是水量调蓄的空间，又沟通了各村庄以及村庄和外部联系的水路交通体系。

三、城乡地域空间系统

随着城乡关系的演变，大量的乡村人口源源不断地流入城市，同时一些城市居民出于各种动机迁往乡村。乡村本身的产业结构、人口结构和劳动结构发生着变化，人类社会严格地划分为乡村社区和城市社区的时代最终将为城乡融合发展所代替。正如相关学者指出，"我们正在迈向一个城市－乡村连续体"，"信息通信技术重构的新城市，既不是城市，也不是乡村，更不是郊区，而是集三种元素于一身"，在当前全球城市化背景下，乡村社会经济转型明显加快，无论是地理景观，还是经济职能或社会文化，都正在日趋向城市靠拢。乡村是相对于城市而存在的。所谓的乡村从某种程度上看是指与城市差异较大的地区，这种差异体现在生产、生活方式等方面，城市与乡村之间接近程度的高低代表了乡村发展的不同阶段。

城乡地域系统由乡村系统和城镇系统两大子系统构成。乡村系统主要包括村庄、中心村（社区）、集镇、中心镇等村镇空间系统；城镇系统主要包括大都市、中等城市、小城市及城郊社区等城市等级体系。两个子系统之间相互融合、交互叠加，形成一个独特的城乡交错系统，包括小城镇、城郊区、乡村社区等城乡融合体系，也有城乡交错区、城乡接合部等多种称谓。

在理论上，乡村系统、城乡交错系统与城镇系统分别通过农村城镇化、城乡一体化和区域城市化的战略途径，来实现各种要素在空间上由分散到聚集，再到两者的动态平衡，从而推动区域系统的运行和发展。其中，乡村系统为城镇系统输入大量的人力、食物、原材料等多种要素，支撑着城镇系统的良性运转；城镇系统则反馈给乡村系统相应的资金、技术、信息、管理等多种要素。

按照城乡地域互动作用的方式和强度，可将城乡互动发展简单划分为两个阶段：第一阶段，城市与乡村初步融合，城市中心职能较弱。该阶段城市对乡村地域的影响以农业生产要素非农化（即极化效应）为主，城市扩散效应相对较弱，影响范围有限。第二阶段，随着城市及其周边区域要素的集聚与拓展，城市中心性逐步增强，周边中小城市与中心镇开始出现并不断成长。该阶段既有不同等级城

市之间人口、技术等生产要素的交互流动，也有村庄与中小城市、中心镇之间的要素流动。其中，一部分乡村依托要素集聚和发展，逐步演变成为新的中小城镇，进而带动周边区域的乡村发展；另一部分乡村依托稀缺要素的流入来发展现代农业和促进要素非农集聚，从而推进乡村地区的内生式发展。

■ 第二节　乡村空间类型划分

乡村空间分为城郊融合类、集聚提升类、特色保护类、搬迁撤并类、保留改善类等五种类型。

一、城郊融合类

范围：城郊融合类乡村（图5.3）是指市、县中心城区（含开发区、工矿区，以下同）建成区以外、城镇开发边界以内的乡村。

图5.3　城郊融合类乡村

主要特征：乡村能够承接城镇外溢功能，居住建筑已经或即将呈现城市聚落形态，乡村能够共享使用城镇基础设施，具备向城镇地区转型的潜力。

二、集聚提升类

范围：集聚提升类乡村（图5.4）是指乡（镇）政府驻地或上位规划确定为中心村的乡村。

主要特征：人口规模相对较大，区位交通条件相对较好，配套设施相对齐全，产业发展有一定基础，对周边村庄能够起到一定辐射带动作用，具有较大发展潜力。

三、特色保护类

范围：特色保护类乡村（图5.5）是指已经公布的省级以上历史文化名村、传统村落、少数民族特色村寨、特色景观旅游名村，以及未公布的具有历史文化价值、自然景观保护价值或其他保护价值的乡村。

主要特征：文物古迹丰富，传统建筑集中成片，传统格局完整，非物质文化遗产资源丰富，具有历史文化、自然山水特色景观或地方特色产业等。

四、搬迁撤并类

范围：搬迁撤并类乡村是指上位规划确定为整体搬迁的乡村。

主要特征：生存条件恶劣、生态环境脆弱、自然灾害频发、存在重大安全隐患、人口流失严重或因重大项目建设等原因需要搬迁。

图5.4　集聚提升类乡村

图5.5 特色保护类乡村

五、保留改善类

范围：保留改善类乡村是指除上述类别以外的其他乡村。

主要特征：人口规模相对较小，配套设施一般，需要依托附近集聚提升类乡村共同发展。

第三节 乡村空间规划发展定位目标

围绕乡村振兴战略，依据上位规划，结合乡村类型、规划评估结果，充分考虑人口资源环境条件、社会经济发展和人居环境整治等要求，合理确定乡村发展定位。乡村空间规划发展定位主要从生态空间、农业空间、建设空间3个方面展开。

一、生态空间

生态空间包括生态保护红线范围内的重要生态空间和生态保护红线外的一般生态空间。

（1）落实生态保护红线。落实上位规划生态保护红线划定成果，将生态保护红线落实到地块，明确生态系统类型、主要生态功能，在勘界基础上设立统一规范的标识标牌，确保生态保护红线落地准确、边界清晰。

（2）划定一般生态空间。将除生态保护红线、农业空间和建设空间范围外，第三次全国国土调查认定为"其他草地、河流水面、湖泊水面、水库水面、滩涂、沼泽地、盐碱地、裸地"等地类和县级以上林业草原主管部门认定为林地（生态林）的地块，以及资源环境承载能力和国土空间开发适宜性评价认定为生态保护重要区的地块，划入一般生态空间。

二、农业空间

农业空间包括永久基本农田保护红线范围内的重要农业空间和永久基本农田保护红线范围外的一般农业空间。

（1）落实永久基本农田保护红线。落实上位规划永久基本农田保护红线划定成果，对接粮食生产功能区和重要农产品生产保护区划定工作，准确标注村庄永久基本农田保护红线。

（2）划定一般农业空间。将除生态空间、永久基本农田和建设空间范围外，第三次全国国土调查认定为"耕地、种植园用地、牧草地、坑塘水面、农村道路、设施农用地、田坎、沟渠"等地类和县级以上林业草原主管部门认定为林地（商品林）的地块，以及资源环境承载能力和国土空间开发适宜性评价认定为农业生产适宜区的地块，特别是划定的永久基本农田储备区，已建设高标准农田、土地综合整治项目区及耕地后备资源调查认定的潜力区域，划入一般农业空间。

三、建设空间

落实上位规划确定的乡村建设用地规模，合理划定乡村建设边界，统筹安排宅基地、经营性建设用地、基础设施和公共服务设施用地。村庄建设不得占用永久基本农田和破坏生态保护红线。

为增强规划弹性，对难以明确具体用途的建设用地，可暂不明确规划用地性质，予以规划"留白"。有需求的乡村可因地制宜，预留不超过5%的建设用地机动指标，保障村民居住、公共公益设施、零星分散的乡村文旅设施及农村新产业新业态等用地空间。

■ 第四节 乡村空间布局管控

中国较早就形成了稳定的乡村社区形态，近些年又迎来了工业化、城镇化的大潮，几十年就走完了发达国家几百年才走完的发展道路。小农国情和时空压缩两重因素的叠加，导致我国乡村空间布局与全局发展之间的矛盾尤其突出：一是村庄规模小，人口居住分散，不利于乡村公共服务的有效供给；二是大量空心村的土地处于废弃、撂荒或低效利用状态，大量的资源被浪费；三是专业农户的生产需求和一般村民的居住需求都没有得到很好满足；四是为了改善农民生活，大量财政资金投向了分散的居民点，但资金利用效率不高。只有改善乡村空间布局，提高乡村空间利用效率，优化乡村空间的资源配置，才能推动乡村的有序发展。

一、乡村空间布局管控的原则

（一）严格制定空间布局管控的规则，优化用地空间格局

永久基本农田保护区内应优先复垦或调整现有非农建设用地和零星农用地，规划期间确实不能复垦或调整的，应根据"占优补优"原则补划永久基本农田。国家重点建设项目无法避开区内永久基本农田的，应经法定程序修改规划，并按规定严格审批用地。建设空间范围内优先调整现有低效建设用地、闲置地和废弃地，提高土地利用效率。生态用地空间内注重土地利用和生态保护相结合，提升村庄生态功能。在确保耕地与永久基本农田、生态红线规模不变的前提下，整合零散的建设用地，整治采矿、采砂用地，增加留白用地，以支撑村庄发展。围绕村民诉求，完善公共服务与基础设施，补齐村庄短板。

（二）科学预测用地需求，合理确定用地规模

随着土地需求量急剧增加，而土地作为不可再生资源，已存在供不应求态势。乡村空间布局管控应遵循刚性管控与弹性引导相结合的原则。刚性管控体现底线思维，管控乡村永久基本农田红线、生态红线、乡村建设边界；弹性引导指保证建设用地总指标不突破的情况下，进行用地空间置换，预留发展空间。依据乡村发展实际需求与特色，推动土地复合高效利用，提高空间产出附加值，促进农业与服务业融合、山林空间与服务业融合、水域空间与服务业融合、生产生活空间与服务业融合。落实上位管控要求，衔接三调土地分类进行矛盾排查，兼顾乡村发展需求预留建设指标，遵循总量平衡、质量相当的原则综合确定用地需求与规模。

（三）合理建立乡村分类指标体系，推进差异化发展和普适性发展

综合各自然村交通区位、人口规模、发展基础与条件等，考虑乡村特色分类推进乡村发展，以问题为导向，针对不同类型乡村的特征，采取"一村一式"的策略，推进乡村差异化发展。针对集中成片或者在某个区域中拥有共同发展基础的乡村，可将其统一划归某一类乡村，制订具有普适性的乡村发展策略。

（四）创新乡村治理方式，发挥村民主体作用

坚持村民在乡村中的主体地位，扎实做好驻村调研、村民讨论、集体决策等基础工作，将村民参与贯穿管控的全过程，让村民认识管控，了解管控目的，保障村民的知情权、参与权、表达权和监督权。发挥村委会先锋作用，积极引导村民参与管控，实现乡村布局管控有序。

二、乡村空间布局管控要点

乡村空间布局管控重点是永久基本农田管控。我国的永久基本农田在农地保护中发挥重要作用。划定永久基本农田并实行特殊保护，是贯彻落实最严格的耕地保护制度的基本要求，是维护国家粮食安全和社会稳定的关键举措。同时，加强永久基本农田管控，守住永久基本农田保护红线，对促进乡村振兴战略实施、引导城镇空间布局优化，以及推进生态文明建设等方面都具有重要意义。对于永久基本农田的管控，重点在于统筹管控性保护、建设性保护、激励约束性保护等。

（一）统筹管控性保护

统筹管控性保护即要求落实严格保护永久基本农田要求，从严管控非农建设活动占用永久基本农田。永久基本农田一经划定，任何单位和个人不得擅自占用或擅自改变用途，禁止破坏和闲置荒芜永久基本农田。坚决防止永久基本农田"非农化"，除法律规定的无法避让的能源、交通水利、军事设施等国家重点建设项目选址之外，其他任何建设都不得占用，在开展城镇建设活动和基础设施布局等相关规划过程中，不得突破永久基本农田保护红线；确有重大工程、特殊项目无法避让永久基本农田的，必须经过充分的可行性论证和依法审批，按照"数量不减、质量不降、布局稳定"的原则和永久基本农田补划程序进行。

（二）建设性保护

建设性保护即要求加大永久基本农田及其配套设施的建设力度，开展高标准永久基本农田建设，提高土壤质量，提高永久基本农田的质量等级。完善耕地质量监测体系，开展相关的耕地质量评定与评价工作。因地制宜地划定永久基本农田整备区，将土地整治补充的优质耕地、新建成的高标准农田

优先纳入永久基本农田补划储备库，为永久基本农田补划和布局微调创造条件。

（三）激励约束性保护

激励约束性保护即要求完善永久基本农田保护激励约束机制，落实永久基本农田保护责任。重点是落实政府领导考核评价机制和耕地保护激励机制，严格考核审计，严肃执法监督。建立和完善耕地保护激励机制，充分调动乡村集体经济组织、农民管护和建设永久基本农田的积极性，建立健全永久基本农田社会共管体系。

第六章 乡村产业发展

在党的十九大报告中，习近平总书记提出了实施乡村振兴战略的总要求，即"产业兴旺、生态宜居、乡风文明、治理有效、生活富裕"。乡村振兴首先是产业振兴，实施乡村振兴战略首先需要激活的是乡村的经济价值，这是增强广大农民获得感、幸福感、安全感的坚实支撑，不仅有利于农民更好地实现就近就业增收，也有利于农民规避异地城镇化可能带来的家庭人口空间分离和留守儿童、留守妇女、留守老人问题，更好地实现就地就近城镇化。2019年3月8日，习近平总书记在参加河南代表团审议时提出，乡村振兴是包括产业振兴、人才振兴、文化振兴、生态振兴、组织振兴的全面振兴。

■ 第一节　乡村产业发展概述

产业是介于微观经济组织和宏观经济组织（国民经济）之间的"集合概念"。它既是具有某种同一属性的企业的集合，又是国民经济以某一标准划分的部门。产业有时泛指一切生产物质产品和提供劳务活动的集合体，包括农业、工业、交通运输业、餐饮服务业等部门。乡村产业是乡村建设的核心动力与物质基础，随着发展模式的不断演变，乡村规划与建设也须相应做出应对举措。我国自古以来就是农业大国，然而，在机器轰鸣声中不断推进的工业化进程使得以农耕文明著称的田园乡村文化，正从过去的辉煌中逐渐褪色。乡村第一产业的传统模式停滞不前；加工、制造业等第二产业繁荣的同时，乡村资源、环境亦不堪重负；休闲服务、乡村旅游等第三产业的盲目无序开发，日益激起村民与外来群体的矛盾。因此，寻找与乡村物质形态、文化传承相辅相成的产业发展模式刻不容缓。

一、乡村产业发展的问题

乡村产业是指在乡村这个特定的经济区域内，

由村委会主导、政府扶持、村民参与的综合利用乡村各类生产要素发展的乡村经济集合，具体包括乡村第一产业、第二产业和第三产业。第一产业即传统种植业和畜牧业等，第二产业即农畜产品加工业、手工艺品加工业等，第三产业即文化旅游业、餐饮住宿服务业等。目前，乡村产业发展有以下问题：

（一）发展模式单一，产业链不完整

大多数乡村存在产业发展模式单一、产业链环节缺失等问题，难以形成规模效应，制约了乡村经济的持续发展。乡村农业以农、林、牧、渔为主要形式，但传统耕作方式效率和效益低下，导致第一产业发展滞后，无法给乡村建设提供助力。第二产业的兴起改变了乡村以农业为支柱的发展模式，在一定程度上推进了乡村发展，但乡村资源有限，发展受阻。随着全域旅游的逐渐兴起，第三产业在乡村迅速崛起，民宿、农家乐等业态如雨后春笋般涌现，但却与乡村自身风貌格格不入，造成全域环境下旅游模式的趋同化和效益低下。

（二）品牌效应不强，服务缺乏创新

目前，乡村多以小微企业为主，不论农产品还是工业产品，销售渠道都较为单一，且大多村民没有品牌建设意识，导致产品影响十分有限。近年来，一批具有自身个性的乡村被选为试点建设村，其中不乏地域区位特殊、自然禀赋突出、产业经济强劲、历史文化深厚的案例，但总体情况却不尽如人意，大多试点建设村仍不为人所知，未能起到为具有相似特征的其他村落的发展提供示范与引领的作用。同时，乡村服务创新不足，传统模式无法满足城市居民的差异性消费心理。由于乡村服务产品缺乏创新，观光型景点多，交互型活动少，消费者参与度低，无法留住游客，难以发挥规模经济效益。再加上乡村难以吸引现代经营人才，缺乏技术支撑和创

新意识，导致乡村产业化程度低，产品竞争力不强。

（三）缺乏产业发展配套设施，政府支持力度不够

近期来看，城乡二元体制的存在导致资源分配不均，乡村的服务设施与配套供给相较而言会有所不足，造成乡村生活品质提升和产业发展步伐缓慢。乡村第二、第三产业的兴起与发展，同时又给乡村配套设施建设提出新的要求与挑战。此外，乡村产业的体系尚未完善，发展过程中地方政府无法提供相应的经济、政策等方面的支持，这也大大制约了乡村产业发展水平的提升。

（四）乡村土地利用不灵活

产业以土地为依托，乡村土地利用与城市相比，高效性和集中性远远不足。乡村土地在发展的过程中也不断地显现出问题：第一，随着城乡发展的两极分化，乡村越来越多的劳动力前往城市寻找就业机会，老人、孩子留守乡村，承包的土地荒废闲置，种植利用的面积远不如以前，而且土地的利用质量也逐年降低，严重影响了土地的种植效益。第二，在进行土地初次分配承包的时候，无法分配均匀，会出现耕地面积与家庭劳动力不相匹配的情况。第三，乡村的建设发展呈现自发性的特征，房屋建设占用的土地都是从耕地上扣除的，房屋建设自主性导致乡村聚居群落建筑的无序性，以致部分聚居群落周边的耕地无法被利用，造成了土地的浪费。第四，由于大部分乡村没有进行统一的规划建设，土地碎片化，加上有些耕地农户管理不善，破坏了乡村土地的整体性，农业生产机械化无法全面实现，农业生产效率低下。

乡村振兴提倡产业转型、农业现代化，追求乡村产业的融合发展，促进小农户与现代化农业的有机结合。同时要求在乡村产业发展的过程中，保障乡村的生态环境。在乡村产业转型升级过程中，乡村的建设用地指标有限，必须保证永久基本农田不被占用，而且乡村建设用地的获得性方面远不如城市用地，乡村建设用地流转过程烦琐，权属复杂，市场较小，这成为乡村产业土地生产要素流动受阻的主要原因。

乡村产业规模发展与用地之间的矛盾突出，而且乡村大部分的产业用地都为非建设用地，乡村产业土地中的建设用地占比很小。特别是在产业转型发展具有区位优势、可享受城市资源辐射的城市周边乡村，内部建设用地资源紧缺，土地利用效率低下，与城市发展断层，影响了三产融合发展，这些都导致在乡村振兴的背景下乡村难以引入劳动力、土地、资本，以致乡村产业市场不健全，乡村产业发展进一步受阻。

二、乡村产业的发展目标

产业振兴是乡村振兴之本，而建立绿色安全、优质高效的乡村产业体系又是乡村产业振兴的基本遵循。《乡村振兴战略规划（2018—2022年）》明确提出，坚持质量兴农、品牌强农，深化农业供给侧结构性改革，构建现代农业产业体系、生产体系、经营体系，推动农业发展质量变革、频率变革、动力变革，持续提高农业创新力、竞争力和全要素生产率。按照中共中央、国务院的要求，把我国绿色安全、优质高效的乡村体系打造好，是乡村振兴战略中一项举足轻重的任务。

（一）产业振兴

在实施乡村振兴战略过程中，实现乡村产业振兴，要以推进供给侧结构性改革为主线，用现代发展理念和组织方式改造乡村产业。确保粮食安全是实施乡村振兴战略的前提，也是推进乡村产业兴旺不可动摇的根基。

乡村产业振兴还要大力推进乡村产业多元化、综合化发展。以推进粮食生产为例，要结合完善质量兴粮、绿色兴粮、服务兴粮、品牌兴粮推进机制和支持政策，鼓励新型农业经营主体、新型农业服务主体带动小农户延伸粮食产业链，打造粮食供应链，提升粮食价值链的质量，积极培育现代粮食产业体系，鼓励发展粮食加工业、流通业和面向粮食产业链的生产型服务业，促进粮食产业链创新力和竞争力的提升。要结合推进农业支持保护政策的创新和转型，深入实施藏粮于地、藏粮于技战略，通过全面落实永久基本农田特殊保护制度、加快划定和建设粮食生产功能区、大规模推进乡村土地整治和高标准农田建设、加强乡村防灾减灾救灾能力建设等举措，夯实粮食生产能力基础，帮助粮食生产经营主体更好地实现节本增效和降低风险，将保障粮食安全建立在保护粮食生产经营主体种粮积极性的基础上。结合优化粮食仓储的区域布局和加强粮食物流基础设施建设等措施，全面提升粮食产业链和粮食产业体系的质量、效益和可持续发展能力，为把中国人的饭碗牢牢端在自己手中打下扎实基础。

（二）建立绿色安全、优质高效的乡村产业体系

《乡村振兴战略规划（2018—2022年）》强调，要以推进供给侧结构改革为主线，按照质量兴农、绿色兴农、服务兴农、品牌兴农要求推进农业农村产业体系、生产体系和经营体系建设，为我国乡村产业振兴指明前进的方向。

1. 乡村产业体系应是绿色安全的产业体系

在党的十九大提出的五大发展理念中，绿色发展占据了非常重要的地位。长期以来，我国经济发展尤其是农业发展模式比较粗放，资源环境代价比较高，农业面源污染比较严重，农业农村的生态价值没有得到充分实现。强调乡村产业的绿色发展，实际上是对农业农村生态功能和生态价值的重新肯定。乡村产业发展，要坚持绿色发展的理念不动摇，为我国整体的生态建设构筑起一个牢固的屏障。这不仅可以保障乡村产业发展的可持续性，也为我国经济的绿色发展提供了牢固基础。

乡村产业体系的安全性也同样重要。乡村为国民提供食物，也为农产品加工提供原料。乡村产业体系的安全有两个层面：一是供给充足，即数量安全；二是质量可靠，即质量安全。随着我国农业生产力的持续提升，数量安全问题得到了较好解决。而质量安全问题更加突出，化肥、农药的过量使用，不仅造成了土壤污染和环境损害，也造成了农产品尤其是粮食、蔬菜的质量安全隐患。因此，在乡村产业体系建设中，绿色安全是底线和红线。

2. 乡村产业体系应是优质高效的产业体系

长期以来，我国乡村产业发展模式比较单一，农业分散粗放经营，农产品质量不高、品牌建设不强，导致乡村产业竞争力较弱，很难适应国际化市场竞争的新形势。传统的以乡镇企业为代表的乡村产业，产业层次较低、污染较重，不能很好地体现地方特色和区域比较优势。要通过发展第三产业，提升第二产业的产业水平，改变乡村产业低质低效的现状，做到传统而不落后，小微而不弱势，这也是未来乡村产业发展的一个重要方向。

产业振兴是乡村振兴的首要任务，而发展绿色安全、优质高效的乡村产业体系是乡村产业振兴的不二选择。只有建立起绿色安全、优质高效的乡村产业体系，乡村产业振兴才能立于不败之地，乡村全面振兴才有根本和依托。

■ 第二节　现代农业发展

产业兴旺是乡村振兴的重要基础，是解决农村一切问题的前提。《国务院关于促进乡村产业振兴

的指导意见》明确指出，乡村产业根植于县域，以农业农村资源为依托，以农民为主体，以农村一二三产业融合发展为路径，乡村产业具有地域特色鲜明、创新创业活跃、业态类型丰富、利益联结紧密等特点，是提升农业、繁荣农村、富裕农民的产业。

2018年9月26日中共中央、国务院印发了《乡村振兴战略规划（2018—2022年）》，围绕加快农业现代化步伐、建立乡村产业融合发展体系、建设生态宜居乡村、繁荣发展乡村文化、健全乡村治理体系、保障和改善乡村民生等内容，确定了五年间的重点工作任务。在夯实农业生产能力基础的同时，构建农村一二三产业融合发展体系（图6.1），努力做强第一产业、做优第二产业、做活第三产业尤为关键。

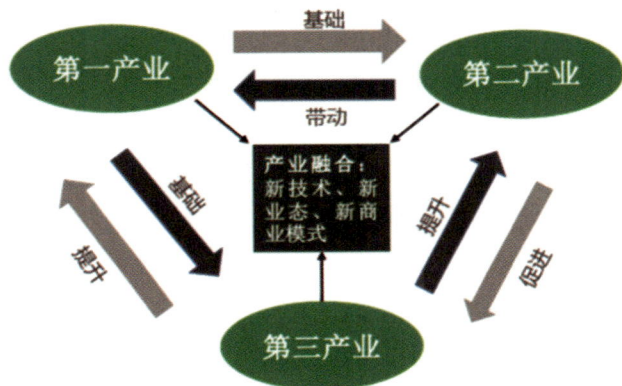

图6.1 农村一二三产业融合发展体系

乡村振兴战略是新时代做好"三农"工作的总抓手、新旗帜，是提升农业发展质量，推进现代农业产业发展的重要途径。现代农业是指运用现代的科学技术和生产管理方法，对农业进行规模化、集约化、市场化和农场化管理的生产活动。

一、种植业

党的十九大从全局和战略高度，明确提出实施乡村振兴战略，是着眼于"两个一百年"奋斗目标

导向和农业农村短腿短板的问题导向作出的重大战略部署，是着眼于推进"四化同步"和"五位一体"发展作出的重大战略决策。实现乡村振兴，必须大力促进城乡融合发展，加快推进农业农村现代化。种植业是乡村最传统的产业，必须在加快发展中助力乡村振兴，在助力乡村振兴中实现现代化。

（一）深刻领会实施乡村振兴战略对种植业发展的新要求

乡村起源于旧石器时代中期的原始部落，是以从事农业经济活动为内容，以各种生产、生活方式为基础，固定形成的一类聚集体。随着技术的进步，乡村产业不断拓展、乡土文化不断丰富、社会关系不断演变，乡村逐渐成为有区域概念的村落实体。可以说，乡村是农耕文明的发源地，是人类文明进步的起始点，有着深厚的历史内涵和文化底蕴。种植业作为传统的农业形态，起源于乡村，发展于乡村，也根植于乡村。乡村振兴，最基础的产业是种植业，最有潜力的产业也是种植业。必须准确把握乡村振兴战略的科学内涵，明确种植业发展的方向，加快推进种植业现代化，助力乡村振兴。

1. 实现乡村振兴，重在强基固本，必须让粮食安全的基础更牢固

无论现代农业发展到何种程度，确保国家粮食安全都是首要任务。党的十八大以来，党中央始终高度重视粮食生产，采取一系列有效措施，实现了粮食连年丰收，仓满库盈，供给充足，为经济发展和社会稳定发挥了"压舱石"和"定海神针"的作用。

2. 实现乡村振兴，重在产业提升，必须让农业供给体系更高效

当前，农业的主要矛盾已经由总量不足转变为结构性矛盾，主要表现为阶段性的供过于求和供给不足并存。现在看，数量和质量还不平衡，质量发展不充分。主要表现在两个方面：

（1）品种结构还不优。当前，粮食库存压力较大，同时市场需求的优质绿色产品供应不足。为适应这种变化，要减少无效供给，增加有效供给，拓展高效供给，满足消费者多元化、个性化的需求。

（2）区域布局还不适。主要是一些园艺作物生产盲目引种、盲目扩种，影响产量，也影响品质，特色不突出，效益也不好。一些水果、茶叶等具有独特生物学特性的作物，对土壤和光、温、水等条件有特殊的要求，近几年种植面积扩大较快，不适宜种植区域也大面积进行了种植，这一状况急需改变。

实施乡村振兴战略，要紧紧围绕供给侧结构性改革这一主线，调整优化种植结构，让品种结构调优，区域结构调适，产业结构调顺。

（二）准确把握实施乡村振兴战略的发展路径

实施乡村振兴战略，体现了党中央对推进"四化同步"的坚定决心，也展现了党中央推进农业农村现代化的坚定意志。乡村是一个广域的范围，内涵极其丰富，既有生产的也有生活的，既有生态的也有文化的。种植业作为农业的基础，是发展生产保供给的重点产业，是农民增收的重要渠道，是乡村美丽的底色，需要加快发展、加力推进、加速提升，助力乡村振兴战略实施。总的考虑为：全面贯彻落实党的十九大精神和习近平新时代中国特色社会主义思想，牢固树立新发展理念，紧紧围绕实施乡村振兴战略，坚持目标导向和底线思维，强化绿色引领，主攻质量效益，推进改革创新，着力推动种植业发展质量变革、效率变革、动力变革，加快构建现代种植业产业体系、生产体系、经营体系，守住国家粮食安全底线，持续推进种植结构调整，大力推进种植业绿色发展，努力走出一条供给优质、产出高效、绿色安全、环境友好的现代种植业发展之路。发展路径就是实现"四个转变、四个提升"。

1. 加快以数量为主向量质并重的高效型种植业转变，提升产业发展效能

现代种植业的发展已经由数量增长阶段转向高质量发展阶段，必须坚持质量第一、效益优先，以供给侧结构性改革为主线，提高供给质量，增加投入产出效益，提升产业竞争力。

（1）优化要素配置。

坚持农业农村优先发展，引导和推动更多的资本、技术、人才等要素向农业农村流动。促进农业技术、装备、设施、服务、加工和流通等水平提升，加快节水、节肥、节药、节电、节油等技术应用，实现增产增效、节本增效、提质增效。

（2）优化区域布局。

根据农业农村资源情况、生态条件和产业基础，进一步调整优化作物品种结构和区域布局，划定粮食生产功能区和重要农产品生产保护区，建设特色农产品优势区，做到适区适种，避免对抗种植、越区种植，实现农产品产量和品质的提升。

（3）优化产品结构。

顺应多元化消费需求，积极发展优质水稻、强弱筋小麦、高蛋白大豆、双低油菜，有区域特色的杂粮杂豆、风味独特的特种瓜果、有地理标识的农产品，以及道地中药材、食用菌等。推进质量兴农、品牌强农，增加绿色优质农产品供给，带动农业增产增效。

（4）延伸产业链。

加快构建涵盖生产、加工、物流、营销的产业链，形成比较优势充分发挥、竞争力明显增强的现代农业产业体系。拓展农业的多种功能，大力发展休闲农业、乡村旅游和电子商务，推进农业与旅游、教育、文化等深度融合，让产区变景区、产品变礼品、农房变客房，把青山绿水变成金山银山，实现经济潜能的释放。

2. 加快粗放经营向绿色引领的循环型种植业转变，提升持续发展能力

种植业多为大田生产，作物与土壤、气候、水资源等自然环境相互影响。生态友好是现代种植业发展追求的目标，也是一条红线。用绿色发展的新理念引领生产，转变过去依靠拼资源消耗、拼要素投入的发展方式，遏制环境透支的态势，发展循环型种植业，做到资源节约、环境友好，让山更青、水更绿、田更美。

（1）促进减量增效。

实施化肥农药使用量零增长行动，推进精准施肥、调整使用结构、改进施肥方式、有机肥替代化肥，推进病虫绿色防控、推广新农药新器械替代、推行精准施药、推进统防统治。

（2）促进地力提升。

加快建设集中连片、高产稳产、生态友好的高标准农田，深入开展耕地质量保护与提升行动，通过改良土壤、培肥地力、治污修复等方式提升地力。

（3）促进资源节约。

实施国家节水行动，推广节水品种，推广喷灌、滴灌、测墒补灌、水肥一体化等高效节水技术，提高水资源利用率。

（4）促进用养结合。

严格保护耕地，扩大轮作休耕试点，集成推广种地养地和综合治理相结合的生产技术模式，健全耕地休养生息制度，建立市场化、多元化生态补偿机制，促进生态环境改善和资源永续利用。

3. 加快人工劳作向机艺融合的替代型种植业转变，提升劳动生产效率

目前，农业机械化水平有了大幅提升，大宗粮食作物耕种收机械化率达到66%以上。但是，随着工业化、城镇化快速推进，乡村劳动力还将进一步转移，"谁来种地"的问题更加突出，需要发展以机械化为科技手段的替代型种植业。

（1）加快培育适宜机械作业的新品种。

促进种业科技体制改革，激发种业创新活力。加快推动基础性源头创新和商业化应用创新"双轮"驱动发展，突破新品种选育、高效繁育和加工流通等关键环节的核心技术，加快培育适宜全程机械化的品种，用育种手段攻克全程机械化"第一关"。

（2）加快集成农机农艺融合的技术模式。

以提高机械作业适应性为重点，大规模开展绿色高产、高效创建，加快推进农机农艺融合，集中力量攻克影响全程机械作业的技术瓶颈，集成一批以农业机械为载体的绿色生态环保、资源高效利用、生产效能提升的标准化技术模式。

（3）加快培育以机械作业为主的服务组织。

大力培育农机服务组织，用先进的农机装备农业，用先进的管理方式提升农业，大力开展机耕机收、秧苗统育统栽、病虫统防统治、肥料统配统施等农机作业服务。此外，推进"互联网＋"现代种植业，应用物联网、云计算、大数据、移动互联等现代信息技术，提升种植业信息化服务水平。

4. 加快分散经营向利益联结的规模型种植业转变，提升组织化程度

没有规模就没有效率，也难以提高效益。实现农业农村现代化，必须要建立合理的利益联结机制，发展多种形式的适度规模经营。

（1）加快培育新型经营主体和服务主体。

积极引导规范土地流转，大力培育新型经营主体和服务主体。发展多元社会化服务组织，探索政府购买公益性服务，开展全程托管服务，形成新的统分结合的服务带动型规模经营。

（2）加强小农户与新型经营主体的利益联结。

我国人多地少，小农户在较长的时期内仍将是农业生产经营的主体，必须完善利益共享机制，让小农户与现代农业实现有机衔接，加强小农户与新型经营主体的利益联结，实现生产的集约化、规模

化，提高农业整体规模化水平。

（3）加快构建种植业产业化联合体。

推进龙头企业、农民合作社和家庭农场等新型农业经营主体建立以分工协作为前提，以规模经营为依托，以利益联结为纽带的一体化农业经营组织，完善利益共享机制，探索成员相互入股、组建新主体等联结方式，促进资源要素共享，引导资金有序流动，加快科技转化应用，加强市场信息互通，推动品牌共创共享，推动龙头企业、农民合作社和家庭农场互助服务，实现深度融合发展。

（三）以实施乡村振兴战略为统领，加快推进种植业现代化

实现乡村振兴，种植业要敢为人先、奋勇向前，在创新中发力、在发展中推进，力争项项有突破、年年有进展，为建设美丽中国、实现乡村振兴作出贡献。

1.加快推进结构调整，在强基固本产业兴旺中推进种植业现代化

立足我国的资源禀赋、生产基础和市场需求，在调整优化结构上，要把握好以下两点：

（1）守住一条底线，巩固提升粮食产能。解决14多亿人口的吃饭问题，始终是治国安邦的头等大事，也是实施乡村振兴战略的首要任务。发挥政策稳粮作用。坚持并完善稻谷、小麦最低收购价政策，落实玉米、大豆"市场化收购＋生产者补贴"政策，调动农民务农种粮和地方政府重农抓粮的积极性，守住8亿亩水稻、小麦面积和14亿亩谷物面积的底线，提高粮食产能。

（2）坚持一条主线，调优"三个结构"。紧紧围绕推进农业供给侧结构性改革这一主线，综合考虑资源禀赋、生态类型和生产基础，努力提升农业供给体系的质量和效率，调优品种结构、区域结构和产业结构。

2.加快推进绿色发展，在环境友好生态宜居中推进种植业现代化

强化绿色引领，转变发展方式，加快构建生产、生活、生态"三生共赢"新格局，着力在"减、提、节、轮"四个字上下功夫。

（1）"减"，就是大力推进化肥农药减量增效。深入开展化肥农药使用量零增长行动，促进化肥农药减量增效。

（2）"提"，就是提升耕地质量。深入开展耕地质量保护与提升行动，在全国主要粮食产区选择一批重点县，集中连片推广秸秆还田、增施有机肥、种植绿肥、施用石灰和深松整地等综合技术模式。加强耕地质量调查监测与评价，健全监测评价体系，建立耕地质量大数据平台。

（3）"节"，就是加快发展节水种植业。结合实施国家节水行动，推进品种节水、农艺节水、设施节水、机制节水，加快推广喷灌、滴灌、水肥一体化技术，积极探索奖补结合的水价综合改革，增强农民节水意识。

（4）"轮"，就是推行耕地轮作休耕。按照中央的部署，扎实开展耕地轮作休耕制度试点。加快形成一套可复制可推广的组织方式、技术模式和政策框架。

3.加快推进科技创新，在培育动能增强活力中推进种植业现代化

以市场需求和产业发展为导向，找准切入点，提高科技创新针对性和有效性，走内涵式发展道路。

（1）加快基础研究创新。

力争在生物基因调控、抗逆机理等基础研究方面取得突破，在节水灌溉、农机装备、农药研制、肥料开发、加工贮运、循环农业等应用技术研究方面全面升级，储备一批引领种植业技术革命的成果。

（2）加快种业科技创新。

整合资源，集中力量，加快选育一批适销对路、

品质优良的粮棉油糖和果菜茶等作物新品种。推进现代生物技术与常规育种技术有机结合，引导企业加快选育一批适应机械化生产、设施化栽培、轻简化管理等现代农业发展需要的突破性新品种，满足多样化、多层次、多元化市场需求。

（3）加快技术集成创新。

深入开展绿色高产高效创建和模式攻关，集中力量攻克影响单产提高、品质提升、效益增加和环境改善的技术瓶颈，分区域、分作物集成组装一批高产高效、资源节约、生态环保的成熟技术模式。

4.加快推进质量兴农，在提质增效、生活富裕中推进种植业现代化

以满足人民群众对优质农产品的需求为导向，以提质增效增加农民收入为目标，挖掘种植业增收潜力，努力让农民的"钱袋子"鼓起来。

（1）推进棉油糖标准化生产，促进增产增效。

整建制开展棉油糖绿色高产高效创建，推进标准化生产，组装推广集约化育苗、轻简化栽培等区域性、标准化绿色技术模式，发挥新型经营主体示范带动作用，促进棉油糖增产增效。

（2）提升园艺产品质量，促进提质增效。

培育大企业，支持龙头企业到优势区域建设生产基地和贮藏加工设施，并通过兼并收购、联合重组及合资合作等方式整合中小企业。鼓励有实力的企业跨区域整合资源，组建产销集团，形成资源集中、生产集群、营销集约的格局。通过举办博览会、展销会、推介会等多种形式，宣传推介品牌，提升品牌知名度，提高市场占有率。建设大市场，依托国家级农产品批发市场，打造果菜茶物流集散、价格形成、产业信息、科技交流、会展贸易等平台。特别是依托"一带一路"倡议，拓展茶叶市场，弘扬中国茶文化。做大做强茶产业，大力发展道地中药材和食用菌生产。

（3）开发种植业多种功能，促进聚合增效。

推进种植业与旅游、文化、健康等产业深度融合，拓展农业的多种功能。发展休闲农业和乡村旅游，建设生产休闲一体化观光旅游示范基地，举办赏花、采摘、品鉴、加工体验等活动，把产区变景区，配套建设吃、住、行等设施，挖掘种植业外部增收潜力。

5.加快推进改革强农，在机制创新体系完善中推进种植业现代化

培育新型经营主体和多元服务主体，构建集约化、专业化、组织化、社会化相结合的新型农业经营体系，为种植业发展注入强大动力。

（1）积极发展土地流转型规模经营。

重点在"空心村"、兼业农户较多的地区，引导土地自愿有序流转，推进适度规模经营。鼓励种粮大户、家庭农场、合作社等新型农业经营主体发展，重点在财政、金融、保险、用地等方面加大扶持和引导力度。充分发挥新型经营主体在使用新品种新技术、生产优质安全农产品等方面的示范带动作用，提升种植业生产水平。

（2）积极发展服务引领型规模经营。

积极发展多元社会化服务组织，实施农业社会化服务支撑工程，扩大政府购买农业公益性服务机制创新试点，加快发展农业生产性服务业，推行代耕代种、统配统施、统防统治。加快构建以农户家庭经营为基础、合作与联合为纽带、社会化服务为支撑的立体式复合型农业经营体系，提高社会化服务水平，让分散农户搭上规模经营的"快车"。

（3）大力推进种植业产业化经营。

推进农业产业化龙头企业发展，培育具有国际竞争力的现代农业产业集团。积极发展农社对接、农商对接、电子商务，推进物联网、云计算、大数据、移动互联等现代信息技术应用，促进种植业全

产业链改善升级。完善利益联结机制，支持农民通过股份制、股份合作制等多种形式参与规模化、产业化经营，使农民获得更多增值收益。

二、畜牧业

目前，畜牧业的发展不仅在规模上呈现了扩大的趋势，发展速度也相当快，对促进乡村整体经济发展有一定的贡献作用。随着经济的发展，应推进畜牧业规模化、生态化、特色化和产业化发展。一方面要积极引导养殖户转变观念，改变饲养方式，加快推进农牧结合、生态循环的养殖。另一方面，要积极推动大规模生产，对生产经营进行统一管理，注重畜产品的质量，发展优质畜牧业，大力打造品牌，提高市场竞争力，引导畜牧业向生产无公害、绿色畜产品的方向发展。

畜牧业是我国农业农村经济的支柱产业，其产值占农业总产值的三分之一；肉蛋奶每天都要消费，畜牧业也是保供给的战略产业；畜牧业还是牧民的主要产业，是牧民的主要收入来源。因此，深化畜牧业供给侧结构性改革，大力发展现代畜牧业，是贯彻落实乡村振兴战略的重要举措。

（一）畜牧业现代化发展的特点

这几年我国加快推进畜牧业发展，呈现产业规模大、畜产品供给有保障、质量安全有保障等新特征。畜牧业现代化发展具有以下特点：

1. 规模化水平持续提升

目前，全国规模化养殖接近60%，生猪年出栏量500头、奶牛年出栏量100头规模的养殖场已经成为我国猪肉保供给的主体。

2. 结构更加优化

由于人均耕地、粮食、水资源都不够充裕，我国畜牧业的结构主要朝着节水、节粮、节地的方向发展。其中，生猪产业稳定发展，家禽、牛羊肉生产都比较稳定，兔、驴、鸽子等特色畜牧业发展比较快。

3. 生产效率稳步提高

推广普及新品种、新技术、新工艺、新装备，加快推动畜牧业转型升级。目前，生猪达100千克的体重日龄从170天下降到163天，提高了7天；蛋鸡以前主要依靠引进，现在已能自主培育；奶牛规模养殖平均单产超过8吨，而2008年时只有5吨。

4. 绿色发展成为行业共识

我国畜禽养殖的规模非常大，截至2017年年底畜禽粪污产生量每年达到38亿吨。2016年中央就提出了两化的方向，一个是能源化，一个是肥料化。计划2025年畜禽粪污资源化利用率为80%以上。

（二）畜牧业面临的新形势

（1）现在畜产品已进入消费导向阶段。随着我国居民收入水平的提高和消费升级，精美的产品越来越受欢迎。人们更加关注舌尖上的美味、舌尖上的安全，所以畜牧业由原来最基本功能"保供给"调整为现在的"优供给"。

（2）规模养殖已经成为我国保供给的主力军。《中国奶业质量报告（2018）》显示，2017年中国奶业20强（D20）企业乳制品销售额2000亿元，占全国乳制品销售总额的55%。2022年我国生猪出栏量排名前20的养猪企业合计出栏生猪约为1.68亿头，占全国总量的24%。中国饲料工业协会数据显示，2022年全国年产百万吨以上规模饲料企业集团有36家，合计饲料产量占全国饲料总产量的57.5%。抓规模化的同时，小农户也不能忘。党的十九大报告提出，发展多种形式适度规模经营，培育新型农业经营主体，健全农业社会化服务体系，实现小农户和现代农业发展有机衔接。

（3）资源环境约束趋紧。2014年至今，环保措施一年比一年多，一年比一年严，这是畜牧业面临的新挑战。同时，经营方式也发生了深刻变革。以前是小散户生产，产品流向生鲜市场；现在新型经营主体越来越多，市场化、专业化、组织化、社会化程度大幅度提高，电商和物流非常方便，产销对接更为活跃。

（三）发力畜牧业产业振兴

以往畜牧业的第一作用是保供给，第二是保安全，第三是保生态，现在形势发生了变化，为贯彻落实乡村振兴战略，走出一条畜牧业的产业兴旺之路，应更注重绿色兴牧、质量兴牧和品牌强牧。另外，还需要强化畜牧业质量安全监管。一是从源头开始，把饲料质量安全保障体系建好，推动药物饲料添加剂的减量以及退出，督促企业认真执行饲料添加剂安全使用规范。二是严格监管饲料产品安全，比如实施瘦肉精专项整治等。

目前最基础的工作是加强技术支撑服务，夯实畜牧业发展的基础。具体而言，首先，强化形势分析和监测预警，把形势分析透、把握好，更好地服务宏观调控和生态发展。其次，加强畜牧业信息化建设，所有的生产、所有的监管都和信息化有关，未来要搭建一个信息化平台，直联直报，剔除统计水分，在信息化平台上推进相关任务。

三、渔业

从"十三五"起，我国开始推进渔业供给侧结构性改革，加快渔业转方式、调结构，以建设现代渔业。按照养殖业提质增效、捕捞业压减产能、远洋渔业拓展、一二三产业融合发展的方针，引领渔业转型升级。首先，我国内陆地区要大力推广循环水养殖等节能减排、环境友好的方式，而沿海地区要利用海洋资源发展碳汇渔业和深海围网建设。其次，要推进鱼塘生态养殖，严厉整治乱使用药物等行为。最后，政府要加大支持的力度，规范渔业的发展，增强我国渔业的竞争力。

四、农产品加工业

引导加工企业向主产区、优势产区、产业园区集中，在优势农产品产地打造食品加工产业集群。首先，要加快发展农产品产业，加快农产品加工业技术创新与改造，开发拥有自主知识产权的加工设备，政府应鼓励企业内部设置研发部，根据市场需求研发新产品。其次，要推进发展绿色加工体系，加强国家农产品加工技术研发体系的建设，建造一批农产品加工技术集成基地，提倡支持发展绿色加工厂，倡导低碳、低耗、高效以及循环的绿色加工体系，对加工设备进行改造，使用节能、高效、环保的技术设备。通过支持开展农产品生产加工、综合利用关键技术研究与示范，推动初加工、精深加工，实现农产品多层次、多环节转化增值。

五、乡村旅游业

近年来，随着人民生活水平的提高，全国各地乡村旅游建设如火如荼，乡村旅游发展已经成为农村发展、农业转型、农民致富的重要渠道。党的十九大报告提出的乡村振兴战略无疑成为乡村旅游发展的又一剂催化剂，乡村旅游业将会有更大作为、更大担当。旅游产业的发展为乡村带来了新的发展机遇，让"乡村"以"旅游"的方式再次跃入人们的视野。

（一）乡村旅游基本类型

1. 观光型乡村旅游

观光型乡村旅游主要是以绿色景观和田园风光为主题。观光型乡村旅游要想具有长久的生命力，必须突出当地的特色，需要充分利用当地独特的旅游资源优势打造特色产品。主要类型：观光农园、观光牧场、观光渔村、观光鸟园、乡村公园、绿色生态游等。

2. 体验型乡村旅游

体验型乡村旅游主要是指在特定的乡村环境中，以体验乡村生活和农业生产为主要形式的旅游活动，同当地人共同参与农事活动、共同游戏娱乐等，借以体验乡村生活或农业生产的过程与乐趣，并在体验的过程中获得知识、修养身心。主要类型：酒庄旅游、"做一日乡村人"、人工林场、林果采摘园等。

3. 休闲度假型乡村旅游

休闲度假型乡村旅游主要是依托优美的乡野风景、舒适怡人的清新空气、独特的地热温泉、环保生态的绿色空间，结合周围的田园景观和民俗文化，兴建一些休闲娱乐设施，为游客提供休憩、度假、娱乐、餐饮、健身等服务。主要类型：休闲度假村、休闲农庄、乡村酒店、特色民宿等。

4. 时尚运动型乡村旅游

时尚运动型乡村旅游是一种全新、独特的乡村旅游形式，它以乡村性为基础，是乡村性与前沿性、时尚性和探索性相结合的新兴乡村旅游。主要面向白领、自由职业者等年轻的创新型人群。主要类型：溯溪、漂流、定向越野、野外拓展等。

5. 健康疗养型乡村旅游

随着旅游者越来越关注旅游产品的医疗保健功能，国内外许多乡村旅游目的地有针对性地强化了健康疗养型乡村旅游的医疗保健功能，开发诸如温泉、体检、按摩、理疗等与健康相关的项目。健康疗养型乡村旅游主要产品有森林浴、日光浴、温泉等。

6. 科普教育型乡村旅游

科普教育型乡村旅游主要是利用农业观光园、农业科技生态园、农业产品展览馆、农业博览园或博物馆，为游客提供了解农业历史、学习农业技术、增长农业知识的旅游活动。主要类型：农业科技教育基地、观光休闲教育农业园、少儿教育农业基地、农业博览园。

7. 民俗文化型乡村旅游

民俗文化型乡村旅游主要以乡村民俗、乡村民族风情以及传统文化为主题，展示特定民俗文化、民族文化及乡土文化。主要类型：民俗文化村、农业文化区、村落民居、遗产廊道、乡村博物馆、传统村落等。

（二）乡村旅游基本特点

1. 乡村性

活动区域及活动对象的乡村性充分体现了乡风民俗和泥土气息。无论是美丽的自然风光，还是各具特色的民俗风情，抑或是味道迥然的土家菜肴、风格各异的民居建筑以及充满情趣的传统劳作，都具有城镇所缺乏的优势和特色，为游客提供了返璞归真、重返自然的机会。

2. 旅游资源的多样性

乡村旅游资源包含各种多样的自然景观、人文景观、传统文化、农业文明等物质文化资源和非物质文化资源，还表现出地域多样性和时序多样性特征。

3. 慢节奏

对于生活在工作压力大、高度商业化的大都市的居民而言，乡村缓慢的生活节奏可以让人放松身心。

4. 低消费

乡村旅游是农民基于农业资源开展的经营活动，不用进行大量的投资就可投入使用且能获得经济收益，属于投资少又见效快的旅游方式。正因为成本较低，游客在消费时所支出的费用也相对较低，无论是住宿、餐饮还是交通，都比城市旅游的开支低得多。

（三）乡村旅游发展现状

1. 业态类型不断丰富

2017年，《农业部关于公布2017年全国休闲农业和乡村旅游示范县（市、区）的通知》印发，指出休闲农业和乡村旅游是现代农业和现代旅游业的新业态，是推动乡村经济发展的新动能。发展休闲农业和乡村旅游对于推动农业供给侧结构性改革，培育新型农业经营主体，推进乡村一二三产业融合发展，促进农业增效、农民增收、乡村增绿，满足人民日益增长的美好生活需要，具有十分重大的意义和作用。

2020年6月29日，农业农村部部长韩长赋主持召开部常务会议，会议审议并原则通过《全国乡村产业发展规划（2020—2025年）》。会议上提出并认定388个生态环境优、产业优势大、发展势头好、示范带动能力强的示范县（市、区），710个中国美丽休闲乡村。为城乡居民提供了望山看水忆乡愁的休闲旅游好去处。

2. 产业规模日益壮大

随着乡村振兴战略的全面实施，在希望的田野上必将谱写农村、农业、农民"三农"工作的崭新诗篇，让农村更加美丽、农业更加兴旺、农民更加富庶、生活更加幸福。多年来的实践证明，发展乡村旅游是实现乡村振兴的重要力量、重要途径、重要引擎。在乡村振兴的新时代，乡村旅游要有新作为、大作为。

在全国旅游业快速发展的大背景下，我国乡村旅游这一新的旅游形式也被越来越多人青睐。目前，休闲农业和乡村旅游已从零星分布向集群分布转变，空间布局从城市郊区和景区周边向更多适宜发展的区域拓展。数据显示，2012—2018年我国休闲农业与乡村旅游人次不断增加，从2012年的7.2亿人次增至2017年的28亿人次，年均复合增长率高达31.2%，增长十分迅速，如图6.2所示。

2012—2018年我国休闲农业与乡村旅游收入增长十分迅速。其中，2013年、2015年、2016年休闲农业和乡村旅游收入占乡村生产总值的比例都超30%。2017年休闲农业和乡村旅游收入达到了7400亿元。2018年，休闲农业和乡村旅游收入超过8000亿元（图6.3）。随着生活水平的提高，人们越发追求精神享受，回归自然，这无疑会进一步促进乡村旅游的发展。

图6.2　2012—2018年我国休闲农业和乡村旅游接待人次统计

图6.3　2012—2018年我国休闲农业与乡村旅游收入统计（单位：元）

3. 带动效应日益增强

（1）乡村旅游有利于乡村产业融合。

在乡村振兴中，实现产业兴旺是重点。在产业发展过程中，产业融合是方向。乡村产业融合以农业为依托，采取产业联动、技术渗透、产业集聚等方式，把资源、资本等要素整合起来，使农业生产加工、销售、服务等有机结合，达到延长产业链、提高效益、增加收入的目的，促进乡村一二三产业融合发展。

产业融合是提升农业发展质量、实现产业兴旺、培育乡村发展新动能、推动乡村振兴的主要路径。乡村旅游正是产业融合的产物，是在充分尊重农业产业功能的基础上，对乡村资源进行合理开发，利用乡村独特的自然风光、人文环境等吸引游客消费的一种新型产业形态。在乡村产业发展过程中，乡村旅游可以依托乡村丰富的农业资源、浓厚的农业文化、优美的田园风光，与乡村其他产业融合发展，这对优化乡村产业布局、调整乡村产业结构、促进农业产业转型、延伸农业产业链、促进乡村产业兴旺有重要作用。

（2）乡村旅游有利于保护乡村生态环境。

生活在城市中的人渴望乡村的青山秀水，向往乡村的田园生活，人们的消费诉求成为乡村旅游发展的原动力。乡村优美的自然风光、恬静的人居环境是乡村旅游可持续发展的重要基础，如果没有良好的生态环境，乡村旅游就会成为无源之水、无本之木。因此，开发乡村旅游资源时，应重点关注对乡村自然生态环境的原生态保护，使"绿水青山就是金山银山"的环保理念深入人心。从这一层面上讲，发展乡村旅游业有利于保护生态环境，因为乡村地区拥有了优美的自然风光，才能吸引更多游客。

（3）乡村旅游有助于促进乡风文明。

文化是乡村旅游的灵魂所在，乡村物质文化资源和精神文化资源是人们体验乡村生活、感受乡村魅力的重要载体，是吸引游客到乡村旅游的重要因素。通过调查发现，当前乡村旅游的发展往往着眼于当地独特的民俗民风、古建筑等，通过创意策划打造各种能够让游客观赏体验的旅游项目。在这个过程中，乡村的传统文化能够得到充分挖掘，有利于对其进行保护，唤起人们对乡村人文资源的保护意识，推进乡风文明建设。

（4）乡村旅游有助于推动乡村有效治理。

最初的乡村旅游多是农户单独经营，随着乡村旅游的发展，逐渐出现了产业化趋势。在这个发展过程中，为引导乡村旅游规范、有序竞争，促进其健康发展，政府、企业、基层党组织、农户等充分发挥了自身在乡村治理中的作用。政府和基层党组织的治理能力得到了提升、社会组织得到了培育、村民的民主意识得到了唤醒。同时，乡村治理结构不断优化，形成了政府主导、村民自治、多中心治理的治理格局。

（四）乡村旅游发展举措

通过以下三项举措，助力乡村旅游发展。

（1）充分利用田园景观、自然生态等资源条件的优势，结合农林渔业的生产经营活动、乡村的乡土文化以及农家乐的生活，为广大的人民群众提供休闲娱乐体验，增加人民群众对乡村生活的体验与了解。首先，发挥乡村各类物质文化资源与非物质文化资源的独特优势，利用"旅游+"等模式，推进旅游业与农业等产业深度融合。其次，丰富乡村旅游业态和产品，打造各类主题乡村旅游目的地

和精品线路，发展富有乡村特色的民宿和养生养老基地。

（2）通过乡村旅游增加农民收入，带动传统产业的发展，推动一二三产业的融合。首先，乡村旅游推动传统农业的发展，让农产品商品化，培育地方特色农产品，打造具有地方特色的旅游品牌，让农特产品成为旅游产品，通过电子商务平台，让乡村生态产品以全新的方式走进大众的视野，增加农产品的附加值。其次，让农业资源旅游化，利用乡村的田园风光和山水景观，发展创意农业，将旅游与休闲相结合，体现"住农家屋、吃农家饭、干农家活、享农家乐"的农家味道。最后，鼓励全民创业，把村民的利益绑在一条生产链上，支持乡村集体办理乡村旅游合作社或旅游企业，对优势项目进行股份化管理，使乡村旅游形成规模。

（3）发展多元乡村旅游模式。乡村旅游是乡村振兴的一条有效路径，必须要抓住机遇，大力推动旅游业的发展，依托农业主体产业，延伸农业的生产功能以及配套服务设施，使自然风光和乡村产业生产融合，打造一批美丽田园，提高农业的综合效益。首先，促使老百姓以现有资源参与乡村旅游发展，通过乡村产权流转、入股获得租金分红、经营土特产等方式，分享旅游经济红利。其次，让老百姓回归自己的家乡，投入乡村旅游建设中，利用田园风光与绿色景观等生态环境为广大人民群众提供乡村生产、生活休闲体验，通过发展"农家乐园、花果人家、生态鱼庄、养生山庄、创意文苑"的旅游产业新模式取得收益。此外，要利用乡村秀丽的自然风光、深厚的文化底蕴、浓郁的人文风情，通过"旅游+大农业""旅游+文化""旅游+康养""旅游+智慧"等产业模式，形成全方位、多层次的乡村旅游发展新格局。最后，要促进乡村旅游发展带动就业，让老百姓可以通过就近务工等方式直接增加收入。

第三节　乡村产业融合发展

一、乡村产业融合的含义

乡村产业融合发展是实现产业兴旺、乡村振兴的有效途径。乡村产业融合是指以农业为基础，以利益联动机制为重点，通过制度创新、技术创新和要素集聚，打破行业间产业分离的状态，将农业、工业和服务业有机融合，提升一二三产业关联度，最终实现农业产业链延伸、农业产值增加和农民收入增加、农业多功能性充分发挥的产业发展模式。

乡村产业融合发展是市场经济发展的产物，推进农业供给侧结构性改革和乡村一二三产业融合发展，不仅促进农业增效、农民增收和农村繁荣，为国民经济持续健康发展和全面建成小康社会提供重要支撑，而且是拓宽农民增收渠道、构建现代农业产业体系的重要举措，是加快转变农业发展方式、形成城乡一体化发展新格局、探索中国特色农业现代化道路的必然要求。《国务院办公厅关于推进农村一二三产业融合发展的指导意见》指出，推进乡村产业融合的基本原则是"坚持和完善农村基本经营制度""尊重农民意愿""坚持市场导向""坚持改革创新""坚持农业现代化与新型城镇化相衔接"。目前，乡村产业融合发展水平已显著提高，基本形成了产业链完整、功能多样、形式丰富、利益联系紧密、产城融合更加协调的新格局。

二、乡村产业融合的主要方式

（一）优化乡村产业体系

建设适应现代化经济发展要求的乡村产业体系是实现乡村产业兴旺的经济基础，也是实现乡村全面振兴的关键所在。2018年3月8日，习近平总书记在参加十三届全国人大一次会议山东代表团审议时强调，要推动乡村产业振兴，紧紧围绕发展现代农业，围绕农村一二三产业融合发展，构建乡村产业体系。根据乡村产业体系的基本内涵，应从种植业、畜牧业以及渔业等各方面优化乡村产业体系，对种养业、加工业以及乡村服务业实行供给侧结构性改革，提高供给质量，增加乡村生态产品和服务供给。

1. 优化种养业

优化乡村种养结构，最重要的还是促进种植业、渔业和畜牧业内部融合，要推进乡村种养结合、农牧结合、农林结合，推动发展高效、生态、循环种养模式。一方面，可以促进农业资源的节约利用、循环利用和可持续利用；另一方面，可以促进形成农业内部各要素紧密协作和联动发展的格局，同时，实现生态循环发展，节约生产成本。

2. 推进乡村工业化

走新型工业化道路，用信息化、产业化促进乡村工业化，用乡村工业化带动农业现代化，加快一二三产业融合。高效利用现有资源，充分运用先进科技，大幅提高劳动生产率和整体效益。

3. 引进乡村服务业

一边是市场化浪潮从工业渗透到农业、从城镇蔓延到乡村，市场所倡导的专业分工理念为社会各界广泛接受；另一边是集体经济组织日益涣散、职能弱化，农民组织化程度依然很低，而且大量农民外出务工，农业副业化、老龄化和乡村"空心化"严重。时代的变化，让小农户的生产、生活正在经历重要转型。谁来为大批兼业的小农户提供生产、生活服务，成为一个亟待解决的问题。需大力发展农业农村服务业，以服务的专业化解决小农户一家一户干不了、干不好、干起来不划算的问题，推动农业农村的现代化和乡村振兴。

（1）农业生产性服务业。

国际经验表明，农业的根本出路在于发展农业生产性服务业。发展农业生产性服务业是解决农业劳动力非农化、老龄化的重要手段，也是推进农业现代化的重要抓手。农业生产性服务业也称农业服务业、面向农业的生产性服务业，作为现代农业产业体系的重要组成部分，其主要通过提供农业生产性服务为农业提供中间投入，为科技、信息、资金、人才等有效植入农业产业链提供途径，为提高农业作业效率和农业产业链的协调性、促进农产品供求衔接、提升农业价值提供支撑。

（2）乡村生活性服务业。

随着农民收入水平的提高和乡村人口老龄化的加剧，包括乡村休闲养老、乡村婚丧嫁娶、乡村快递等在内的针对乡村居民的乡村生活性服务业日益繁荣。比如，宁夏平罗县结合乡村承包地、宅基地和房屋有偿退出和改革，在村里建起了养老院，搞起了养老产业。老年农民可以凭借土地退出补偿、土地流转收益等支付养老费用，入住乡村养老院。山东东平县在推行集体资源资产股份合作制的同时，利用集体资源资产出租、入股收益和政府扶贫专项资金，通过年轻人帮助老年人这种"互助养老"模式，在乡村发展养老产业。在很多地方，乡村的婚丧嫁娶已经交由专门的红白喜事服务队来完成，农户只需要按标准付费，摆酒席、出殡等事务都不需要花费心思。在浙江、安徽、河南等地，还出现了专门用于供放骨灰的安息堂，在缴纳一定费用后，亲属骨灰可以长期存放其中。

（二）培育新产业、新业态

党的十九大报告指出，"我国社会主要矛盾已经转化为人民日益增长的美好生活需要和不平衡不充分的发展之间的矛盾"。乡村振兴促进了乡村经济跨越式发展，使村民得到物质上的满足，但是精神也必须跟上经济发展的脚步。推进乡村一二三产业融合发展，必须充分挖掘乡村自然资源、生态环境、民俗文化和特色产业的优势，打造乡村旅游景观，发展农耕体验、户外拓展等农业旅游的新产业、新业态。新产业、新业态是现代生产技术及管理要素与产业深度融合、创新的产物，通过要素聚合、叠加衍生和交互作用生成新的经济形态，创造出新产品、新服务供给和增量效益。要充分发挥乡村自然资源、生态环境、民俗文化和特色产业等的优势，培育壮大新产业、新业态，为农村经济发展、农业转型升级和农民创业增收注入持久活力。

1. 大力发展乡村休闲观光农业

休闲观光农业是农业发展的一种新型形态，是以农业和旅游资源为开发对象，结合农业旅游发展规律与特征，开发具有农业特色的旅游资源与产品。

2. 打造智慧农业

智慧农业是农业中的智慧经济，或是智慧经济形态在农业中的具体表现。智慧农业集移动互联网、云计算和物联网技术于一体，依托农业生产现场的各种传感节点和无线通信网络，实现农业生产环境的智能感知、智能预警、智能决策、智能分析、专家在线指导，使得精准化种植、可视化管理、智能化决策成为可能，从而使农业生产具有"智慧"。智慧农业应重点对农业生产经营和管理活动进行改造，使之呈现新业态。对于发展中国家而言，智慧农业是智慧经济的主要组成部分，是发展中国家消除贫困、实现后发优势、经济发展后来居上、实现赶超的主要途径。

打造智慧农业的途径如图6.4所示。

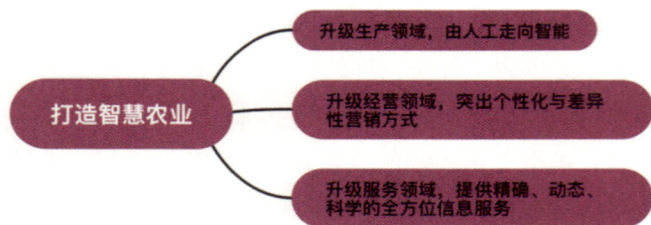

图6.4　打造智慧农业的途径

3. 发展创意农业

创意农业起源于20世纪90年代后期，是指有效地将科技和人文要素融入农业生产，进一步拓展农业功能、整合资源，把传统农业发展为融生产、生活、生态为一体的现代农业。要拓展农业的多种功能，需培养提升农产品附加值的农业新业态。要将创意农业作为农业战略性发展中新兴产业进行培育，实现农业发展方式的转变，传承农业文化，挖掘新的农业文化，促进人类社会文明的发展。

（三）打造新载体、新模式

近年来，我国一二三产业融合发展的趋势日趋明显，各地的探索和实践也不断深入。这其中，一些新载体和新模式发挥的作用日益显著。全国农业产业融合发展的"园区"队伍正在不断壮大，农业产业园、农业科技园、农产品加工园等在各地陆续建设起来并发挥作用。在搭建新平台的同时，特色村镇、农业产业化联合体以及农产品电商等平台应运而生，改变着全国农业的面貌。

1. 推进农产品电商发展

农产品电商是在农产品生产、销售、管理等环节全面导入电子商务系统，利用信息技术，收集发布供求、价格等信息，并以网络为媒介，依托农产品生产基地与物流配送系统，促进新型农业经营主体、加工流通企业与电商企业全面对接融合，推动线上线下互动发展。农产品电商须让顾客获得良好的购物体验，才能迎来持续消费及带动相关消费群体消费。近年来，我国农产品电商进入高速发展阶段，农产品网络零售商增加，交易种类日益丰富，农业生产资料、休闲农业及民宿旅游电子商务平台和模式大量涌现。

2. 培育宜居宜业特色村镇

要培育宜居宜业特色村镇，围绕有基础、有特色、有潜力的产业，建设一批农业文化旅游"三位一体"、生产生活生态同步改善、一二三产业深度融合的特色村镇。首先，要加强特色村镇的基础设施、公共服务、生态环境以及产业建设，打造"一村一品"升级版。其次，要鼓励有条件的乡村以农民合作社为载体，积极发展集循环农业及创意农业于一体的田园综合体。最后，国家可以先行开发几个富有特色的村镇作为试点示范，在试点村镇深入实施乡村产业融合发展试点示范工程，建设一批农业、工业、服务业融合发展的示范园。

特色村镇是发达国家乡村振兴的主要模式，近年来，也成为中国乡村产业升级的重要模式之一。《国家发展改革委办公厅关于建立特色小镇和特色小城镇高质量发展机制的通知》指出："立足各地区比较优势，全面优化营商环境，引导企业扩大有效投资，发展特色小镇投资运营商，打造宜业宜居宜游的特色小镇和特色小城镇，培育供给侧小镇经济。"

3. 推广农业产业化联合体

农业产业化联合体是龙头企业、农民合作社和家庭农场等新型农业经营主体以分工协作为前提，以规模经营为依托，以利益联结为纽带的一体化农业经营组织联盟。一方面，各成员保持产权关系不变，开展独立经营，在平等、自愿、互惠互利的基础上，通过签订合同、协议或制定章程，形成紧密型农业经营组织联盟，实现一体化发展。另一方面，各成员之间以及与普通农户之间建立稳定的利益联结机制，促进土地流转型、服务带动型等多种形式规模经营协调发展，提高产品质量和附加值，实现全产业链增值增效，让农民有更多获得感。

三、完善乡村公共服务设施和基础设施

完善乡村公共服务设施和基础设施，实现乡村生态宜居是乡村振兴的关键。乡村公共服务设施包括乡村教育设施、医疗卫生设施、文化体育设施、社会福利设施、防灾减灾设施。乡村基础设施主要包括生活类基础设施、生态类基础设施和生产类基础设施。基础设施的完善要以居民的生产、生活为根本。完善的乡村公共服务设施和基础设施形成了乡村发展的基本架构，进而形成乡村发展体系。

（一）乡村公共服务设施建设

按政府主导、多方参与的思路，进一步加大政府提供乡村公共服务的力度，把乡村公共服务供给主体分为政府、村自治组织、市场三个，同时明确组织实施办法。针对乡村公共服务受益的地域性和特殊性，结合不同类别乡村的人口规模和经济条件，按照统筹推进"三个集中"的原则，以节约资源、信息共享为重点，整合村级公共服务和社会管理场所、设施等资源，统一规划、优化功能，集中投入，统筹建设政务服务中心、村级活动中心等公共服务平台，实行公共服务设施的合理布局、全面覆盖，并逐步形成一套契合乡村居民生产、生活方式且符合城乡一体化建设要求的乡村公共服务体系。

（二）乡村基础设施建设

乡村基础设施大致可分为生产类、生活类、生态类三类。生产类基础设施以农田水利设施为代表，根据农业发展需求，需加大资金投入，逐步建立农业产业化标准；生活类基础设施以交通设施、电力设施、生活污水收集管网、污水处理设施、无害化卫生厕所设施等生活配套设施为主，既要考虑乡村居民生产、生活的实际需要，还要根据产业融合发展等要素规模配置基础设施资源；生态类基础设施建设，要全面推进乡村清洁工程、污水治理工程，建立健全乡村居民自我管理机制、清扫清运机制、经费保障机制等长效机制，切实改善乡村人居环境。

第七章 乡村生态保护

第一节 乡村生态保护概述

一、相关概念

（一）生态

"生态"一词自古有之，具有丰富的含义。如《东周列国志》形容女子"目如秋水，脸似桃花，长短适中，举动生态"。在这里，"生态"指的是显露美好姿态。唐代杜甫的《晓发公安》有"邻鸡野哭如昨日，物色生态能几时"句，其中的"生态"又指生动。与古代的"生态"不同，我们今天频繁使用的"生态"一词，源于古希腊语，指"住所""栖息地"。演变至今，生态通常指一切生物的生存发展状态，不仅包括生物之间的相互联系，也涉及生物与周围环境的相互作用关系。此外，也可指生物的生理特性和生活习性。1866年，德国生物学家海克尔首次提出生态学的概念，生态学即研究动植物之间、动植物与环境之间及其对生态系统的影响的一门学科。1895年，日本将英文"ecology"译为"生态学"。后来"生态"一词被引入我国。

（二）生态空间

生态空间是指以提供生态服务和生态产品为主的地域空间，具有水土保持、气候调节、维持生物多样性等多种功能，包括生态公益林、自然保留地和水域。生产空间是指以土地为载体进行物质供给、基础生产以及间接生产的地域空间，具有食物供给、原材料供给、能源供给等多种功能，包括耕地、园地和商品林等。县域生态规划的重点在于构建乡村环境建设的三大圈层——生活环境圈、生产环境圈、生态环境圈（图7.1）。

在不同的区域空间范围内，生产、生活、生态空间所包含的用地内容是不同的。在城市区域，生产空间主要是指工业、物流仓储、公用设施、商务、教育科研办公等用地；生活空间主要是指居住及生活服务设施等用地；生态空间主要是指公园、自然保护区及其他非城镇建设用地等。而在乡村区域，生产空间主要是指农业生产所涉及的农林用地；生活空间主要是指乡村居民点用地；生态空间则是自然保护区、生态林地及其他非建设区域等。

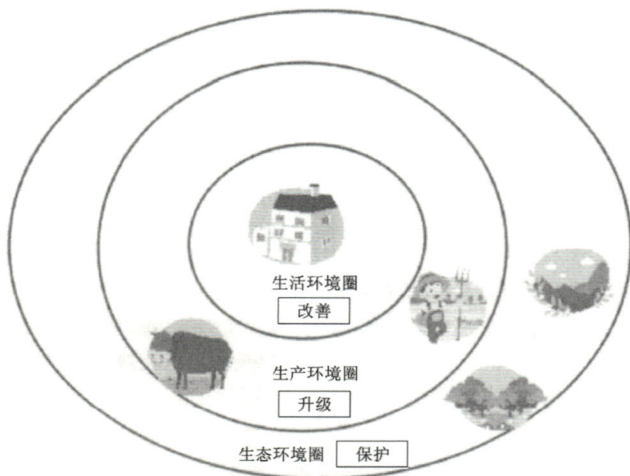

图7.1 生态、生产、生活三大圈关系示意图

（三）生态农村

生态农村是指运用生态学与生态经济学原理，遵循可持续发展原则，通过乡村生态系统结构调整与功能整合，乡村生态文化建设与生态产业发展，实现乡村社会经济稳定发展与乡村生态环境有效保护的一个系统。

（四）环境承载力

环境承载力就是指在某一时期，某种环境状态下，某一区域环境对人类社会经济活动的支持能力的阈值。生态环境是人类生存和发展的基础，不仅提供了生活空间和物质能量，并且在一定范围内可以容纳、消化一定的废弃物。生态环境与人类社会经济活动之间存在一系列的相互作用，由于生态环境在某一时期、某种状态下会有一个容纳支撑人类社会经济活动的最大容量,当人类在一定范围内进行社会经济活动时,生态环境能够自我消化调节,继续支持人类社会经济活动。但是,若人类社会经济活动超出了环境承载最大容量,就会产生各类环境问题,如资源的稀缺、环境的污染等,反过来会限制人类的社会经济活动。目前,工业品的生产和废弃、人口的激增等对生态环境造成了很大的负担,超出环境承载力极限,大多数生态环境问题就此诞生。我国经济发展起步较晚,开展现代化建设经验不足,经济建设初期为了提高生产力,耗费了不少生态资源,对环境保护问题不够重视,许多地区存在环境污染问题。乡村地区也不例外,化肥农药的使用、工业污染的转移、生活垃圾污水的产生等,对乡村生产、生活、资源环境提出了挑战。环境承载力理论为人类保护生态环境提供了理论基础和科学依据,乡村生态振兴势在必行。

（五）乡村生态保护

乡村生态保护是指对乡村区域内的生态系统进行保护。关于生态保护的内涵,不同学科有着不同的定义,目前学术界尚未有统一的界定。总的来看,有部分学者认为生态等同于自然环境,是土地、水、生物、气候等各类自然资源的总称,即各类自然要素的总和,生态保护即保护各类自然要素;也有部分学者认为,生态是影响所有生物体生存和发展的各类要素总和,既包括自然要素又包括人文环境等非自然要素,生态保护既指保护自然要素又指保护非自然要素。

二、乡村生态保护的意义

（一）促进乡村振兴战略的实施

2018年中央一号文件指出,"乡村振兴,生态宜居是关键"。良好生态环境是乡村的最大优势和宝贵财富。乡村生态振兴更是乡村振兴的重要举措,乡村生态保护改善农民的生活环境,为生态宜居做好铺垫,助力乡村振兴战略的实施。

（二）推进乡村生态环境发展

自习近平总书记提出加强生态文明建设以来,我国生态环境保护逐渐形成了系统的体系,而生态宜居美丽乡村的提出,更是在生态文明建设的基础上,以实践丰富了生态思想体系,在改善民生、实现农业农村优先发展方面,具有很强的实践性和可操作性,为全球乡村地区发展提供行之有效的"中国方案"。另外,普及乡村地区的生态教育,定期对居民宣讲生态知识以及破坏生态的后果等,可引导居民形成生态保护意识。

第二节 乡村生态现状与问题

2018年5月,习近平总书记在全国生态环境保护大会上指出,"用最严格制度最严密法治保护生态环境",加强体制、机制建设,解决乡村比较突出的环境问题。并且要"建立健全以生态价值观念为准则的生态文化体系",发掘优秀生态文化,激发乡村居民保护生态环境的动力,树立正确生态价值观,形成自主环境保护意识。2018年9月,中共中央、国务院印发《乡村振兴战略规划(2018—2022年)》,提出:"乡村是生态涵养的主体区,生态是乡村最大的发展优势。"需要发挥乡村生态环境的优势,不断推进乡村生态经济建设。要"加强乡村生态保护",修复山水林田湖等重点污染区域,解决环境污染重点方面的重点问题。虽然我国生态环境建设取得了丰硕成果,但是乡村生态环境保护面临的问题依旧严峻,乡村居民渴望生态宜居的乡村环境。乡村振兴不能没有美丽的生态环境,乡村生态环境优美则乡村兴旺。乡村生态环境保护以绿色生态为导向，实现乡村可持续发展。

一、生态系统现状

（1）生态保护与修复现状：近年来，我国政府加大了对乡村生态环境保护和修复的力度。实施了一系列政策措施，推动了生态建设，退耕还林、还草，加大水土保持力度，加强湿地保护等，取得了一定成效。

（2）生物多样性保护现状：乡村地区的生物是乡村生态环境的重要组成部分，但目前受到城镇化、农业现代化等因素的影响，生物多样性受到了一定程度的破坏。因此，需要加强对乡村地区生物多样性的保护与恢复，维护乡村生态的完整性和稳定性。

总体而言，我国乡村生态环境虽然面临挑战，但政府和社会已开始广泛关注乡村生态环境，并已开始为改善乡村生态环境而努力。保护和改善乡村生态环境是一个长期而复杂的过程，需要综合施策，多方合力，以实现乡村的绿色发展和助力生态文明建设。

二、生态系统问题

（一）环境污染问题

我国在进行工业化和城镇化建设的初期，只注重经济增长，而没有注重对生态环境进行保护，导致生态环境不断恶化，环境污染问题严重影响了人们的生活。同时，我国不同地区环境污染程度也存在较大的差异，其中平原和沿海一些乡村的环境污染情况较为严重，虽然目前正在对乡村环境污染进行治理，并取得了一些成效，但仍面临巨大挑战。

1. 农业面源污染

近几年，由于养殖业从分散的农户养殖转向集约化、规模化养殖，禽兽粪便污染量大幅度增加，成为一个重要的污染源。而很少有规模化养殖场能对污染物进行正规和标准的处理。养殖业的快速发展已对乡村环境造成很大的负面影响，这成为农牧生产中亟须解决的问题之一。

此外，每年一到秋收后播种前，为了抓时抢种，农民往往就在田间地头、路旁火烧秸秆，烟尘滚滚，不仅浪费了资源，破坏了土壤结构，也污染了环境。

2. 生活污染

由于很多行政村没有垃圾池，加上村民环保意识差，乡村生活环境"脏乱差"现象严重。柴草乱堆、污水乱流、粪土乱丢、垃圾乱倒、杂物乱放等问题普遍存在，不仅影响村容村貌，还对大气、地表水和地下水造成污染。同时，由于乡村天地广阔、管理松散，往往成为城市转移生活垃圾、建筑垃圾、有毒有害工业垃圾、医疗卫生垃圾的选择地，乡村公共卫生环境日趋恶化。

另外，乡镇加大了招商引资的力度，基于优先发展经济的考虑或因把关不严等引进了一些污染型企业，其中只有部分企业能做到污染物达标排放，相当一部分企业是在或明或暗地排放污水、废气，工业生产排放的污染物总量日趋增多，造成乡村环境质量下降。

（二）乡村生态产品问题

目前，我国乡村产业生态化基础不足，生态产品的附加值较低，农民不能完全依靠生态产品实现增收；由于尚未出台统一的生态产品价值核算方法，且相关数据收集标准不统一，难以形成一套科学的生态产品价值核算标准；乡村产权流转交易体系仍不健全，评估、担保、经纪中介等配套社会服务尚不完善。

1. 价值实现缺乏可行的市场化手段

生态产品包括供给服务产品、调节服务产品和文化服务产品。相对于部分被纳入商品市场体系的供给服务和文化服务，调节服务由于其纯公共物品的特性，在价值实现方面缺乏有效的市场化手段。而恰恰是调节服务在生态系统的服务价值中所占的比重更大。

目前，调节服务的价值实现途径主要为政府购买，即生态补偿。而纵向的生态补偿多针对生态产品的生产成本，对生态产品增值方面补偿不多，金额偏低。横向的生态补偿目前在新安江流域、赤水河流域等地取得了一系列成功经验，但多数地区省际乃至市际横向生态补偿工作仍面临重重困难。虚拟市场交易中"碳汇交易"机制较为成熟，但目前碳市场的整体流动性较差，碳汇的需求量并不大。

2. 缺乏生态保护的辩证认识

一方面，个别地区和企业在生态产品价值实现方面急功近利，对当地生态环境造成严重威胁，影响当地的长远发展。另一方面，部分政策在制订或落实过程中存在"一刀切"的现象，对于一些影响有限、可持续的生态产品生产和生态产业发展方式未给予足够的宽容和重视。

3. 缺乏统一的评价标准和价值测算方法

目前，生态产品的具体范围是什么，哪些途径可以实现生态产品价值并没有明确。如对于农牧产品是否属于生态产品，不同的政策出发点和侧重点不同，有着不同的解读。同时，相关生态产品价值测算方法仍存在一定的局限性，尚未形成各方认可的统一标准，且由于数值较大常常难以真正用于实操层面。

4. 土地资源短缺制约乡村生态产品价值实现

乡村是生态产品产出的重要区域，发展生态旅游和生态农产品加工，推动第一、第二、第三产业

有效结合是乡村生态产品价值实现的重要途径。然而，目前乡村易地搬迁和土地整理后增加的建设用地通常会通过"城乡建设用地增减挂钩"的方式，用于城市建设用地。该方式虽然有着较好的扶贫意义，但使得乡村建设用地同样紧缺，影响了第一、第二、第三产业的有效结合。点状供地政策可在一定程度上解决上述问题，但目前缺乏有效的实施细则。

（三）乡村生态保护意识相对薄弱

1. 基层政府及党组织生态保护引导意识相对薄弱

基层政府与乡村党组织对生态治理认知不足，没有建立起充分的生态保护意识。生态治理与传统的经济发展要求存在诸多冲突。政府部门普遍重城市轻乡村、重经济轻生态，这本身就给乡村生态治理造成了一定的障碍。部分基层政府对于乡村生态治理不够重视，以敷衍的态度去应对上级政府要求的生态治理指标，没有建立起相应的成效考核制度，对于乡村生态状况缺乏了解，在开展工作时缺乏事先科学规划，对于工作进程也没有尽心跟进，只向当地经济产值看齐，对当地企业和农民经济生产过程中的破坏生态行为视而不见。缺乏对乡村生态治理的引导意识，尚未正视生态保护的重要地位。

2. 农民生态保护主体意识相对薄弱

农民的生态保护意识是乡村生态治理的关键。良好的生态观是指导农民生态实践的行为规范。就目前乡村生态治理陷入瓶颈的状态而言，农民尚未认识到自己在乡村生态治理中的主体地位。随着我国经济的发展，农民受经济利益的驱使，为了提高经济作物的生长速度和产量，在农业生产过程中滥施化肥、农药，对土地和水资源都造成了一定程度的污染。在生活方面，农民为了节约自己的生活成本，仍然使用煤炭、稻草等传统燃料，垃圾亦未分

类处理，缺乏积极进行生态治理的主动性。

3. 企业生态保护责任意识相对薄弱

乡镇企业也是乡村生态治理的重要力量，但是从目前乡镇企业的表现来看，它们仍然缺乏生态治理的责任意识。它们更多以经济效益为首要目标，不惜在生产过程中违反排污规定以节约成本，而未意识到自己对生态环境的破坏行为的不妥之处。当前，畜禽养殖场仍存在严重的污染空气、外排废水等问题。而当地村民对以上问题却并未重视。可见，乡村地区的生态保护意识缺失。

■ 第三节　乡村生态治理

一、乡村生态系统治理概述

乡村生态系统是自然生态系统经过漫长发展而形成的，并随着人类社会生产力水平的提高逐渐演变，是以一定形式的物质与能量交换联系起来的相互制约、相互作用的生命与非生命共同有机体的总称。总结学者对乡村生态系统概念的界定，乡村生态系统是一个以自然为主的半自然、半人工的生态系统，是指乡村区域内由人类、资源、环境因子（包括自然环境、社会环境和经济环境）通过各种生态网络机制而形成的一个自然、社会、经济复合体。它既具有与自然生态系统类似的生态过程和生态功能，又具有鲜明的受人类影响的特性。乡村生态系统有狭义和广义之分。狭义的乡村生态系统围绕乡村聚落而形成，包括聚落周边的农田、水体、山地等一切要素。广义的乡村生态系统是指除城市生态系统以外的广大乡村区域。

2020 年，自然资源部办公厅、财政部办公厅、生态环境部办公厅联合印发《山水林田湖草生态保护修复工程指南（试行）》，全面指导和规范各地山水林田湖草生态保护修复工程实施，推动山水林田湖草一体化保护和修复。"统筹山水林田湖草系统治理，实行最严格的生态环境保护制度"的提出具有重大的理论意义和实践意义。此外，习近平总书记也指出，山水林田湖是一个生命共同体，人的命脉在田，田的命脉在水，水的命脉在山，山的命脉在土，土的命脉在树。生态是统一的自然系统，是各种自然要素相互依存而实现循环的自然链条。要按照自然生态的整体性、系统性及其内在规律，统筹考虑自然生态各要素以及山上山下、地上地下、陆地海洋、流域上下游，进行系统保护。山水林田湖草生态保护修复工程是指按照山水林田湖草的生命共同体理念，依据国土空间总体规划以及国土空间生态保护修复等相关的专项规划，在一定区域范围内，提升生态系统自我恢复能力，增强生态系统稳定性，促进自然生态系统质量的整体改善和生态产品供应能力全面增强。一个区域的生态系统包括森林、草原、湿地、河流、湖泊、滩涂、荒漠等各要素，是多要素的复合生态系统。因此，生态保护修复工程的设计和实施，首先需要摸清各类生态要素在区域复合系统中的作用，进而按照生态学的基本原理，通过优化各类生态要素、生态系统的格局，构建合理的斑块、基质、廊道，在流域、区域范围内进行集成，发挥最大的生态保护效应。山水林田湖草各自然要素之间通过物质运动及能量转移，形成互为依存、互相作用的复杂关系，有机地构成一个生命共同体。对某一要素的破坏常常引起其他要素的连锁反应。生态系统本身具有抗干扰能力、自我恢复能力，但是如果人类社会对生态系统的破坏和干扰超出这一能力，生态系统将发生不可逆转的退化。

二、生态治理原则

（1）生态优先，绿色发展。牢固树立绿水青山就是金山银山理念，按照生态良好的要求，统筹考虑人与自然的关系，依法保护相关权利人的合法权益，推动生态产品价值实现和生态修复产业高质量发展，不断满足人民群众日益增长的对优美生态环境的需求和对优质生态产品的需求。

（2）自然恢复为主，人工修复为辅。保护生物多样性与生态空间多样性，加强区域整体保护和塑造，根据生态系统退化、受损程度和恢复力，合理实施保育保护、自然恢复、辅助再生和生态重建等措施，恢复生态系统结构和功能，增强生态系统稳定性和生态产品供应能力。

（3）统筹规划，有效治理。坚持长远结合，久久为功，按照整体规划、总体规划、分期规划、分级实施的思路，科学确定生态保护修复目标、合理布局项目工程、统筹实施各类工程，协同推进山水林田湖草一体化保护与修复，增强保护修复效果。

（4）问题导向，科学修复。追根溯源，系统梳理隐患和风险，对自然生态系统进行全方位生态问题诊断，提高问题识别和诊断精度。按照国土空间开发保护格局和管制要求，针对生态问题及风险，充分考虑区域自然禀赋，因地制宜开展保护修复，提高修复措施的科学性和针对性。

（5）经济合理，效益最优。按照财力可能、技术可行的原则，优化工程布局时序，对保护修复措施进行适宜性评价和优选，提高工程效率，促进生态系统健康稳定、可持续利用与价值实现，实现生态、社会、经济效益最优。

三、环境污染治理

生态治理的重点是环境污染治理，主要包括3个方面，即农业面源污染治理、生活污染治理、畜禽养殖污染治理。

1. 农业面源污染治理

农业面源污染治理主要从农膜、农药、化肥和畜禽规模养殖4个方面进行防治。

（1）农膜治理。

①实施废旧农膜回收。农膜使用率较高的地区建立农膜回收点，并扶持从事回收废旧农膜的企业，建立村级回收网点和收储站，逐步建立起"企业＋回收网点＋农户"的模式。

②开展农膜残留监测。自2019年开始全国农业生态环境构建监测"一张网"，形成了连续稳定的农田残留农膜污染监测网络，为明确农田农膜残留污染程度和治理提供数据支撑。

③研制并推广生物技术降解农膜。积极筛选符合实际的全生物降解农膜品种。

（2）农药治理。

①加大农药市场准入管理和监管力度。严格审查农药生产及经营场所，严厉打击农药造假行为，确保农药质量。

②发展绿色防控技术，推广生物农药，筛选低毒农药，从源头进行防控。

③开展农药使用培训。主要通过宣传培训，强化农药经营者、使用者合法经营农药和安全合理使用农药的意识。

（3）化肥治理。

推广以有机肥替代化肥、新型肥料替代传统肥料的模式，促进农民科学施肥。

（4）畜禽规模养殖污染治理

畜禽养殖污染是指在畜禽的养殖过程中，畜禽养殖区排放的畜禽养殖污染物对环境造成危害与破坏。畜禽养殖污染主要造成水体和土壤富营养化、重金属超标、大气中有害气体增多等。

畜禽养殖污染治理，是指对发生在畜禽养殖区的生态环境污染进行整治，以改善畜禽养殖地区的环境，从而实现宜居目标。治理方法一般是通过人为改造，以构建畜禽养殖综合体的形式，对养殖区的自然环境、自然资源加以开发利用，并通过一定的手段治理污染，改善畜禽养殖废弃物对生态环境造成的破坏。在畜禽养殖污染治理过程中，既要考虑生态环境保护，又要兼顾畜牧业的良好健康发展，要立足于预防，同时积极治理已经存在的污染，实现恢复畜禽养殖区生态平衡、人与自然和谐相处的目标。

多省已出台相关通知，要求将畜禽养殖污染物进行无害化处理，进行资源化利用，发展循环机制，在田间地头建立储粪池，用畜禽养殖污染物等有机肥代替化肥，实施分区推广模式，推广畜禽粪肥还田、集约型粪肥综合利用，通过发展生态农业保护乡村环境。

2. 生活污染治理

生活污染是人们在日常生活中所产生的固态、液态、气态污染等的总称。所有在日常生活中产生的，对健康的环境具有短暂或持久性破坏的污染物，都是生活污染物，如垃圾等固体污染物、生活污水等液态污染物以及二氧化碳等气态污染物。相对于城市生活污染而言，乡村生活污染由于主体和地域的特殊性而具有不同的特点。具体而言，乡村生活污染具有来源分散、污染物种类多等特点。在乡村，人们已经养成随手丢弃垃圾、随意处理生活污水等习惯，而乡村居民的生活习惯不可能在短时间完全改变。目前，很多乡村已开始通过采取生活污染处理生态化制度来进行生活污染治理。

乡村生活污染处理生态化制度是指依靠先进的科学技术对乡村生活污染物进行绿色无害化处理，循环利用并将其处理流程制度化，以降低生活污染物对乡村环境的损害。该制度所指向的是防止污染扩大化以及污染发生后的补救措施。生活污染物的处理是乡村生活污染防治的重点，解决了生活污染物问题，则防治工作已经成功了大半。所有有关乡村生活污染物处理的技术和方式都是防治工作中可以尝试的。光谈制度不讲技术只能是纸上谈兵，而没有制度保障的技术也不能取得良好的成果，乡村

生活污染处理生态化流程只有上升为制度才能充分发挥其作用。从世界各国污染防治先进经验来看，生活污染处理生态化制度应该主要包含垃圾分类制度、无害化处理制度、循环利用制度等制度。

四、生态修复模式

根据现状调查、生态问题识别与诊断结果、生态保护修复目标与标准等，对各类型生态保护修复单元分别采取保护保育、自然恢复、辅助再生、生态重建等保护修复技术模式。

（1）保护保育。对于代表性自然生态系统和珍稀濒危野生动植物物种及其栖息地，采取建立自然保护地、去除威胁因素、建立生态廊道、就地和迁地保护及繁育珍稀濒危生物物种等途径，保护生态系统完整性，提高生态系统质量，保护生物多样性。

（2）自然恢复。对于轻度受损、恢复力强的生态系统，主要采取切断污染源、禁止不当放牧和过度猎捕、封山育林、保证生态流量等消除胁迫因子的方式，加强保护，促进生态系统自然修复。

（3）辅助再生。对于中度受损的生态系统，结合自然恢复，在消除胁迫因子的基础上，采取改善物理环境，参照本地生态系统引入适宜物种，移除导致生态系统退化的物种等中小强度的人工辅助措施，引导和促进生态系统逐步恢复。

（4）生态重建。对于严重受损的生态系统，要在消除胁迫因子的基础上，从地貌重塑、生境重构、植被和动物区系恢复、生物多样性重组等方面开展生态重建。其中，生境重构的关键是要消除植被（动物）生长的限制性因子，构建适宜当地生态的先锋植物群落，在此基础上不断优化群落结构，促进植物群落正向演替进程；生物多样性重组关键是引进适宜生物以实现生态系统整体食物网构建。

五、生态产品价值实现

2021 年，中共中央办公厅、国务院办公厅印发了《关于建立健全生态产品价值实现机制的意见》（以下简称《意见》），这是习近平总书记提出绿水青山就是金山银山理念 15 年以来，首个将"两山"理论落实到制度安排和实践操作层面的纲领性文件。《意见》设计了"1+6"的制度框架，即一个总体要求加六大机制，构成了生态产品价值实现机制的"四梁八柱"。各地区、各部门要遵循顶层设计，加大推进力度，因地制宜、分类施策，积极、稳妥推进生态产品价值实现工作。

（一）生态产品价值实现要求

1. 统筹处理好生态环境保护和经济发展的关系

生态产品价值实现是一种新的发展模式，必须秉持可持续发展理念，彻底摒弃以牺牲生态环境换取一时的经济增长的做法。绿水青山是实现生态产品价值的前提和基础，没有良好的生态环境，生态产品的供给就无从保障，就更谈不上生态产品价值实现。因此，生态产品价值实现要强化生态环境保护的前提和基础地位，统筹推进山水林田湖草一体化保护和修复，通过保护和修复生态环境不断增加生态产品供给，为生态产品价值实现奠定物质基础。生态产品价值实现要在保障自然生态系统休养生息的前提下，以绿色、循环、低碳的方式进行，协同推动生态环境保护和经济社会发展，合理挖掘绿水青山蕴含的经济价值。

2. 发挥政府主导和市场运作双轮驱动的作用

生态产品价值实现是一项系统工程，涉及各方面、多领域，必须充分调动全社会的积极性，充分发挥政府主导与市场运作的双轮驱动作用。政府主导一方面是政府要发挥优质生态产品供给主体作用，加大生态保护和修复力度，引导全社会形成生态价值观，为生态价值转化提供良好基础；另一方面是政府通过转移支付和生态补偿等手段推动生态产品价值实现。同时，政府还发挥着生态产品交易机制的制定、政策的设计、相关制度安排以及市场监督和服务等作用。市场运作则是要发挥市场在优化资源配置中的决定性作用，解决效率问题，引入市场化运作机制是缓解财政压力、提高供给效率的有效手段，通过生态产品经营开发和生态资源权益交易等方式实现生态产品价值。

3. 积极探索，大胆创新

生态产品价值实现是一项创新性工作，政策空白多、推进难度大，《意见》六大机制的表述共出现了 14 次"探索"，这启示我们既要系统谋划、稳步推进，更要鼓励探索、支持创新。一方面，要坚持系统观念，做好顶层设计，明确尚待深入探索的方向、路径和举措；另一方面，要保护地方改革创新的积极性，允许试错、及时纠错、宽容失败，积极开展政策创新试验，选择不同生态要素类型、不同经济社会发展阶段、不同主体功能定位的地区，开展生态产品价值实现试点示范，及时总结经验教训，形成相关制度安排。

4. 强化智力支撑，培育人才队伍

生态产品价值实现涉及生态环境、自然资源、产业发展、农业农村、绿色金融等多个领域，要取得突破性的创新成果，需要多个学科及专业领域的支持。在智库和人才建设方面，依托大学和国内知名科研院所，加强对生态产品价值实现和绿水青山就是金山银山理论研究。在有条件的大学设立"两山"理论学院，在国家级智库设立"两山"研究部门，重点围绕生态产品理论基础、生态产品价值核算、生态产品价值实现路径等重点问题，全面深化

绿水青山就是金山银山理念的基础研究，培养一批既懂经济学又懂生态学的复合型专业人才。在加强交流合作方面，鼓励高校、科研机构定期举办国际研讨会、经验交流论坛等，交流研究成果，取长补短，加强合作，共同推进生态产品价值实现。

乡村生态振兴是一个大系统，环节繁多、内容复杂，涉及农业农村生产和农民生活的方方面面。要推动乡村产业兴旺、生态宜居和生活富裕，就要培育和建设乡村生态产业，在生态资源环境与经济社会发展的相互协调中，充分耦合"绿水青山"和"金山银山"的内在关系，切实做好乡村生态与经济双重振兴的大文章。

（二）生态产品价值实现策略

1. 加大乡村生态产品开发力度

生态环境是最普惠的民生福祉，生态产品是最富价值的高档产品，尤其是在生态资源日益短缺和人们不断追逐环境福利的情况下，"保护生态环境就是保护生产力，改善生态环境就是发展生产力"。从这一理念出发，强化对乡村生态环境的保护与资源开发，在产业生态化和生态产业化的有机互动中，促使环境保护与资源开发充分融合。例如，利用幽静的自然环境、清新的田园风光、多样的地容地貌、洁净的水气土壤等一系列良好的生态资源，加快生态元素与农业旅游、乡村休闲、健身康养等产业的有机融合，大力发展休闲采摘、旅游观光等生态产业，不断强化生态服务、开发生态产品，切实拓展乡村生态产业发展空间，从而实现生态产品价值。

2. 扎实推进农业碳汇产业发展

农业具有多功能性，生态功能是农业多功能的重要组成部分。在社会主义市场经济条件下，农业的生态功能亦可以物化成生态产品，通过市场机制来实现其经济价值。尤其是在全球气候变暖和应对全球气候挑战的背景下，更应关注农业的生态功能。农业（主要指种植业、草业和林业）生产中，形成了大量的碳汇物质，呈现出强大的碳汇功能，这意味着农业在应对气候变化和推进双碳目标实现的过程中发挥重要的作用。因此，在未来的农业发展中，应充分利用市场机制等，推进和发展农业碳汇产业，不断增强农业生态功能，助推实现农业生态功能价值。

3. 实现生态产品价值保值，助力乡村生态振兴

生态产品价值保值即保护乡村生态系统，并提供生态物质产品、生态调节服务和生态文化服务，保护乡村的生态禀赋，为乡村振兴筑牢生态产品价值根基。实现生态产品价值保值，一是加大乡村生态保护力度，统筹山水林田湖草沙一体化保护和修复，增加生态产品有效供给。结合污染防治攻坚战，着力加强乡村化肥农药污染专项治理和土壤污染综合整治，擦亮乡村振兴生态底色。二是构建多元化的生态补偿机制，健全生态环境损害赔偿制度。受益者付费、保护者得到合理补偿，实现生态保护者和受益者良性互动，拓宽生态补偿资金渠道，有效增加生态产品和服务。生态补偿要由政府、企业、社会组织和公众共同参与。补偿方式要多元化，通过对口协作、园区共建、项目支持、产业转移等，促进生态保护地区和受益地区的良性互动。此外，还要积极发展市场交易型、金融帮扶型、间接型等横向生态补偿方式。

4. 实现生态产品价值增值，助力乡村产业振兴

生态产品价值增值是在保护乡村生态环境的基础上，因地制宜发挥乡村生态资源禀赋的比较优势，发展特色化产业，从而打通"绿水青山"向"金山银山"的转换通道，形成"资源变资产，资产变资本，

资本变产品，产品变产业"的生态产品价值增值路径。实现生态产品价值增值，一是构建"生态＋产业"多业态融合机制。以农业为基本依托，通过产业链延伸、产业融合、技术赋能、体制机制创新，立足乡村功能定位，以"农业＋工业""农业＋服务业""农业＋旅游业"等多业态融合实现乡村产业链、价值链、主体链的全面融合发展。二是激发各类市场主体活力，积极引导政府、企业、市场、集体组织、农户等多主体参与，推动生态产品产业化开发。其中，政府通过营造激励机制和制度环境来引导产业发展；企业是推动生态产品产业化利用的主体，也是生态产品增值收益的创造者和受益者；市场通过价格机制和供需机制等促进资源的优化配置；集体组织和农户在政府引导和市场驱动下参与生态产品产业化过程。三是推动多要素协同供给机制。通过人才、资金、基础设施等要素的协同供给，提升生态资本的增值能力和生态价值的转化效率。

5. 实现生态产品价值提质，助力乡村文化振兴

生态产品价值提质是在生态产品生态价值转化为经济价值的同时，融入乡村文化价值，又通过生态产品所反映的乡村文化，发展旅游观光、文化教育等产业，以实现乡村的快速发展。实现生态产品价值提质，一是把生态文化产品所具有的价值放在与生态物质产品供给、生态调节服务产品同等重要的地位。对生态产品的价值进行评估时，既要考虑其直接的经济价值，也要考虑其隐性的文化价值、社会价值。二是取其精华，挖掘乡村文化资源。挖掘乡村的物质文化，包括自然生态、农业生态、村落环境、遗产遗迹等；挖掘乡村的精神文化，包括口头文学、民间艺术、传统技艺、民间习俗等；挖掘乡村的制度文化，包括村规民约、族规家法、乡贤文化等。同时也要挖掘在当代乡村振兴和生态文明建设中涌现的优秀乡村文化。三是强化乡村生态

文化的宣传引导。充分发挥各类媒体的宣传主阵地作用，促使生态文化产品进社区、进校园、进企业，开展广泛的生态文化宣传、科普教育和实践体验，宣传乡村生态文化产品价值实现典型案例和品牌等，提升社会各界对乡村生态文化的认知，为生态产品价值实现营造良好的社会氛围和群众基础。

6. 实现生态产品价值共享，助力乡村生活富裕

生态产品价值共享是确保生态产品价值人人享有、人人受益，从而提升乡村振兴的内生动力，也是释放内需潜力、促进消费升级、畅通经济循环的重要途径。实现生态产品价值共享，一是完善产权利益分配机制。对于可分割、可共享的生态产品价值，应坚持"共同入股、共同保护、共同开发、共同受益"的原则。以产权分配收益，清晰界定生态产品资产产权主体，划清所有权和使用权边界，丰富使用权类型，合理界定出让、转让、出租、抵押、入股等权责归属，依托权责登记，明确生态产品权责归属，让生态产品价值分配有据可依。二是发挥乡村集体经济组织的作用。对阳光、泉水、空气、山林等符合三产融合要求的资源要素进行开发，必须借助于集体经济组织，形成以地缘为依据的利益分配机制。三是鼓励社会公众参与其中。公众是生态资源保护与利用的基础性力量。可以通过建立混合所有制、股份合作、委托经营的方式，发挥公众参与生态产品保护与利用的自主性，实现乡村地区权益共享，通过乡村就业、村民股权分红等形式推动公众参与生态产品价值分配。

（三）生态产品价值实现导则

1. 全域整合的生态格局策略导则

保留、延续村落与自然环境相依托的空间特色，注重延续道路线形与农田斑块、河道走向、林网格

局等各类自然环境形成的特色肌理。尊重自然环境与乡村格局，形成层级分明、布局合理，适宜乡村发展、体现乡村特色的路网系统，塑造阡陌纵横的道路景观。结合道路周边生态景观要素，提升乡村道路路域环境的美观度，形成路与田（园）、路与水、路与林、路与村的复合景观模式。

注重村庄风貌景观的协调与管控，改善乡村人居环境，突出"白墙灰瓦坡屋顶，林水相依满庭芳"的整洁优美村景。彰显乡村自然与人文特色，重点对村口、古树、桥梁、广场等或农宅墙面、河道围栏等加强特色塑造，可邀请艺术家或组织村民打造具有标志性的公共艺术作品，将功能性场所变为标志景观节点。

2. 宜乐宜游的田园景观策略导则

精心保护现有树木、河道、历史建筑、传统物件等与村民生活关系密切，且具有保留和传承价值的自然遗存、历史文化遗产和社会文化特色元素。融入多元业态，打造乡村体验品牌。利用慢行游线设计串联现有分散的农田、农场、涵养林等景观节点，形成以农业为特色的休闲旅游、农事体验产品，突出田园景观实用价值。除围绕村委会布局的集中活动广场外，鼓励在零星边角地、闲置地、设施农用地等小微空间或道路旁、稻田里创造临时公共活动场所，适当配备休憩、锻炼、游玩设施，承载采摘、休憩、科普等不同功能。采用适合全龄人群使用、灵活多元的包容性设计，加强灯光、指示、座椅等设计。可与大学、社会组织合作或鼓励村民参与，用本土材料制作简易但有设计感的景观小品。

3. 绿色创新的生态修复策略导则

开展生态环境综合治理，推动农田、林地、湿地、河道等生态修复，提升生态系统质量和稳定性。通过合理利用清洁能源，保障农田灌溉水的循环利用；通过稻与蛙、兔、蟹的共养，在田间构建生态沟渠，形成生态保育与水质改善功能相耦合的复合型农田生态系统。

4. 共建共享的小微庭院策略导则

集中居民点设计宜保留和增加前庭后院，利用宅前屋后的自留地打造小微庭院，鼓励村民在房前屋后因时因地开展种植，形成小菜园、小果园、小花园。微田园与庭院的打造要充分尊重村民意愿，形成"一户一园景"的乡村特色，形成与乡村建筑结合紧密的多样化种植景观，提升村庄风貌和活力。鼓励优先选择适合村庄土壤条件的蔬菜、水果，综合考虑经济作物种植周期及经济效益，种植遵循易于栽种、种类丰富，兼顾食用性与观赏性原则。

5. 健康舒适的慢行绿道策略导则

依托宅间路或者新建独立健身步道，串联公园、健身点、村委会等公共场所，并拓展至郊野地区，形成完整的绿道网络。慢行绿道加强无障碍设计，满足步行、慢跑、骑行等不同需求，道旁可适当设置座椅。设置明确的标识指引以及照明和安全防护装置，保障活动安全。

（四）生态产品价值实现途径

保留、延续村落与自然环境相依托的空间特色，结合高标准农田建设和土地综合整治措施，适当调整农田种植结构，在满足机械化生产要求下营造观赏度高的田野景观。尊重乡村自然要素，通过保护周边原有自然植被、增加水网连通性、实施中小河道两侧林网建设等措施，丰富乡村生态多样性，营造有层次的村落景观。河道优先采用生态化驳岸，种植本土水生植物，适当改造废弃水塘、养殖水域，形成连续丰富的滨水景观。

六、完善生态保护治理制度

（一）坚持以习近平生态文明思想为指导

习近平总书记在党的十九大报告中指出，"建设生态文明是中华民族永续发展的千年大计"，必须树立和践行"绿水青山就是金山银山的理念"。习总书记还指出："绿色发展，就其要义来讲，是要解决好人与自然之间和谐共生的问题。"要想顺利推进乡村生态文明建设，就要让绿色发展理念内化于农民群众的心田，外化于他们的日常生产、生活。树立正确的生态环保理念，就是要拥有尊重自然、爱护自然的态度，有对生态保护的责任感；还要重视生态资源，积极保护生态资源，明白破坏生态是要付出巨大代价的；还要提倡适度消费，明白过度消费会产生过量的生活垃圾，不利于保护环境；还需正确认识发展经济和保护生态之间的关系，持生态利益优先理念，并在此基础上实现经济绿色循环发展。在形成正确理念的基础上，要从衣食住行各方面开始改变，如选择环保产品、分类投放垃圾、减少使用农药化肥等，在物质生活得到满足的同时，应在自身能力范围之内为保护生态贡献自己的一份力量。通过不断学习乡村生态文明建设规章制度，针对当前乡村重点区域、重要问题制定专门的制度，补齐乡村生态文明建设制度短板。在制定及完善乡村生态文明建设规章制度时，应注重体现针对性以及可操作性，只有这样，才能真正推进乡村生态文明建设。

（二）建立乡村生态保护机制

建立完善的乡村生态环境保护监管机制。乡村成立环境保护组织或者机构，形成上下级监管和部门之间相互监管的机制，保证在乡村生态环境保护中规划有审核、过程有落实、问题能解决、结果让乡村居民满意。乡镇生态环境保护机构通过调查研究，根据本地传统文化习俗和乡村生态环境发展规律，制定具体实施细则；制定符合法律和政策的监管细则，监管机制体现人与自然共生思想，在实践中实现认识与实践的反复升华；制定符合乡村生态环境保护和发展的具体实施细则，推进乡村人与自然和谐共生。

建立完善的乡村生态环境保护长效机制。乡村生态环境保护中乡村建筑要符合实用性要求、具备区域文化特色，与自然环境协调统一。建立农业农村用水节约、土地物质交换平衡、散煤和秸秆限制焚烧长效机制。将乡村生态环境保护置于马克思历史唯物主义之中进行分析，将乡村生态环境保护与乡村发展相结合。发动乡村居民保护环境，不断开发可再生资源，将生态环境优势转化为持续发展动力，促进乡村市场化，实现乡村产业生态化。

建立完善的乡村生态环境补偿机制。对乡村生态环境保护过程中表现积极、成绩优秀和具有创新性保护措施的乡村，给予政策支持，支持内生动力充足的乡村申报特色乡村项目。对乡村生态产业予以资金或政策支持，对制定"重要生态系统保护细则"和建立"生态保护补偿机制"的乡村，加大财政扶持力度或者给予政策优惠。

（三）加强乡村基层党组织作用

在乡村基层党组织方面，应加强并落实乡村生态文明建设科学规划，同时，还需要提升自身规划能力。每个乡村的现实环境、发展状况以及资源优势都是不相同的，如果仅仅依靠上级颁布的规划进行乡村生态文明建设，容易引发人员成本、资金成本、资源成本浪费问题，只有以上级规划为指导，根据乡村的具体情况，编制能发挥自身资源优势的规划才是最好的。同时，乡村基层党组织在编制规划时，还应吸收村民提出的建议，引导村民参与规划编制的全过程，这样得出的规划才能得以顺利实施。

对于基层党组织来说，在进行政绩考核时，需将生态效益也纳入其中，结合乡村自身生态环境，建立生态管理机制及监督机制。建立生态管理机制应当在完善和落实环保政策两方面共同努力。关于完善环保政策，当前国家已经根据广大乡村生态环境实际情况制定了法律法规，已针对生态环境被破坏或污染等普遍的问题制定了一系列的规章制度，各地乡村需要根据各地生态环境情况出台具体、实用的生态环境保护政策。已出台相关政策的乡村要对未来生态环境的变化形势有一定判断，提出具有前瞻性和导向性的政策，通过不断完善生态环境保护政策来加快推动环保进程，让乡村生态环境越来越好。关于落实环保政策，乡村应该首先围绕水资源、大气资源、土地资源开展工作，重点保护地下水资源、改善能源结构、全面推广病虫害绿色防控技术、科学利用农药化肥等；其次要保护乡村生态资源，适度开发乡村景观，以促进生态系统的修复；最后要建设防灾减灾体系，做好防范预警，尽可能减少自然灾害造成的损失。监督机制则主要修订完善村规民约，划定生态红线，对于破坏生态环境或阻碍生态文明建设的企业，要采取一定的惩罚措施。同时，对于在乡村生态文明建设中做出极大贡献的企业及个人，应加大力度宣传，并给予嘉奖，使所有人树立起以保护生态为荣的意识，推进乡村生态文明建设。

（四）健全乡村生态文明教育体系

当前大部分乡村采取"自上而下"的教育方式，村民的主动性不高，因而效果都不太好。在进行生态文明教育时，应根据不同对象、不同内容采取不同的方法，将村民的被动化为主动。首先，向学生普及与生态文明方面相关的知识，使得学生能意识到生态文明建设极为重要，再通过课外作业等形式让学生将知识传递给父母和亲戚，这样大家接受起来就会轻松很多。其次，通过生态警示增强村民的生态意识，定期针对村民群众开展宣传教育活动，向村民宣传国家针对生态文明建设采取的大政方针，通过这种方式促使村民积极参与到生态文明建设中来，并在这个过程中发挥自身作用。最后，鼓励村民充分利用监督举报电话，当发现有破坏生态文明建设的行为时，及时举报。村民群众举报的过程是深化理念的过程，而对破坏人进行严肃处理，有警示教育他人的作用。

（五）大力发展乡村生态体系

我国乡村资源丰富，但各地乡村各有特色，各地乡村应结合自己的优势建立富有特色的生态体系。如：大力推广质量好、价格便宜的农产品，可以利用电子商务技术加快推广宣传，帮助村民开网店进行销售。进行招商引资，引进先进种植和养殖技术，将小规模的农业种植做大、做强。每个乡村都可以选择一项产业将其打造好，创建自己的品牌，然后集聚周边相邻村共同发展，形成更完善的生态体系。

（六）保护好古树和野生动物

古树是一个村落的历史见证者，是乡村文化底蕴所在，是乡村生态的台柱子。要加强古树管理，实施挂牌保护。野生动物是人类的伙伴，要采取铁腕措施保护野生动物，严厉打击猎杀、捕捉、驯养、贩卖和烹食野生动物的行为，让与野生动物和谐共处成为人们的自觉意识。严格实行重点水域禁渔，严厉打击电毒炸鱼、使用抬网或密眼网具捕鱼等非法捕捞行为。在保护古树和野生动物问题上，党员干部要带头，社会公众要自觉，全社会要齐抓共管、坚持不懈，最终实现人与自然和谐共生。

（七）建立乡村生态保护制度

在乡村生态环境保护中，政府起着主导作用，要担责、能担责、敢担责。政府在乡村生态环境保护中落实责任是对村民的发展负责，要坚持以人为本的立场。政府在乡村生态环境保护中要"落实县乡两级农村环境保护主体责任"，建立和完善生态环境保护制度。在引入多元主体前，对乡村生态环境和产业结构以及环境保护主体进行调研和总结，明确地方人才引入要求、企业入驻条件、科学技术研发需求。通过专业人员对乡村生态环境保护进行科学具体规划，乡级政府做好政策指导，以保证生态环境保护过程中相关政策的贯彻和实施。

第八章　乡村人居环境提升

第一节 乡村人居环境的相关概念及理论基础

随着时代的发展进步，我国经济和社会都发生了翻天覆地的变化，人民的生活质量和水平都有很大的提高，随之而来的人口、资源等大量向城市聚集，导致乡村居住条件、环境卫生、基础设施等发展不平衡、不充分问题日益突出，城乡发展差距越来越大，改善乡村人居环境、实现城乡融合发展势在必行。2017年10月召开了党的十九大，习近平总书记在报告中提出了实施乡村振兴战略，农业农村农民问题是关系国计民生的根本性问题，必须始终把解决好"三农"问题作为全党工作的重中之重，提出了开展农村人居环境整治行动，建设生态宜居乡村，满足人民群众日益增长的优美生态环境需要。乡村振兴战略中对乡村整治的描述从"村容整洁"转变为"生态宜居"，这是乡村建设理念的升华和提高，倡导用全新的发展理念带动乡村发展，实现乡村振兴。

一、相关概念

2018年12月，以"清洁村庄助力乡村振兴"为主题的《农村人居环境整治村庄清洁行动方案》落地，要求重点关注乡村人居环境的突出问题，广泛动员广大人民群众，着力解决村庄环境"脏乱差"的问题，实现村内垃圾不乱堆乱放，污水不乱泼乱倒，粪污无明显暴露，杂物堆放整齐，房前屋后干净整洁，村庄环境干净、整洁、有序，文明村规民约普遍形成，长效清洁机制逐步建立，村民清洁卫生文明意识普遍增强。

（一）人居环境

中国城乡规划学家、人居环境科学的创建者吴良镛最早在《人居环境科学导论》中提到人居环境并给其下定义：人居环境是人类的聚居生活的地方，是与人类活动密切相关的地表空间，它是人类赖以生存的基地，是人类利用自然、改造自然的主要场所。从广义上讲，人居环境主要包括一些与人有关的因素，比如自然生态环境、乡村基础设施、公共服务、居住环境和社会人文环境等都在这个大系统中。从狭义上讲，人居环境单纯指人们生产、生活的物质条件以及地域空间。

（二）乡村人居环境

乡村人居环境的研究基础较为薄弱且发展缓慢，至今为止，专家学者没有统一关于乡村人居环境的科学定义，许多学者都是以吴良镛对于人居环境的定义为基础，再结合自身的研究方向对乡村人居环境进行界定。有学者指出乡村人居环境是农村或者乡村的自然生态环境、社会环境、人文环境的结合体，可以综合地反映乡村的生态、经济、社会等各方面情况。在生态学方面，有学者指出整治乡村人居环境的目标是人类与自然协调、可持续发展，乡村人居环境是以人类活动为中心的综合系统。

综上所述，在乡村居民生活劳动区域，乡村人居环境是影响居民生活质量和水平的关键性因素，自然生态环境、乡村基础设施、公共服务、居住环境和社会人文环境是乡村人居环境的重要组成部分（图8.1）。其中，自然生态环境、乡村基础设施、居住环境是起决定性作用的主要因素。

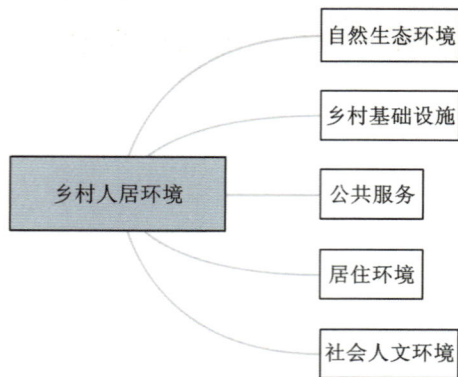

图8.1 乡村人居环境理论分析框架

开展农村人居环境整治行动是党的十九大报告提出的，有关中央农村工作会议也进一步强调，推进乡村建设的健康发展，持续改善乡村人居环境。农村人居环境整治同时也是乡村振兴战略的一项重要任务，也就是对乡村中不利于发展的因素进行干预和改善，主攻方向主要体现在"厕所改革"、乡村生活垃圾处理、村庄清洁行动、村容村貌提升等，整合资源、强化举措，将各方力量融为一体，推动农村人居环境整治行动，加快补齐乡村人居环境的短板。总而言之，农村人居环境整治不只是改造和美化乡村环境，同时也注重农业产业、精神文明等方面的建设。

（三）乡村人居环境构成要素

希腊建筑规划学家道萨迪亚斯将人类聚居环境分为两个部分，即个人及其组成的社会、有形聚落及其周围环境，并进一步将这两个部分划分为五种元素：自然（整体自然环境）、人（作为个体的聚居者）、社会（人类相互交往的体系）、建筑（为人类生产、生活提供庇护的一切构筑物）、支撑网络（服务于聚落的自然或人造的联系系统，如道路、给排水系统、教育医疗体系等）。这五种元素构成人类聚居的五种基本要素。吴良镛在借鉴道萨迪亚斯观点的基础上利用系统分解理论将人居环境从内容上划分为五个系统，如表8.1所示。

表8.1 一般乡村人居环境构成要素

自然系统	气候、水、土地、生物、资源等
人类系统	作为个体的聚居者
社会系统	公共管理、法律、社会关系、人口趋势、文化特征、经济发展等
居住系统	住宅、社区设施等
支撑系统	基础设施，包括公共服务设施系统、道路交通系统、通信系统等

（1）自然系统：包括气候、水、土地、生物资源等。

（2）人类系统：利用和改造自然的主体，指作为个体的聚居者。

（3）社会系统：指人们在交往和活动过程中形成的系统，包括公共管理、法律、社会关系、人口趋势、文化特征、经济发展、健康和福利等。

（4）居住系统：包括住宅、社区设施等。

（5）支撑系统：指人类住区的基础设施，包括公共服务设施系统（自来水、能源和污水处理）、道路交通系统、通信系统、计算机系统和物质环境系统等。

一般情况下，吴良镛人居环境科学的五个系统与我国当前人居环境建设的整体要求适配。但实际上由于不同地区乡村人居环境现状、特点存在差异，需要解决的问题存在于不同方面且程度不同，因此，结合当前我国乡村发展状况，乡村人居环境应该包括：

（1）生态环境：指乡村居民生产、生活和人居环境建设离不开的广阔的自然背景。生态环境是乡村居民的物质基础，也是保证乡村人居环境可持续发展的重要物质因素。

（2）物质环境：是村民生产生活的场所、自然存在的生产生活资料以及人们自主创造的物质财富。

（3）人文环境：是村民享受文化生活、延续村庄文化脉络、追求精神满足的核心。

二、理论基础

（一）需求层次理论

马斯洛需求层次理论是人本主义科学的理论基础之一，由美国著名心理学家亚伯拉罕·马斯洛于1943年在《人类激励理论》中提出。书中将人的需求从低到高按层次分为五种，分别是生理需求、安全需求、归属感需求、尊重需求和自我实现需求。在人类的发展过程中，最基础的生理需求和安全需求得到满足后才会考虑其他三个需求。现阶段，我国一些乡村已经满足了基础需求，如果想要满足更高层次的需求，需要长期的努力。例如，有些村庄交通不便捷，路灯照明情况较差，饮用水存在安全隐患问题，生活垃圾和生活污水没有得到良好的处理。最低层次的需求都得不到满足，更高层次的需求无从谈起。因此，加大农村人居环境整治的力度，不断提高人们的生活质量，是不断满足人们的高层次需求的必然选择。

（二）可持续发展理论

可持续发展是既能满足当代人的需求，又不损害后代人满足其需求的能力的发展，它的核心是科学发展观。农村人居环境整治工作的重要理论依据是可持续发展理论，乡村经济发展不可缺少生态环境的支持，同时生态环境的改善也能推动乡村经济发展。

可持续发展理论主要分为三部分：

（1）经济可持续发展是指国民经济快速健康的发展，综合国力显著增强，人民生活水平不断提高。

（2）生态可持续发展是指环境污染得到有效治理，合理开发自然资源，维护生态平衡，保护生物的多样性，保持一个良好的生存环境。

（3）社会可持续发展是指既要满足当代人的基本生活需要，又要考虑后代人的生活保障要求，不能给经济和社会造成重大压力。

（三）城乡协调发展理论

城市和乡村之间是相互协调发展的，只有两者之间相互融合发展，才能逐步缩小城乡差距。目前，关于城乡协调发展的研究主要集中在城乡一体化、城乡统筹方面，这些研究相互区别又相互联系。城乡协调是城市与乡村之间的新型关系，这种关系是两者共享效益，共同承担责任，互相协调发展，城乡协调也是将城市与乡村作为一个整体，通过共同发展，促进人口、产品和生产要素的合理流动，使城乡之间经济、社会、文化相互融合，全面协调可持续发展，各种资源得到高效合理利用。

三、人居环境建设历程与困境

（一）人居环境建设历程

乡村人居环境狭义上指村民居住的物质环境，广义上指乡村区域内农民生产、生活所需物质及非物质环境的有机结合体，具体包括乡村自然环境、生态系统、生活方式、基础设施、人文氛围和农民组织等各方面。结合国土空间规划的"三生空间"及人居环境理论涉及的"五个系统"，可将乡村人居环境归纳为由生产空间、生活空间、生态空间、社会文化空间构成的动态框架。生产空间是乡村多元主体进行各项社会生产活动的场所，是人居环境整治的内生动力；生活空间是乡村居民居住、设施建设的场所，是乡村人居环境水平的直接表征；生态空间为乡村居民提供生态产品及服务并能实现自我修复，为乡村建设提供支撑并对建设行为进行约束；社会文化空间作为精神载体，丰富了乡村居民的社会网络。这四大空间相互促进，伴随着乡村的发展而不断进化，形成动态开放的乡村环境。乡村人居环境各要素关系如图8.2所示。

总的来看，目前乡村人居环境建设经历了建设探索—制度规范—全面提升三个阶段。第一阶段的乡村建设进程缓慢，以农业基础设施修建为主；第二阶段，改革开放后城市资源不断投放至乡村，城镇的高速增量扩张间接带动了乡村物质空间的建设，乡村地域功能不断演化，各项管理制度也陆续施行以加强建设管控；第三阶段的乡村人居环境建设呈现主动态势，各地乡村人居环境的规划编制和管理机制也在积极改革创新。目前，我国《农村人居环境整治三年行动方案》目标任务基本完成，但城乡差距加剧及内部要素变化也影响着规划成效，乡村人居环境仍需持续活化更新。

（二）人居环境建设困境

随着我国工业化、城镇化、现代化进程的深入，人口与土地等城乡要素交换加速，全国乡村综合发展指数持续增长，全国村庄建设投入大幅增加；乡村发展水平稳步提高，城乡收入差距继续缩小。同时，乡村收缩现象不断加剧，乡村地域的生产功能、生活功能、生态功能和文化功能不断演化，不同维度之间相互影响形成闭环，即乡村生产、生活用地配置无序，加速生产活动及生活方式的变化，进而影响乡村的水土环境，致使乡村环境质量日趋恶化；乡村环境恶化加上城镇发展吸引力加大，乡村人才留驻存在难度，乡村劳动力有效供给减少，再次影响乡村土地的规模经营与建设。

乡村环境建设流程如图8.3所示。

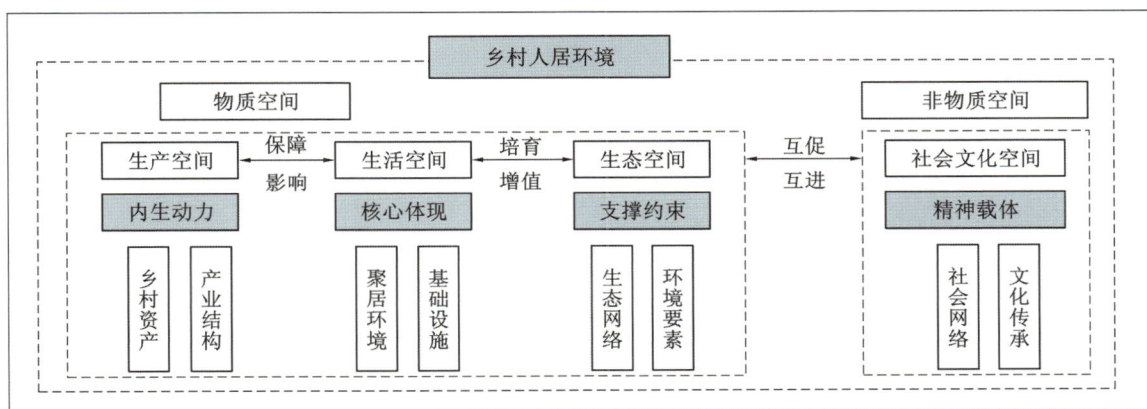

图8.2　乡村人居环境关系图

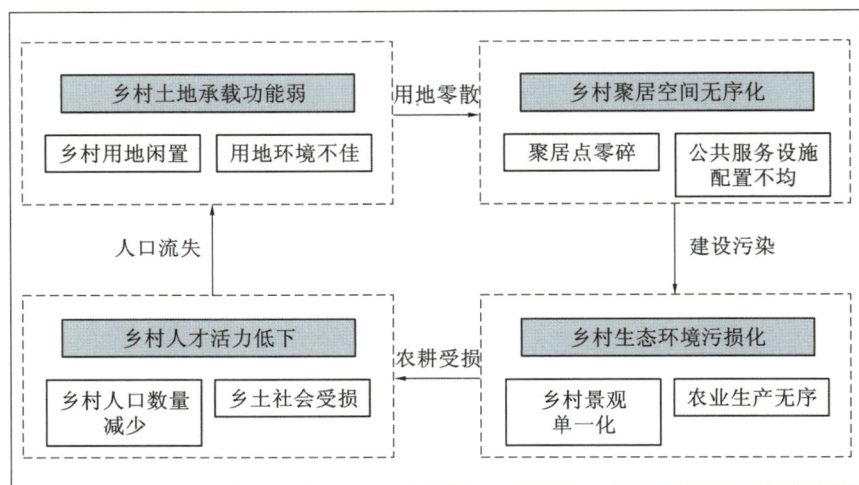

图8.3　乡村环境建设流程图

第二节　乡村人居环境的问题及其治理

一、乡村人居环境的问题

（一）乡村垃圾问题

近年来，党中央高度重视"三农"问题，随着城乡协调一体化发展等新发展理念的不断深入落实，城镇化进程不断加速，城乡差距逐步缩小，乡村居民生活水平也显著提高，随之产生的生活垃圾数量也逐年递增。

大量的垃圾不仅影响乡村的整洁以及卫生状况，而且严重污染乡村的土壤和水体，进而会对村民的身体健康造成损害。但是，相对应的城乡环卫一体化进程存在的不平衡问题仍十分严峻，相比城市而言，乡村生活垃圾治理仍是一个亟待解决的难题。对乡村生活垃圾进行治理是对乡村整体环境进行大规模整改的一项关键内容，对乡村生活垃圾进行无害化处理是推进城乡环境综合整治工作、切实解决乡村生活垃圾面源污染问题的有效方式，是打造"生态美、百姓富、文明新"新时代新农村建设的重要保障。

生活垃圾是我们在日常生活和为日常生活提供服务的行为中产生的固体废物，以及相关规定认为是生活垃圾的固体废物。乡村生活垃圾基本上是由村民的家庭生活所产生的，不仅涵盖了厨余垃圾（即剩菜、剩油、鱼刺、泔水、骨头等），还包括煤渣、编织物、废皮革、橡胶、塑料、玻璃等。其中包含少量有害垃圾，如废电池、废弃电棒、损坏的电视、废油漆桶等，这一类垃圾若妥善收集处理，危害性不大，但若随意堆积则容易污染水体和土壤，进而通过食物和水对人体的健康造成影响。近年来，伴

随着城乡融合发展进程的不断推进，乡村生活垃圾的总量在不断增加，而有害垃圾例如塑料、电池等也明显增多。通常情况下，我们把生活垃圾划分成四个类别：厨余垃圾、可回收垃圾、其他垃圾、有害垃圾。按照乡村的位置条件与村民的日常习惯，乡村生活垃圾基本上涵盖了如下几类：农业生产附属垃圾，例如择下的菜叶和根茎、瓜皮果核、腐烂变质的蔬果等；燃料废渣，例如炉渣、烧灰等；建筑材料类垃圾，如瓦块砖屑等；厨余垃圾，例如鱼刺、泔水、骨头等；日用品废弃物，如碎玻璃、生锈的铁、破烂的衣服、用过的饮料瓶等；人畜粪便；没有用处的器械。其中，厨余垃圾占据的比例较大，但能造成污染的垃圾不多，且循环使用的价值不大。

（二）乡村污水问题

污水处理一直是我国乡村工作的重点。在现代化进程中，我国社会经济稳步发展，乡村经济也迅速发展，同时产生了很多环境问题，对人们的生活环境造成了很大的污染。污水是乡村环境污染的一部分，村民在生产、生活中产生了大量的生活污水（图8.4），这些污水如果不及时处理，将会导致乡村环境质量的下降，影响农民的生活质量。因此，有必要对污水进行有效处理，提高乡村的环境质量，改善乡村的生态环境，实现乡村的可持续发展。现阶段，我国乡村污水处理尚有缺陷和不足。进行污水治理的排水系统功能单一，因此污水处理能力有限。开展乡村污水治理工作时，对于雨水的回收和利用有所忽视，使雨水不经处理就排放，造成雨水污染；与此同时，污水的排水系统功能比较单一，并且缺乏相关先进技术、方法和设备，因此进行污水处理的范围受到一定程度的限制。此外，对于污水治理系统没有科学合理的具体规划。

图8.4　乡村污水

（1）污水来源。

①厨房污水。厨房污水包含洗米、洗菜、洗锅、洗碗的污水。洗菜废水、洗米废水中含有蔬菜废料、米糠等有机物质。洗锅和洗碗的污水中含有大量的氯、乙酸、钠、碘等。同时，这些污水还可能含有动物脂肪。

②洗涤废水。个人或家庭在生活中，无论是刷牙、洗澡、洗脸，还是家居清洁，都会使用洗洁精等洗涤产品，会产生大量的污水。部分洗涤产品含有磷元素等化学成分，这些污水排入河流，导致河流富营养化，形成藻类，影响河流健康。

③厕所污水。人和牲畜产生的粪便和尿液中含有大量的磷和氮。

④其他污水。随着乡村经济的发展，水产养殖、畜牧养殖和车间生产都会产生污水。

（2）污水特点。

想要有效控制乡村污水，就必须把握乡村污水的特点，从而采取有针对性的措施加以控制。乡村污水主要有以下几个特点：

①污水排放分散，污水量小。乡村污水的分布一般与村民的分布有关。在村民多的地区，污水的量也很大。

②污水处理方法不统一。有的村民通过专门的

渠道排放污水（图8.5），有的村民通过洒水的方式将污水直接排放到地面。

图8.5　乡村污水排放

③污水排放不均匀。村民每天排放的污水量是不同的，污水排放量上午大于晚上。这种排放也符合村民的生活规律。

现在，乡村在不断变化，人们的生活水平在不断提高，污水排放的特点也在发生变化，且排放量有增加的趋势。对此，要重视乡村污水处理，加大投入，采用科学的方法进行针对性处理，从而改善乡村人居环境，实现新农村建设的目标。

（三）乡村厕所问题

小厕所，大民生。近年来，乡村厕所革命深入推进，卫生厕所不断推广普及，但改厕过程中，一些地方还存在思想认识不到位、技术创新跟不上、推动方式简单化、发动农民不充分等问题，个别地方甚至出现形式主义、官僚主义等现象。

尽管我国厕所覆盖率已经由 20 年前的不到 10% 增加到今天的 80% 左右，但是目前厕所的整体卫生条件，尤其是乡村的厕所卫生条件并不乐观。乡村厕所改造是"厕所革命"进程中重点和难点，我国乡村存在大量旱厕，严重影响乡村的生态环境和群众的身体健康。乡村"厕所革命"关系到亿万农民群众生活品质的改善和乡村社会文明和谐的发展，推动乡村"厕所革命"对于预防控制疾病发生，改善乡村人居环境和加快建设社会主义新农村具有重要的社会现实意义。

20 世纪六七十年代才开始在欧美流行的水冲式厕所被誉为 20 世纪对人类影响最大的 10 项发明之一，对改善人类生活环境起到了非常重要的作用。但到了 21 世纪的今天，水冲式厕所却成为浪费和污染水资源的一个主要根源，已不符合当今的科学发展观。由此，联合国于 2000 年提出了"生态厕所"的概念，"生态厕所"是以减少水消耗为特点，以废物能转变为有用的资源、对环境不造成污染为特征，并且无臭、安全卫生的厕所。其核心思想是水资源和营养物质在人类社会和经济的发展中以闭合循环的方式运行，并以安全、经济、可靠的方法来完成这一闭合循环，以达到保护和节约使用有限的水资源，同时实现营养物质资源化的目的。这是粪尿废水资源化循环理念的最早雏形，随后开发出的源分离厕所将这种理念变成现实。目前我们所提的"厕所革命"类似于国际上"生态厕所"的升级版，强调物质、能量系统、污染物处理、废物资源化的闭路循环。

目前，我国乡村厕所建设主要关注厕所卫生，还没有综合考虑厕所的环保和废物的资源化处理和利用等。"厕所革命"在科技层面涉及环境、卫生、材料、机械、暖通等多个专业，要从国家层面进行顶层设计，针对发展不平衡的区域分别制订具体目标和行动计划。乡村厕所的问题具体表现为以下几点：

（1）发展不平衡。

厕所改造应结合实际，充分考虑人口、使用率、后期管理等因素，合理布局。我国幅员辽阔，人口众多，地理气候条件复杂，经济发展不平衡，生活习惯差异大，缺少全国范围内的就厕模式的研究，更缺少"因地制宜"的厕所建设与运行技术选择依据。比如有的乡村本身地处景区，可以建设一定数量的公共厕所，为管理好公厕，把公厕管理纳入村庄环卫保洁系统；而有的地方偏僻，污水与自来水均不易辐射，则建议采用自带处理功能的"环保厕所"。

（2）重建设轻管理。

厕所是一个涉及多学科的工程，体现了一个国家综合实力的一部分。从民生工程方面，能否给人们提供一个舒适方便的如厕环境，是衡量我国与世界强国之间综合国力差距的一项重要指标。目前我国的厕所与许多发达国家的厕所还有很大的差距，除了厕所科技创新动力不足以外，另一个原因是我国的厕所产业还处于初级阶段，厕所重建设轻管理现象比较普遍。"厕所革命"中提倡的新型厕所包括智慧科技型、古典园林型、生态乡村型和经济节能型四种类型，除节水设备、节能设备、除臭设备三个必选项外，选择性配备智能监控、循环水系统、第三卫生间、休闲区、管理间、环卫驿站等功能，但目前还缺乏管理经验。

（3）初期阻力大、进度慢。

参与乡村厕所改建工作的主体不仅有农户和基层干部，还有政府、建筑队以及维护管理人员，因此实施过程会受到多种因素的共同影响，例如居民在改厕上的态度和意愿，干部在推动政策落实时的成效，政府在财政和政策上的扶持，以及施工及维护人员的能力和素质等。这就导致在推动乡村厕改的过程中，会出现许多规划中难以预料的困难和干扰，因此在厕改初期，往往会爆发很多现实问题，整体实施进度会受到影响。

（4）与农户传统思想抵触。

基层干部在推进厕所改建的过程中，会遇到不少的居民对改建工作不够理解，缺乏热情，从而影响厕改政策落实。乡村居民对于新事物普遍持保守态度，导致新型厕所推广工作的难度加大。目前，乡村居住主体多为留守老人等老一辈村民，这些老一辈的居民因为历史因素而很少接受文化教育，对于厕所问题不太重视，固有的如厕习惯难以转变，不利于厕改政策的实施。

（5）资金投入不足。

推动乡村厕改政策落实，不只涉及厕所的实际建造，往往还要设置或升级配套的设施，想要切实完成任务需要大量的资金，但是政府的财政扶持只能解决一部分实际开销。

（6）基础设施落后且难以配套。

处理厕所粪污是目前乡村进行厕所改革过程中的一大难题，在当前乡村振兴的时代背景下，为了充分改善乡村居民的生活条件和生态环境，对乡村的厕所改革工作提出了更高的要求。旧时使用的乡村基础设施虽然进行了提升，但依然存在同现在的厕所改造建设不匹配的情况。一些地区没有安装自来水管道，村民的日常用水以挖井取用地下水为主，粪污排泄管道等相关设施也非常落后。

二、乡村人居环境问题的治理

（一）乡村垃圾治理

乡村生活垃圾处理是垃圾处理范畴中的一个特殊分支，尚无统一认定的概念。其是指在农民的日常生活中产生的废弃物，通过归纳、整理、回收、运输、处理等一条龙流程，来改善乡村实际居住环境。乡村生活垃圾的处理技术主要包括卫生填埋、焚烧、堆肥等，还包括较先进的生物处理、能源转化处理等技术。

（1）推进乡村生活垃圾分类、减量与利用。

加快推进乡村生活垃圾源头分类、减量，积极探索符合乡村特点和农民习惯、简便易行的分类处理模式，减少垃圾出村处理量，有条件的地区基本实现乡村可回收垃圾资源化利用、易腐烂垃圾和煤渣灰土就地就近消纳、有毒有害垃圾单独收集贮存和处置、其他垃圾无害化处理。有序开展乡村生活垃圾分类与资源化利用示范县创建。协同推进乡村有机生活垃圾、厕所粪污、农业生产有机废弃物资源化处理利用，以乡镇或行政村为单位建设一批区域乡村有机废弃物综合处置利用设施，探索就地就近就农处理和资源化利用的路径。扩大供销合作社等乡村再生资源回收利用网络服务覆盖面，积极推动再生资源回收利用网络与环卫清运网络合作。协同推进废旧农膜、农药肥料包装废弃物回收处理。积极探索乡村建筑垃圾等就地就近消纳方式，鼓励将其用于村内道路、入户路、景观等的建设。

（2）垃圾填埋。

垃圾填埋是在全球范围内应用非常广泛的垃圾处理方式。其主要是指利用天然或人造坑，对底部及四壁进行防渗处理，倒入生活垃圾后压实。依据环保标准，可分为简易填埋场、受控填埋场和卫生填埋场三个等级。我国现有的填埋场50%属于简易填埋场，虽然其处理成本较低，但缺点显而易见。很多乡村垃圾采用混合填埋方式，易导致二次污染。垃圾填埋场不仅占用大量土地资源，污染土壤，而且污染水资源。当今世界许多发达国家严禁填埋垃圾。我国也应逐步淘汰此种处理方式。

（3）垃圾焚烧。

垃圾焚烧是利用封闭焚烧炉对固体垃圾高温焚烧，使垃圾中大量有毒物质化学分解。在焚烧过程中产生的热能可用来取暖、发电。该方式处理效率较高，可实现垃圾无害化，但焚烧垃圾会排放有毒气体，这无法被大部分民众接受。

（4）垃圾堆肥处理。

垃圾堆肥处理是指将乡村生活垃圾聚集成堆状，自然升温，发酵，利用微生物分解垃圾，把有机物分解成无机物养料。堆肥后，生活垃圾变得无味、卫生，还可以使资源循环利用。但长期堆肥容易污染地下水资源，不宜大范围使用此方式处理垃圾。

我国长期的城乡二元系统带来了非常严峻的乡村环境问题。与城市的家庭废弃物管理相较而言，乡村的家庭废弃物管理有这些特征：第一，相较于城市而言，乡村居民居住比较集中，职业种类单一。尽管这对实施相关的垃圾治理科普活动和教育活动是有益的，然而村民的总体环保意识不强，导致这些活动的进展很慢。第二，乡村和城市之间有很大的地理差异，乡村有很多空地，大量的家庭垃圾随意乱扔，导致垃圾很难统一收集和搬运。第三，乡村的经济发展滞后于城市，基本环境卫生设施的建立和规模远达不到标准要求，环卫专业素质低，家庭废弃物处理方法不先进，对环境造成了很大的污染。第四，乡村生活垃圾治理工作是近期才开展的，处理措施有许多漏洞。没有标准化的计划和有针对性的管理，且政府没有十分重视这方面的工作。第五，乡镇政府对当地相关工作的指导方针、废弃物分类的标准与对策的完善程度远不及城市，治理工作没有系统规章的支持。

（二）乡村污水治理

1. 污水处理方式

（1）集中式。

集中式污水处理包括统一收集、统一输送和统一处理，集中式污水处理能进行可靠且有效的运行管理和控制，但同时也需要较高的工程费用来建设复杂的排水管网，在人口密度低、居住分散的乡村，这项投资会是污水厂投资的 2～3 倍。

（2）分散式。

分散式污水处理（包括散户、联户和局部小管网）更适用于居住比较分散的广大乡村，有利于污水的就地处理、就地回用、散水散排，投资更少，是正常管网投资的 1/4～1/3，但同时也会导致运行成本提高和运行管理不便。

2. 污水治理要点

（1）因地制宜，优化污水治理模式。

在进行乡村污水处理的过程中，不要盲目，要仔细分析乡村环境，并在此基础上采取有针对性的措施。在治理过程中，应因地制宜，因为即使在同一个镇，不同的村也有不同的商业模式和经济作物，相关部门应根据每个村的生态条件制订治理模式。例如，可以根据乡村经济水平和污水排放情况，调整污水处理方案，制订污水处理重点方案，明确工作目标。对于条件较好的乡村，污水处理厂可以带动周边村民进行污水处理；对于没有条件的乡村，可以采取接头式或集中式处理措施，做好污水处理的检查工作，保证污水不影响周边环境。

（2）重视科技研发。

仅仅依靠管理加强污水处理是远远不够的。因此，有必要对技术进行创新，并引入新技术，保质保量做好污水处理工作。例如，乡村污水中含有磷和氮，在处理过程中，应开发专业的除磷脱氮技术和配套相应设备。

（3）强化监管，建立污水处理机制。

在乡村污水处理中，污水处理工作往往移交给第三方组织。在这个过程中，如果相关制度不完善，没有严格的管理，第三方组织在处理上很容易出现问题。乡村污水处理不仅关系到农民的生活环境和健康，也关系到我国乡村振兴战略的实施。因此，要重视监管，完善污水处理评价体系。例如政府可以聘请专业的监管单位，确保污水处理项目的科学性和实用性。

（4）加大宣传，增强村民环保意识。

近年来，由环境问题造成的危害很多，许多疾病也是由环境问题造成的，人们逐渐认识到环境保护的重要性。然而，不可否认的是，在一些地区，特别是乡村，村民的环境保护意识还比较薄弱，随意排放污水的现象在乡村依然严重。因此，要治理乡村污水，就必须加大宣传力度，增强村民的环保意识。

（三）乡村厕所治理

（1）加强教育督导，增强服务意识。

除了加强对干部工作的督导之外，乡镇干部自身也要加强服务意识和群众思想，要想做好基层的工作，就要时刻谨记从群众中来到群众中去，时刻与群众保持密切联系。在这个过程中，党支部书记作为基层工作的重要带头人，更应该为推动政策的实施贡献自己的力量，发挥好党员的先锋模范作用，从自己做起，实地走访各个村户的改建工作进程，查看是否存在问题，发现问题及时上报，通过交流

来为广大基层群众树立厕所改建工作的决心，只有这样才能真正地实现上下联动，切实推进乡村厕改工作，从而保证乡村厕改工作的高效完成。

（2）加大宣传力度，创新宣传方式。

在推进乡村厕所改建的工作中，基层要加大宣传力度，最主要的是要学会挑选合适的宣传时间，辨别最有效、最易着手的宣传对象，同时要创新宣传方式来加强宣传工作的力度。

通过有效的宣传教育，大部分乡村群众都能够更直观地了解到厕所改建的意义所在，从而改变传统思想，增强厕改意愿，因此在加强宣传的时候要采取有效的举措，采用多种方法增强乡村居民的厕所改建意识。例如宣讲应主要针对决策群体，特别是户主。在实际宣传中，许多地方通过发放宣传册子或通过村内大喇叭来进行宣传，但实际内容枯燥无味、千篇一律，以致群众难以直观理解，传播的范围也相对较小、时效较短。因此，在实际宣传过程中，需要基层干部精准识别不同的宣传对象，创新针对不同人群的宣传方法。

（3）增加技术处理，提高改厕质量。

加强厕所粪污无害化处理与资源化利用。加强乡村厕所革命与生活污水治理有机衔接，因地制宜推进厕所粪污分散处理、集中处理与纳入污水管网统一处理，鼓励联户、联村、村镇一体化处理。鼓励有条件的地区积极推动卫生厕所改建与生活污水治理一体化建设，暂时无法同步建设的应为后期建设预留空间。积极推进乡村厕所粪污资源化利用，统筹使用畜禽粪污资源化利用设施，逐步推动厕所粪污就地就农消纳、综合利用。

切实提高改厕质量，科学选择改厕技术模式，宜水则水，宜旱则旱。技术模式应至少经过一个周期试点试验，成熟后再逐步推广。严格执行标准，

把标准贯穿乡村厕改全过程。在水冲式厕所改造中积极推广节水型、少水型水冲设施。加快研发干旱和寒冷地区卫生厕所适用技术和产品。加强生产流通领域乡村厕改产品质量监管，把好乡村厕改产品采购质量关，强化施工质量监管。

逐步普及乡村卫生厕所。新改户用厕所基本入院，有条件的地区要积极推动厕所入室，新建农房应配套设计建设卫生厕所及粪污处理设施。重点推动中西部地区乡村户厕改造。合理规划布局乡村公共厕所，加快建设乡村景区旅游厕所，落实公共厕所管护责任，强化日常卫生保洁。

（4）健全政策制度，完善长效管护机制。

要想真正实现乡村的厕所改建政策，就要了解这个过程不只涉及观念的转变、设施的优化，更考验着政策机制是否完善、各个部门是否能够团结协作完成工作。由无到有建造一间厕所并不困难，重点是如何在建造的过程中保证各方协调、政策完善，在建造完成后形成长效的管理维护体系。政府在这个过程中是推进政策落实的领导主体，肩负着协调部门合作、调动各方资源、筹集资金并保证有效使用的诸多职责，所以要积极地成立专门的领导机构研究政策的健全措施。

推进乡村厕所改建政策的落实，改建完成后的长期运营管理和维护是不容忽视的重要流程。为了完善长效的管护机制，各个地区的政府应充分盘活补助资金，通过对后续的使用和管理情况进行衡量，对于机制比较完善的地区可以给予适当的财政奖励。在工作检查中对各个乡镇辖区进行不定期的抽查，对于抽查结果中表现优秀的乡镇进行适当奖励和表扬鼓励。相应地，在管护工作上没有形成良好工作意识的，也要进行通报批评、责令整改。在完成厕所改建工作后的管理维护中，注重构建长效可行的管理机制，就能够显著地使厕所改建工作长远推行，并延长厕所的使用时间。

（5）结合美丽乡村和乡村振兴战略，进行"厕所革命"典型示范。

新形势下我国乡村正实现从"乡村建设运动"到"美丽乡村计划"，再到"乡村振兴战略"的时代跨越。我国的"美丽乡村计划"工作在各地已如火如荼地展开。党的十九大以来，全国各地在"产业兴旺、生态宜居、乡风文明、治理有效、生活富裕"20字方针的指引下，大力实施乡村振兴战略。《中共中央 国务院关于实施乡村振兴战略的意见》中也强调了应加快乡村无害化卫生厕所的全覆盖，开展田园建筑示范等工作。在此大背景下，我国在各个"美丽乡村"进行"厕所革命"新技术、新产品的典型示范，将卫生厕所作为一个考核指标，从而在全国起到引领作用和以点带面的作用，以探索我国乡村现代化过程中"厕所革命"的新模式、新类型。

乡村美不美，环境好不好，直接关系到农民生活质量高不高。党的十八大以来，党中央高度重视农村居住环境整治工作。各级政府增加投资力度，更加重视相关工作的开展情况，美化乡村环境。但也要看到，国内乡村居住环境问题依旧严峻，脏乱差问题在不少地方仍然很明显，与农民群众的期望仍有较大差距。

第三节　乡村村容村貌提升

提升村容村貌也是改善乡村人居环境的重要工作。2021年全国已基本完成县级国土空间规划编制，明确村庄布局分类。积极有序推进"多规合一"实用性村庄规划编制，对有条件、有需求的村庄尽快实现村庄规划全覆盖。对暂时没有编制规划的村庄，严格按照县乡两级国土空间规划中确定的用途管制和建设管理要求进行建设。编制村庄规划要立足现有基础，保留乡村特色风貌，不搞大拆大建。针对近年部分地区出现的村庄强制性合并，2021年《中

共中央　国务院关于全面推进乡村振兴加快农业农村现代化的意见》明确了乡村建设是为农民建设，要因地制宜、稳扎稳打，严格规范村庄撤并，不得违背农民意愿。到 2023 年，乡村房屋要完成安全隐患排查整治，基本解决村内道路泥泞、村民出行不便等问题。

一、乡村空间格局梳理

（一）乡村空间格局的相关概念

（1）乡村空间。

乡村空间是指在一定地域范围内，乡村的物质要素和非物质要素之间相互作用所呈现的一种空间形态，是由多层次的乡村居民点及其周围空间环境组合而成的完整的地域系统。具体来说，乡村聚落空间、乡村生态空间、乡村基础设施网络空间和乡村社会服务设施网络空间构成乡村空间的物质空间，乡村产业与经济空间、乡村社会组织空间、乡村乡土文化空间构成乡村空间的非物质空间。

（2）空间格局。

空间格局指的是物质要素在地理空间上的组合形式或分布排列状况，也就是其在地域空间上的镶嵌结构，它是物质要素的各个方面受社会、经济、自然等因素综合影响，在空间地域上相互作用的结果。对物质要素进行空间格局研究，目的在于从这些看起来无序的空间分布状态中找到其中可能存在的、有价值的规律和特征。而目前对物质要素进行空间格局特征的研究已是地理学、社会学、经济学等领域的研究热点之一。根据研究对象和领域的不同，目前对于空间格局的研究总结为土地利用空间格局、景观空间格局、人口空间格局、经济空间格局几方面。

（3）乡村空间格局。

乡村空间格局与乡村空间结构及乡村空间形态概念相似，但有所不同。乡村空间结构与空间形态更多地注重乡村自身所呈现的状态和组合关系，而乡村空间格局是空间各构成要素在时间与空间上共同作用的结果，是乡村的综合系统在某一时间内和某个空间上表现出的基本稳定的状态。因此可以说，乡村空间格局包含乡村空间结构和空间形态两个方面的内容。乡村空间格局除了强调乡村内部的状态和关系外，还强调了乡村内部环境与外界自然环境的状态和关系，是为了将自然环境与乡村聚落放在同等重要的地位来研究。

乡村空间格局相关概念如表 8.2 所示。

表8.2　乡村空间格局相关概念

项目	概　念
乡村空间结构	乡村构成要素在空间范围内的组合关系，是乡村经济结构、社会结构在空间上的投影，是乡村构成要素空间分布所体现的抽象关系
乡村空间形态	乡村构成要素在一定地域空间上的综合反映，是物质要素及各类活动的外在表现形式
乡村空间格局	空间构成要素在时间与空间上共同作用的结果，是乡村的综合系统在某一时间内和某个空间上表现出的基本稳定的状态，乡村空间格局除了关注空间结构和空间形态外，还强调内部空间与外部环境间的关系

（二）乡村空间格局主要影响因素

在人类长期的生产、生活实践中，人口规模与建成区格局间存在一种密不可分的影响关系。人类活动塑造了乡村聚落，聚落承载着人类活动。乡村空间格局受人口规模的影响，是对地区自然环境的一种适应性改造。在城乡规划设计中，对建设规模的预测也往往从预测地区人口变化趋势开始，从本质上讲，地方人口数量决定了建成区的规模。而各级规划形成后，建设用地的划定与配套设施等的布局又在一定程度上限定了未来人口迁移的方向。因此，建设格局的规划调整应以人口变迁预测作为指导依据，人口规模是其他要素影响乡村空间格局的主要媒介。

（1）自然环境。

自然环境是在人类活动开始前就长期存在的宏观物质载体，主要包括地区的气候条件、地貌特征、地表覆盖、水文条件等要素。在人类活动的早期，这些条件很大程度地影响了聚落建设，也使得乡村聚落为适应地区气候、地理条件而形成了地域性的建筑技术与格局特色。气候波动也会对乡村移民产生影响。直至今日，在人口迁移类研究中，自然环境要素仍然是影响人口分布的重要指标。通常表现为地形复杂、耕地条件差，则人口密度较低。目前，由于建设与生产技术不断提高，此类要素对人口变迁的影响正在逐渐减弱。

（2）空间设施。

空间设施类指标是指地区社会服务如医疗、教育、商业，以及公共设施（如给排水、环卫、道路交通等）的完善程度，在部分学者的研究中这些要素被划定为社会发展类。空间设施是为满足居民不断发展与进化的生产生活方式，尤其是现代化生活质量需求，而由政府引导或直接投资建设的各项基础设施。与自然环境不同，空间设施的水平始终处于发展变化中。其与人口迁移存在着相互促进的关系，人口规模的增长导致了设施的建设，设施的完善又吸引了人口的集聚。在相关研究中，空间设施条件越好，人口密度越高。

（3）产业经济。

经济产业主要包含两方面要素：一是经济发展水平（人民是否富裕），二是地区产业结构（主要生产方式）。伴随着生产技术的更新与生产力的提高，各地生产方式在不同的历史时期有着十分明显的发展变化。而这些变化往往是依托产业结构的变革首先发生的。也正因如此，城市地区的人口迁移对产业经济类要素的敏感性要显著高于乡村。相应地，乡村多具有产业结构单一、生产技术更新发展较慢的特征，产业经济类指标在这些乡村对人口迁移的影响程度较低。

（三）乡村空间格局调控内容

我国住房和城乡建设部于 2010 年印发《镇（乡）域规划导则（试行）》（本节中简称《导则》），对我国乡镇级别的基层行政区域的镇域规划制定提出了原则性建议。其中涉及的村镇体系、空间利用布局与管制、居民点布局、基础服务设施布局等内容均与镇域乡村空间格局相关，存在相互促进或制约的关系。根据《导则》的要求，乡村建设规划应系统考虑影响乡村发展和建设的因素，根据发展水平、区域条件等，从居民点空间布局、建设用地管控、乡村生活垃圾和污水治理、农村人居环境整治、乡村历史文化保护、住房建设、设施建设和乡村格局营造等方面，制订落实乡村建设决策的五年行动计划和中远期发展目标，明确相应发展指标。2018 年 9 月，中共中央、国务院印发《乡村振兴战略规划（2018—2022 年）》，按照产业兴旺、生态宜居、乡风文明、治理有效、生活富裕的总要求，指导各地区编制新一轮乡村规划。

（1）人口流动与规模预测。

建成区格局现状反映了地区较长时期人类活动的累积强度。通过研究乡村空间格局的驱动因素，可以间接地得出不同地区历史人口规模差异性的驱动因素。而现阶段对人口规模的预测依据主要为规划范围及周边地区多年人口数量、人口结构的变迁情况。在获得这些数据的基础上应用相关人口预测模型对人口流动与中远期规模进行预测。具有时代与地域针对性的乡村空间格局驱动力研究可以丰富人口预测依据，提高乡村规模预测的准确性。

（2）空间布局与管制。

乡村空间布局与管制是改变村落格局的直接方式。需要在考虑现有生态资源承载能力、气候地貌适宜性、自然文化保护的基础上，结合远期人口规模与人民生产、生活方式进行规划。划定禁止建设区、限制建设区、适宜建设区。

（3）公共服务及基础设施布局。

乡村公共服务设施建设与乡村基础设施建设是提升乡村设施水平的重要手段，相关规划则是实施设施建设的根本依据。设施规划中需要根据乡镇人口规模预测与设施人均配建标准，计算出乡镇设施配置规模，再根据镇域村镇体系对设施分布进行合理的布局。乡村空间格局研究可以推导出研究范围内乡村村民对公共服务与基础设施的实际需求，能够为制定配置标准提供理论依据。同时设施布局可以与格局调整相结合，突出设施建设对村民生活的重要性，作为乡村空间格局调整的重要手段。

二、乡村建筑风貌整治

（一）乡村建筑风貌的相关概念

建筑是对建筑物与构筑物的总称。建筑家维特鲁威在《建筑十书》中提出：建筑要素要具有实用、美观、坚固的特点。《建筑初步（第2版）》对建筑的解释是建筑是人为创造的环境，建筑包含不同功能的内部空间，又处于周围的外部空间之中，供人们从事各种活动。建筑是人们为了满足社会生活需要，利用物质技术手段和一定的科学规律、风水理念、美学法则创造的人工环境。

《古代汉语词典》将风貌解释为风采容貌。日本著名学者池泽宪将风貌定义为反映景观和面貌，是空间与环境的外显与表达。"风"是风采，是社会人文意向；"貌"是容貌，体现于自然环境和空间形态等之中。建筑风貌是建筑的物理属性及社会人文取向的综合。也就是说，建筑风貌不仅包括建筑的高度、形态、颜色等物质内涵，还包括文化内涵、社会内涵。乡村建筑风貌如图8.6所示。

图8.6　乡村建筑风貌

乡村建筑风貌可以理解为除了城市、城镇以外的乡村建筑物和构筑物所展现出来的物质特征和精神特征。物质特征是乡村建筑形成的自然背景和基础，是乡村建筑风貌形成的主要组成部分之一。精神特征包含历史因素和社会因素，是指在一段历史时期中，乡村建筑所呈现的时代精神和文化内涵。乡村建筑风貌是乡村风貌特质体现的重要直观载体，是由自然环境条件（地形地貌、自然资源、气候气象）和人文社会环境（民族、宗教、民俗、伦理、观念）等多种因素决定的。

（二）乡村建筑风貌的影响因素

（1）地形地貌因素。

地形地貌是指乡村所处的地貌和山地、丘陵、盆地和平原等地理要素组成方式。地形地貌是区域建筑风貌形成的基础条件，地形地貌特征潜移默化地影响了建筑形式，形成了不同地区不同建筑风貌特征。地形地貌因素主要影响了建筑选址和建筑布局、建筑墙体。地质因素影响了房基地的承载能力和稳定性。在选择房基地时，由于要考虑地质灾害的影响，建筑布局灵活多变。在地质条件较差的地区，建筑布局一般比较零散，建筑层数较低；地质条件较好的地区，建筑多为集中布局，建筑层数相对较高。受地质情况影响，建筑设计与施工过程中，会考虑采取何种建筑结构样式以及是否采取加固方案，建筑墙体也会因地质条件不同呈现不同厚度，因而建筑材料的选择也相应受到影响。此外，建筑选址会受建设用地情况影响，平原地区建设用地较多，建筑多集中布局；建设用地少的地区，建筑多依山就势，分散错落布局。

（2）自然资源因素。

乡村自然资源状况决定了区域建筑材料的使用情况，特别是在经济不发达地区，受交通运输条件的影响，这类村庄一般就地取材。建筑材料作为建筑的物质基础，受地质条件和自然环境要素的影响，

有着明显的区域性，因此建筑材料决定着建筑风貌特征。如我国东北、华北、华南地区盛产高大坚韧的乔木，该区域的建筑一般以木架构建筑为代表，木架构一般作为屋顶和屋身的骨架，墙体一般不承重；在黄河中游地区的陕西、河南等地由于黄土堆积较厚，最厚可达400米，很难找到石料，因此产生了窑洞这种独特的建筑形式。

（3）气候气象因素。

不同地区气候气象条件不一，从古至今，气候气象因素一直是推动建筑营造和发展演变的关键因素，也就是说，当气象气候条件与人们自身生活舒适性需求产生矛盾时，人们会对建筑采取一系列活动，以适应气候气象条件。因此，建筑形式、构造、色彩以及细部构件都能体现出建筑对气候气象的适应性。气候气象是影响建筑风貌的客观因素，不会因科学的进步而有所改变。

影响建筑风貌发展变化的主要气候气象因素包括太阳辐射、气温、降水、风等。太阳辐射是气候的决定因素，包括直接和间接的太阳辐射。各气候因素相互作用，使区域呈现出不同的气候特征。

（4）文化因素。

区域的自然环境因素决定了建筑的物质形态，而文化因素决定了建筑风貌的精神内涵。吴良镛将扎根乡土、经过新陈代谢和有机更新的民居建筑称为"有生命的建筑"。建筑风貌的文化因素是建筑的灵魂和气质，反映在建筑形式、建筑材料、环境与建筑的融合等各个方面，在建筑选址，建筑形式，建筑屋顶、门窗以及细部装饰等方面得以具体体现。建筑的文化内涵不是一成不变的，随着社会的进步、历史环境的改变和居民观念的变化，不同时代乡村建筑风貌的文化内涵不一样，乡愁亦不相同。

民族文化不同，建筑风貌会存在差异，儒家文化、风水思想也会影响建筑形制与选址，四者相互影响、相互制约，形成独特的艺术风格，差异性明显。如受儒家文化影响的建筑，呈现密闭性和隔离性特

点，于是就产生了院墙和大门；风水思想影响了建筑的选址、布局、朝向、材料等，北方常见的背坡面水的建筑布局形式就是受风水思想影响的结果。

（5）社会因素。

社会因素包括政策、舆论、村规民约、伦理道德、审美习惯等，同一个区域的建筑，在不同的社会阶段，受社会因素的影响会呈现出不同特征。传统村落之中，历史建筑的布局及街巷走向均体现出一定的秩序，如社会地位、年龄长幼等。现代建筑多考虑经济实用和新能源、新技术的应用，建筑平面与外观、建筑材料和传统民居截然不同。此外，建筑风貌还受到家族繁衍状况、经济能力和社会地位影响，家族实力较强的，一般建筑体量较大，建筑细部较精致，建筑色彩也比较丰富。

（三）乡村建筑风貌提升的内容

分析了乡村建筑风貌的影响因素后，审视当前乡村建筑风貌现状，更加明晰了乡村建筑风貌整治的紧迫性。乡村建筑风貌整治应该从建筑的"风"和"貌"两个层面，即从建筑的精神层面和物质层面来研究。

（1）精神层面。

文化是建筑之魂，不同文化背景下，建筑风貌是有区别的。如今乡村"千村一面"问题就是建筑风貌的精神内涵的错误表达。针对建筑风貌缺乏文化内涵的现象，贝聿铭曾提出"留住中国建筑的根"。建筑风貌特色不是盲目地求奇求洋，也不是人云亦云，而是在区域文化背景下，建筑平面与外观、建筑材料、建筑色彩、建筑细部构造和装饰的特色体现。建筑风貌的整治不应仅从居住安全性修缮方面着手，还应该注重建筑部件精神内涵的整治和修复，建筑风貌精神内涵的整治表现为挖掘建筑自身的文化内涵。建筑风貌精神层面的整治不是对传统建筑盲目地模仿，其应该基于对建筑历史文化发展规律的探寻，并从创新的角度予以传承。因此，建筑风

貌精神内涵整治的实质就是探寻如何精辟地把握区域建筑文化内涵，提炼文化精髓并予以传承和发展。对传统建筑、历史建筑要注重保护建筑的历史信息，包括平面、立面、室内装饰、雕刻等。可在严格考证的基础上，对建筑原样修复，确保历史真实性。对于既有的风貌有问题的建筑，应用传统文化符号对建筑立面、建筑形式、建筑细部、建筑色彩等进行改造提升，使其既满足适用功能又与区域文化背景相协调。对于新建建筑，要立足发展，考虑长远，建筑风貌整治时不能盲目地照搬传统建筑元素，应注重传统文化要素的继承和发展，使整治后的建筑风貌既符合传统文化要求，又体现时代特征。

（2）物质层面。

建筑是由物质构成的，物质是建筑的基础属性。建筑风貌是人们对建筑这一物质的感知。感知可分为总体性感知和局部性感知两个层面。总体性感知是对建筑平面和外观而言的，涉及建筑美学层面。由于村落之中并存着各个时期的乡村建筑，建筑风格差异显著，鳞次栉比的排列使得整个乡村建筑风貌表现出一定的排列次序，可从其排列顺序中窥探出其建筑年代及与之相吻合的建筑风格。局部性感知是对建筑墙体、屋顶、门窗等建筑部件的感知。建筑部件发展演变受地质地貌条件和气候气象条件等自然环境的影响非常明显，在建筑部件上可以看出建筑对自然环境的适应与改造的痕迹，通过对不同时期建筑部件的研究，可以看出建筑部件变化是持续的、渐进的，因区域不同而呈现出独特的表现形式。局部性感知决定了建筑总体性感知。因此建筑风貌的整治应该从对建筑的局部性感知研究开始。

概括来说，建筑风貌物质层面的整治就是运用施工技术和建筑材料对建筑结构进行修缮和改造。整治对象是展示建筑外观风貌的建筑构件，包括墙体、屋顶、门窗等，整治重点是功能修复和美化。建筑墙体是建筑的围护和结构构件，起到承重、围护、分隔的作用。墙体能防止太阳辐射和噪声干扰，

能抵御风、雨、雪的侵袭，起到保温、隔热、隔声、防水的作用。建筑屋顶是房屋或构筑物外部的顶盖，分为坡屋顶和平屋顶两种样式，屋顶主要作用是承重、围护（隔热、防晒、防雨）、装饰，其中坡屋顶还有防太阳辐射、通风散热、防屋顶积水的功能。门窗按其所处的位置不同分为围护构件或分隔构件，具有保温、隔热、隔声、防水、防火等功能，门窗还是建筑造型的重要组成部分，门窗的形状、尺寸、比例、排列都影响着建筑风貌。

乡村建筑风貌的整治，要从建筑自身情况出发研究。传统建筑和历史建筑的物质层面的整治，应该对建筑整体进行恢复性保护；对建筑周边的环境进行保护，禁止建设一切现代风格的建筑。对于现代建筑，在满足居民生产、生活需要的基础上，从建筑部件、建筑材料入手对建筑风貌进行整治，尽量节约成本，避免大拆大建，注重使用本地材料和新工艺。对于新建建筑，重点是建筑风貌的引导和管控，推荐使用新材料和新技术，建筑部件、建筑材料要有时代印记。

三、乡村景观风貌提升

乡村景观风貌提升是指在乡村通过改善和优化景观、环境和人居条件，提升乡村的整体形象和品质。乡村景观风貌的提升可以改善居民的生活环境，提高绿化、景观和公共空间的质量，提供更多的休闲、娱乐和锻炼机会，提高居民的生活质量和幸福感。乡村景观风貌提升的过程中，应注重保护和传承地方的历史、文化和建筑遗产，通过保留传统风貌和建筑风格，营造独特的乡土文化氛围。乡村景观风貌提升应注重生态环境的保护，合理规划土地利用方式、农田布局和生态景观，保护自然资源，提升农田生产力，促进乡村可持续发展。

（一）乡村景观风貌构成要素

（1）地形地貌。

地形地貌作为乡村景观风貌构成的基本要素之一，是形成乡村地域景观的宏观面貌。按照自然形态可以把地形地貌划分为五种类型：山地、高原、平原、丘陵、盆地。由于地形地貌不同，才会形成不同的乡村景观风貌。同时海拔的不同也影响了自然景观风貌、农业景观风貌和村庄聚落景观风貌。

（2）水体。

水资源对于乡村来说既是农业发展的经济命脉，同时因为水资源自身的观赏价值，它又是乡村景观风貌构成中最有活力的要素，更是人类赖以生存和发展的必备条件。水资源的多样性特征，决定了它具有多种生态特征，例如冰川、沼泽、河流、湖泊等。

（3）植物。

植物区别于其他要素，最大的特点就是其自身有生命，能生长。植物的其他特性都基于它具有生命。首先，植物随着季节的不同和生长的快慢变化而不断变化，这些变化体现于植物的色彩、质地、叶丛的疏密程度等。其次，由于植物的生长受到土壤的肥力、土壤的排水性、光照、风力、气候、温度等自然条件的影响，因此植物生存并生长需要满足一系列特定的环境条件。

（4）构筑物。

构筑物是作为有形的设计要素而存在的。所谓构筑物是指景观中那些具有三维空间的构筑要素，这些构筑物能在地形、植物以及建筑物等共同构成的较大空间范围内，完成特殊的功能。构筑物在外部环境中一般具有坚硬性、稳定性以及相对长久性。构筑物主要包括台阶、坡道、墙、栅栏，以及座椅等公共休息设施。此外，有一些小型的建筑物也属于构筑物。

（5）铺装材料。

铺装材料是指所有自然形成或人为制造的铺地材料。常见的铺装材料包括沙石、砖、瓷砖、条石、水泥、沥青，以及在某些场合中使用的木材等。

地面、垂直面和顶平面通过一定的方式方法受到影响才会构成许多不同类型的室外空间。在这些空间构成当中，铺装材料对于道路的组织方面，在完善空间的完整和限制空间感受方面，在满足其他所需要的实用功能和美学功能方面，都是一个重要的因素。

（二）乡村景观风貌基本结构

景观是由斑块、廊道、基质组成的异质性区域。各要素的数量、大小、类型、形状及在空间上的组合形式构成了景观的空间结构。因此，乡村景观也可以点、线、面三个层面来进行结构分析，也就是所谓的斑块、廊道、基质，即景观有斑块、廊道、基质三种类型。

（1）斑块指的是与周围不同的相对均质的宽阔区域，在斑块内部呈现微小的异质性，并以相似的形式重复出现。实际上，该定义强调的是斑块的空间非连续性和内部均质性。广义上来说，斑块可以是有生命的，也可以是无生命的；狭义上来说，斑块是指动植物群落。斑块的形成机制涉及干扰、环境异质性和人为活动。

（2）廊道指的是地表区域上外观不同于两侧基质的狭长地带。从另一种层面上来讲，廊道也可以说是形状特殊化的斑块。

（3）基质指的是景观中的背景地域，是在景观中面积最大、连接性最高、起控制作用的景观要素类型。控制景观动态是基质的最根本特征。从乡村的空间结构上来讲，山林便是山地型乡村的基质。

（三）乡村景观风貌优化的内容

乡村景观风貌要素是乡村整体景观风貌的基本构成要素，乡村景观风貌特色是乡村景观风貌要素的综合体现。乡村景观可分为自然景观与人文景观，人文景观依据要素类型的不同分为物质要素类型的人工景观以及非物质要素类型的文化景观。

乡村的自然景观是村庄地形地貌，山林水体、气候、植被、土壤等的综合体现的景观，是村庄主要的生态环境，是村庄聚落的生态基底。村庄的物质要素类型的人文景观包括农田景观、果林景观、建筑景观、场所空间节点景观、基础设施等，是村庄主要的人居环境，是乡村聚落的景观格局；非物质要素类型的文化景观风貌主要表现为乡村具有民族特色或地域特色的民风民俗、文学艺术等。

（1）自然景观。

村庄的自然景观风貌一般指的是村庄地域范围内的自然景观，反映的是村庄的自然资源状况。严格意义上讲，村庄的自然生态景观是指未经过人类开发或干扰的自然要素，但如今在乡村，未经人类活动干预的景观已经越来越少，站在景观的角度上来看，正是由于人类活动会对此类自然资源景观造成不良影响，才需要对此类景观进行修复提升或者保护。提升村庄自然景观就是提升村庄的生态空间，就是要保护水资源、山林资源，保护自然生态的多样性。通过保护现有山水景观资源、森林资源等，疏通景观廊道，优化景观视觉面的景观，合理地协调村庄和周边山水资源的关系，增强景观资源与村庄聚落的有机联系，完善村庄自然景观生态系统。乡村自然景观系统在一定程度上反映了一个地方最原始的自然景观特质，是构成该地方景观风貌的核心元素，也是人文景观系统的存在基础。

（2）人文景观。

乡村人文景观根据类型不同可以分为物质类型的人工景观和非物质类型的文化景观。其中，物质类型的人工景观主要以实体景观呈现，如建筑、道路、农业等；非物质类型的文化景观主要体现在精神层面，如宗教信仰、民俗文化、地方语言等。这些要素不仅丰富了村民的生活，也体现了乡村的地域文化特色。

第九章　乡村文化传承

第一节 乡村文化体系

乡村发展的根本是土地，动力是乡土文化，决定性因素是人（农民）。近几年，我国乡村文化建设取得了长足的进步，但目前广大乡村文化体系不健全的情况仍然存在，主要体现在缺乏特色乡村文化、乡土社会道德文化流失、乡土历史文化遗产遭到破坏、乡村公共文化设施建设缺口大等方面。在乡村振兴战略实施的背景下，加快厘清乡村文化脉络、完善乡村文化体系迫在眉睫。

一、乡村文化的起源和发展

（一）乡村文化的起源

在四大文明中，中华文明是世界上唯一未曾中断的文明。我国作为农业大国，自古至今农耕文化绵延不息。农耕是利用植物生长规律通过人工培育来获得人类活动必需品的行为，农耕文化（图9.1）一直备受关注。乡村是以从事农业生产为主的劳动者聚居的主要聚落形式。在进入现代工业社会之前，乡村囊括了绝大部分的人口，有着与城市相区别的零散分布、围聚居住、亲近自然等特点，可以说，乡村是以农业为核心形成的，乡村个体的生存离不开农业产业，这也是古代用以区别农耕民族与游牧民族的主要依据。

图9.1 乡村农耕文化

正因为我国历朝历代对农业的重视，再加上我国作为文明古国历史悠久，有太多的农业遗物、遗址、遗存、遗风得以传承下来。"农，天下之大本也"（汉，班固，《汉书》），"农者，天下之本也，而王政所由起也"（宋，欧阳修，《原弊》），这些充分体现了封建制王朝中农业的根本性地位；而"国之所急，惟农与战，国富则兵强，兵强则战胜。然农者，胜之本也"（晋，陈寿，《三国志·邓艾传》）以及耳熟能详的近代俗语"兵马未动，粮草先行"也或直接或间接地说明了农业的重要性；中国古代劳动人民积累的数千年耕作经验更是留下了诸如《氾胜之书》《齐民要术》《农书》《农政全书》等专业农书，更不必说种种民间传说典故、各式民间风俗了，我国农业文化遗产之丰富可见一斑。众所周知，乡村的起源几乎可追溯至人类的出现，乡村更是古代各时期的基本行政单位，也伴随着农业这一产业的兴衰而兴衰，因此，农业遗产的"乡村性"特质可以说是不言而喻的。

"乡村振兴"口号的提出是乡村农业遗产发展的完美契机，依靠多年"美丽乡村"建设工作所打下的坚实基础，时下是农业遗产保护利用与乡村建设相结合的千载难逢的黄金时段，农业遗产的保护与开发利用要和新乡村社会、乡村经济的可持续发展与"三农"问题的解决有效结合起来，新时代民族复兴这一乡村振兴新使命赋予了乡村全新的发展活力。

（二）乡村文化的发展

乡村文化是农民在生产、生活过程中的经验总结和思想结晶，受农民个人意识和集体决策影响较大，由特定地域的文化积淀而成，具有强烈的地方特色。乡村文化主要源于地方性的人群，以血缘、地缘为纽带，是在长期的生产、生活实践中处理人与自然、人与人、物质需要与精神需要等关系时总结的经验。乡村文化植根于广大乡村，是中国传统文化的重要组成部分。

对于乡村文化起源和发展的研究，有利于乡村文化的传承和发展，但同时我们应该认识到乡村文化是广大乡村发展和延续的关键，不应肤浅地将乡村文化看作乡村传承下来的风俗习惯、民间活动、手工技艺等的记录和概括，而应将其看作对乡村伦理道德、精神文明内核的传播和继承，其重要意义不言而喻。

二、影响乡村文化的因素

乡村文化的传承和发展离不开乡村自然环境、社会环境、人文环境和经济环境因素等的影响，各种因素之间相互作用，构成了不同乡村文化的显著特征。

（一）自然环境因素

自然环境是社会环境和文化环境的基础，社会环境和文化环境是基于自然环境而发展的。自然环境是环绕在生物周围的各种自然因素的总和，这些是生物赖以生存的物质基础。这些自然因素通常被划分为大气圈、水圈、生物圈、土壤圈、岩石圈等五个自然圈。生物是自然的产物，而生物的活动又影响着自然环境（图9.2）。

图9.2 乡村自然环境

不同的自然环境所形成的乡村文化有所不同，乡村文化所依托的物质要素不同，所形成的文化也具有独特性，如江南水乡文化和黄土高原文化具有很大差异（图9.3）。

江南水乡地处长江三角洲太湖流域的湖积平原，其中有许多零星的湖泊沼泽。水网化的形成，促进了农业、交通和贸易的发展。

江南水乡地区具有得天独厚的自然条件。水是江南水乡环境的母体，江南水乡因水而生，因水而兴。昆山的周庄镇，四面环水，"咫尺往来，皆须舟楫"（《贞丰拟乘》），而镇北的白蚬湖又是联系苏、浙、皖、沪三省一市的枢纽，是往来船只避风和补充给养的良港。昆山的同里镇可谓"五湖环境于外，一镇包涵其中"（《同里志》）。角直、南浔、西塘、朱家角等古镇通过贯穿镇区的上字形、十字形或星形等形状的河道，沟通太湖、运河、长江甚至大海。因此，在以舟楫为重要交通工具的时代，商业随着交通的日益便捷而得到发展。四乡的物资到这些地方集散，使得这里人丁兴旺、商贾四集，形成了繁荣的街市。古镇区被众多河道分割，被几十座风格各异的石桥连为一体，镇区内传统建筑鳞次栉比、街巷逶迤、家家临水、户户通舟，形成江南水乡古镇独特的小桥流水人家的自然景观和生活特征。

反观黄土高原，千百年来，生活在这块土地上的人们祖祖辈辈在同一自然环境中，其经济方式、交通方式、居住方式、饮食习惯等均大体相同，连语言都基本一样。这多方面的共性，既增强了这块土地的有机性和统一性，又增强了它的独立性，它逐渐形成了自己的文化，这种文化属于一种综合性文化，与畜牧文化、农耕文化有着明显的不同，它自成一家，成为中国北方文化中一个突出的典型。

图9.3　江南水乡与黄土高原景观差异

（二）社会环境因素

广义的社会环境，是我们所处的社会政治环境、经济环境、法治环境、科技环境、文化环境等宏观因素的综合。狭义的社会环境仅指人类生活的直接环境，如家庭、劳动组织、学习环境和其他集体性社团等。社会环境对人类的形成和发展起着重要作用，同时人类活动给予社会环境以深刻的影响，而人类本身在适应和改造社会环境的过程中也在不断变化。

社会环境的构成因素众多，非常复杂，但就对传播活动的影响来说，主要有四个因素：

（1）政治因素。它包括政治制度及政治状况，如政局稳定情况、公民参政状况、法制建设情况、决策透明度、言论自由度、媒介受控度等。

（2）经济因素。它关系到经济制度和经济状况，如市场经济发展的程度、媒介产业化进程、经济发展速度、物质丰富程度、人民生活状况等。

（3）文化因素。它是指教育、科技、文艺、道德、宗教、价值观念、风俗习惯等。

（4）信息因素。它包括信息来源和传输情况，信息的真实、公正程度，信息爆炸和污染状况等。如果上述因素呈现出良好的适宜和稳定状态，那么就会对大众传播活动起着促进、推动的作用；相反，就会产生消极的作用。

（三）人文环境因素

人文环境可以定义为一定社会系统内外文化变量的函数，文化变量包括共同体的态度、观念、信仰、认知等。人文环境是社会本体中隐藏的无形环境，它的产生适应了人类社会文明进步的客观需要。

人文环境专指由于人类活动而不断演变的社会大环境，是人为因素造成的、社会性的，而非自然形成的。在某一特定区域环境中，自然环境因素和社会环境因素的发展最终会以人文环境的形式出现，同时，人文环境反作用于自然环境和社会环境，推动区域发展。

（四）经济环境因素

乡村经济环境是指在广大乡村，直接或者间接从事物质生产和非物质生产经济活动的综合，是乡村中各种经济活动和经济关系的总和。认知乡村经济环境，应厘清乡村经济结构的内容和地位。乡村经济包括乡村产业结构、乡村技术结构、乡村就业结构、乡村所有制结构、乡村经济组织结构及地区布局结构等。其中，乡村产业结构是乡村经济结构的主要组成部分。

三、乡村文化保护的内涵及意义

（一）乡村文化保护的内涵

在传统农业社会里，乡村文化与城市文化只有分布上的差别而无性质上的不同。乡村文化是城市文化的根柢。乡村文化具有极为广泛的群众基础，在民族心理和文化传承中有着独特的内涵。

乡村文化是传统文化生存发展的家园，是村民在农业生产与生活实践中逐步形成并发展起来的道德情感、社会心理、风俗习惯、是非标准、行为方式、理想追求等，表现为民俗民风、物质生活与行动章法等，以言传身教、潜移默化的方式影响人们，反映了村民的处事原则、人生理想以及对社会的认知模式等，是村民生活的主要组成部分，也是村民赖以生存的精神依托。较之工业的高速发展，农业的缓慢发展常常给人以安全稳定的印象。

相对于城市的复杂与多变，乡村则有着更多诗意与温情，它承载着乡音、乡土、乡情以及古朴的生活、恒久的价值和传统。在城市化背景下，乡村的大量消失并不意味着乡村文化的消亡；相反，乡村文化更加稀缺而珍贵，乡村依然是人们心灵的寓所。

在中国古代社会，乡村文化是与庙堂文化相对应的一种文化，乡村文化在乡村治理中发挥着重要作用。在人们的记忆中，乡村是安详稳定、恬淡自足的象征，故乡是人们魂牵梦绕的地方。回归乡里、落叶归根是人们的选择和期望。

在现代社会，乡村文化是与城市工业文化相对应的一种文化，许多城里人生活在都市却时时以乡村为归属和依靠，有所谓"乡土中国"的心态。城镇化是"以城带镇"的发展模式，是由农业人口占很大比重的传统农业社会向非农业人口占多数的现代工业社会转变的历史过程。

随着城镇化进程的快速推进，"城市病"日趋凸显，主要表现为环境条件恶化、水资源紧缺、交通拥堵、优质教育资源紧缺、居住条件恶劣、就业困难等。其实"城市病"还表现为更严重的精神家园的迷失。城镇化使大量农民突然进入城市，面对飞速发展的现代生活，他们有诸多的不适应，而且使乡土文化遭受前所未有的危机：充满诗情画意的田园风光被喧嚣和紧张的城市气氛所代替，进城愿望与生存状况的冲突，乡村记忆与城市体验的冲突造成进城农民身份认同的迷茫与困惑。在农民大量进城、乡村土地被大片征用、第一产业从业人员比例迅速降低的现实境况下，如何建设农民的家园尤其是精神家园成为迫切需解决的问题。

走出乡村文化生存困境的途径是：重构乡村文化，即通过发展农业现代化，提高农民文化自觉意识，以及在文化创新中凸显乡村文化个性；开展乡村文化建设，一方面要提高乡村文化个体的综合素质，另一方面要加强乡村文化基础设施建设，进行系统综合治理；乡村文化建设也需要现代化，但不是简单机械的城市化。乡村文化具有极为广泛的群众基础，在民族心理和文化传承中有着独特的地位。在现代社会，尽管工业文明和城市文明长足发展，但乡村文化仍有其独立的价值体系和独特的社会意义、精神价值。维护、传承和创新乡村文化，使之与城乡统筹发展相匹配，与文化大发展、大繁荣相适应，是亟待深入研究的时代课题。

（二）乡村文化保护的意义

1. 对乡村文化的保护就是对乡村的保护

城镇化虽然加速了乡村经济的发展，但无疑也让乡村文化受到了较大的冲击，而我们必须知道的是，文化一直以来都是社会秩序的重要组成部分，乡村文化也是一样。因此保护乡村文化，实际上也是对乡村本身运行秩序的一种保护。

2. 对乡村文化的保护能促进文化遗产的传承

乡村文化是我国丰富文化遗产的组成部分之一，比如农业生产遗迹、古宅民居、木雕、石刻、剪纸等民间手工艺技术，很多已经处于失传的边缘，亟须对其进行传承。随着乡村文化保护行动的开展，更多的人理解了保护乡村文化的意义，愿意投身于乡村文化保护中，从而促进文化遗产的传承。

3. 对乡村文化的保护具有潜在的、巨大的经济价值

我国乡村文化历史悠久、内容丰富，不仅具有文化价值，也具有巨大的经济价值，加快对乡村文化的保护，探索多条实现乡村振兴的路径，在促进乡村居民增收的同时，也带动区域经济的发展，为实现乡村振兴助力。

4. 对乡村文化的保护能重构乡土文明

在我国各个乡村传承下来的各类乡土文明中，有精华，也有糟粕。对乡村文化保护的过程对于乡土文明的重构来讲，也是一次取其精华去其糟粕的良好时机，让乡土文化更具现代意义和人文价值。

乡村文化的保护离不开对古村落、古建筑、古文物等乡村物质文化的整修和保护，以及对民间民族表演艺术、传统戏剧和曲艺、传统手工技艺、传统医药、民族服饰、民俗活动、民间传说、农业文化遗产、口头说唱艺术等乡村非物质文化的挖掘，在乡村文化复兴的过程中乡土文明的精髓与现代文明因素相交融。

第二节　乡村文化资源

一、文化资源调查

文化资源，是指凝结了人类精神劳动的产物，包括精神活动所生产和凝结而成的精神内容，以及精神活动作用于自然对象而产生的结果。

首先，精神活动所生产的精神内容，通过一定媒介的传播，可以被人们所认知、理解并记忆，成为一种可以被开发的文化资源；其次，人类社会活动和精神劳动创造的成果不断积累，精神内容与物质载体结合，以不同的人文表现形态存在于特定地理空间，可以形成历史人文资源，诸如历史遗迹、文化古城等；最后，精神活动作用于自然物质，可以注入创意，赋予自然物质特殊的意义，从而形成自然物质与人文相结合的文化资源。

（一）文化资源调查的意义

1. 保护与传承乡村文化

乡村文化资源往往承载着丰富的历史、传统文化，通过对文化资源的调查可以掌握并记录下这些宝贵的遗产，有助于保护与传承乡村文化的独特性。

2. 促进乡村发展

乡村文化资源调查可以揭示乡村的独特优势，为乡村的发展提供有价值的参考。科学规划和合理利用这些资源，可以推动乡村旅游、文化创意等产业的发展，促进乡村经济的繁荣。

3. 提升乡村形象

乡村文化资源调查有助于发现和展示乡村的独特魅力，使更多的人了解和关注乡村。在社会各界的关注下，乡村形象将会得到改善和提升，乡村发展将会拥有更多机遇和资源。

4. 增强乡村居民的文化自信心

乡村文化资源是乡村居民的精神财富，挖掘和展示乡村文化资源可以增强乡村居民的文化自信，激发他们积极参与保护与传承乡村文化的意识和热情。

（二）乡村文化资源调查的方法

1. 踏勘调研

踏勘调研指通过乡村实地调研，了解乡村各系统发展及建设状况。踏勘调研前要准备好村域和乡村居民点地形图以及搜集其他相关材料。踏勘过程中最好有当地向导带领。通过踏勘，直观感知乡村各种物质环境和乡村发展水平，了解乡村人居环境中的公共服务设施、建筑风貌、公共空间、景观绿地等状况和土地利用现状，初步了解乡村物质空间建设存在的问题、乡村经济（产业）与文化特色等内容，并做好踏勘信息的记录。在踏勘过程中，要特别注意标出、记录实地现状与乡村地形图不一致的地方。有条件的情况下，踏勘期间最好能够住在村民家中两周以上，以进一步充分了解调研乡村的发展历史、乡村的风土与人情、村民的意愿等。

2. 资料调查

乡村规划涉及上位规划、相关政策、村史村情等大量文字与图片资料。资料调查需要搜集乡村基础资料，并通过村委会以及相关管理部门搜集上位规划、历次村庄规划、村史村情、重要项目建设情况、人口构成及变迁情况、产业发展、体制机制、各类统计报表等相关文字和图片资料。

3. 访谈调研

访谈调研对象包括村干部、不同年龄层次的村民、游客、非农产业经营者代表、乡镇政府干部代表等。访谈内容围绕住房情况、公共服务设施及人居环境的满意度、产业发展、生活愿景、村集体领导力等。访谈可采用座谈会、单独访谈、小组访谈等形式。

4. 问卷调查

要针对不同的问卷调查对象分别设计相应的调查问卷，以实现对调研乡村信息全面的搜集与掌握。问卷调查的方式可以分为自填式问卷调查、代填式问卷调查两大类。

（三）乡村文化资源的调查程序

文化资源的调查一般分为以下几步：

（1）文化资源调查准备。

文化资源调查准备的主要任务是：组成调查小组，配备相关专业人员，应包括文物保护、历史文化、规划建筑、社会经济、资源环境以及旅游等领域的专业人员；制订调查计划，确定调查的范围、重点；明确调查要求；制作相关调查表、调查问卷；等等。

（2）文化资源资料搜集。

文化资源资料搜集的内容包括文字资料和图像资料。文字资料主要指与地区文化资源有关的各类文字资料，包括有形的文化资源和无形的文化资源。有形的文化资源包括历史文化遗迹、文物等，无形的文化资源包括版权、表演艺术等精神内容。

（3）文化资源实地调查。

以历史文化名镇（名村）实地调查为例，名镇（名村）现场实地调查的主要任务和内容如下：

①遗产资源的编号、详细名称、地理位置、行政归属、拥有和使用权属。

②遗产资源的特征与演变，包括遗产资源的形成过程、演化历史、功能特性、历史价值、艺术价值、科学价值、社会价值、文化价值以及实际用途等。

③遗产资源的外观形态与结构，包括遗产资源的形态、色彩、组成材料、组成单体与整体的关系、建造工艺、细部装饰水平等。

④遗产资源的规模与体量，包括遗产资源的占地面积、建筑面积、长度、宽度、高度、直径、周长、海拔、高差，以及绿化覆盖率、污染度等。

⑤遗产资源的其他相关信息，包括与遗产资源相关的自然、人文环境要素信息，如气候、水文、

生物、文物、民族等，以及与其有密切关系的历史名人或事件等。

二、文化资源特征分析

（一）无形与有形

一方面，文化资源通常以精神内容为核心，精神内容是无形的；另一方面，文化资源需要依赖特定物质载体而存在，物质载体具有有形的物理特质。因此，文化资源涉及精神内容无形性和物质载体有形性的辩证关系。

在价值属性方面，一方面，无论是纯精神文化资源、准精神文化资源，还是物质文化资源，文化资源的价值是由其中包含的无形的精神内容决定的；另一方面，物质载体在精神内容的形成与积累方面具有基础功能，物质载体在不同文化资源中价值不同。

毋庸置疑，对于纯精神文化资源和准精神文化资源，无形的精神内容直接决定了这类文化资源的性质。物质载体和物质媒介在这类文化资源的构成和属性中，并不能起决定性的作用。但即使是纯精神文化资源，也不能完全脱离物质媒介而存在，其精神内容的传播、存储和使用过程中，也需要借助特定的媒介。这些精神内容和物质媒介结合，得以形成特定形式的文化产品。

（二）持续性和再生性

文化资源的持续性是指文化资源的精神内容可以被持续地加以利用。如上所述，民间传说中的精神内容，可以被持续地加以利用，形成文学、戏曲、电视剧、电影等多种文化产品，而精神内容可以被持续地开发成不同产品而不受到影响和损害。文化资源的这种特性主要是由精神内容的可持续开发性决定的。

文化资源的再生性是指文化资源可以被重新生产出来并被反复利用。但是，正如某些物质资源使用殆尽后不可再生一样，文化资源中的精神内容虽然可以被反复利用，具有持久性，但是一旦精神内容灭失或者失传，那么再生和复原的难度也非常大。精神内容能够成为文化资源，通常是因为这一精神内容具有较强的独特性，或者经过长期积累，或者与特定物质载体结合，无论哪种情形，都需要有特定的条件和前提。

文化资源更多地依赖于物质载体和媒介。随着时间的推移，物质载体将逐步损耗，如果物质载体和媒介消失，物质文化资源也就不存在了。因此，物质文化资源的可复制性和再生性，更大程度上依赖于物质载体的持续时间。保障物质文化资源的持续性，最重要的在于保护好物质载体，延缓物质载体的损耗程度，延长物质载体的存续时间。例如对名人故居、古城、古镇的保护。

此外，由于物质载体复制的可能性，物质载体和媒介本身就较容易进行复制和重建，所以物质文化资源也具有再生性。物质文化资源能否再生，关键在于这种物质载体的重建和复制能否得到认同。而重建的物质载体获得认同的关键在于物质文化资源如何在物质载体重建的基础上，将原本的精神内容完好地重新植入载体，使得内在的精神内容和外在的物质载体能够更好地结合在一起。

（三）价值衍生性

由于文化资源的精神内容的无形性、可持续性和可再生性，文化资源所包含的精神内容可以被提取、转化和反复利用，并与特定的物质载体和媒介结合，形成丰富多彩的文化产品和服务。这就是文化资源的价值衍生性。纯精神文化资源和准精神文化资源非常容易被识别，并被复制和嫁接。而物质文化资源的内容不容易被识别，通常情况下，能够表现物质文化资源的是品牌、名声。

（四）公共性和私人性

公共性是指因为文化资源在民族文化传承、满足大众文化需要、社会文化建设方面的重要性，这种资源不能够被私人所占有。或者，这种文化资源的形成、维护需要巨大的成本，而又无法向大众消费者收取过高的费用，无法通过市场收费的方式弥补成本。例如国家大剧院、博物院等公共文化设施，是为了满足社会大众文化需求和文化建设需要而建，投资巨大，无法向消费者收取高额的门票弥补其建设和运营成本，所以是公益性的文化设施。

私人性是指这种文化资源具有较强的竞争性或者排他性，可以由私人生产出来，并为私人拥有，并被私人支配投入生产加以利用，私人可以通过收费的方式允许他人使用，获取收益。

三、文化资源价值评价

对于大多数历史文化资源、文物资源和旅游文化资源来说，很难以定量的方法评价这些资源的价值。通常采用定性与定量相结合的方式，设立相应的评价指标，进行综合评价。多指标综合评价法是把多个评价对象不同方面且量纲不同的定性和定量指标，转化为无量纲的评价值，并综合这些评价值以得出对该评价对象的一个整体评价。多指标综合评价法具有多指标、多层次特性，能较好地处理大型复杂系统的资源评价问题，因而得到了广泛的应用。我们选择多指标综合评价法对文化资源进行评价，也是考虑了这个方法的综合性、多层次、多指标以及能处理复杂问题等方面的优势，能够对文化资源进行持续的、动态的监测和评估，同时能够对文化资源进行客观的评级和评分。评价文化资源价值应该考虑的因素很多，而且不同的资源还具有不同的个性化测量标准。有些指标还必须进一步细化

分解出二级或三级指标。

评价步骤包括：①明确评价对象；②建立评价指标体系；③确定定性与定量评价指标值；④确定评价指标系数；⑤求综合评价值；⑥根据评价过程得到的信息，进行系统分析和决策。

其中，最关键的是评价指标体系的建立、指标评价值和评价指标系数的确定。只有解决好上述问题，才能得到较为切合实际的评价结果。这里只给出一些文化资源的共性指标，对于特定的文化资源，往往还要根据资源的特殊属性确定一些特定的指标。通常，评估一项文化资源，我们需要考虑以下几个方面：

1. 存续状态指标

文化资源存续状态，是指文化资源的规模、密集度、特色、保存状态、知名度、独特性、稀缺性及分布范围等一般存在属性和基本特征。通常这些指标信息可从资源普查、统计和田野考察中得到。

2. 资源区位指标

区位指标包含物理区位和文化地理两个方面的指标。物理区位是指文化资源的地理区位、交通条件、经济发展水平等。文化地理是指资源所处地区的文化，历史和风俗的特色等。例如：同样是民间文化资源，织锦工艺有四大名锦——云锦、蜀锦、宋景和壮锦。云锦是南京传统提花丝织物的总称，在明清时期非常流行，专为宫廷织造，主要用作"御用供品"，故通常称为"南京云锦"；蜀锦起源于四川成都，主要分布于四川地区，花样繁多；宋锦是由苏州织造府主持生产的宋式锦，主要产于杭州、湖州、苏州等地；壮锦是广西壮族自治区传统的著名丝织物。四种织锦分布于不同地区，在这些资源的开发利用方面，这些地区具有不同的地理条件和经济发展水平，而更重要的是由于历史背景、民风

风俗、艺术风格等方面差异较大，四种织锦呈现出不同的艺术特色，因此也就具有不同的发展条件和发展路径。

3. 资源价值指标

文化资源的价值包含多方面的因素，现考虑以下几个方面：

（1）资源的文化价值。这是文化类资源最为显著的核心价值。

（2）资源的时间价值。主要考虑文化资源形成的历史久远性、文化资源的稀缺性、文化资源生成年代的社会经济发展水平以及文化资源的比较优势和可替代性，包括文化资源的复制和传承能力。

（3）资源的消费价值。文化资源传承的一个重要的内在动力就是其消费性。文化具有显著的社会功能，公众的文化消费导向就具有一定的社会性。这也是文化资源区别于其他资源的又一个重要标志。文化消费不同于一般的物质消费，我们难以直接地把文化消费的功能同衣食住行等人类第一需要联系起来，但是，文化消费又具有物质消费不可替代的功能取向，涉及信仰、人生观、价值观、世界观、习俗、风尚等方面，这些功能的实现更多地依托文化产品的消费。

（4）资源的保护等级。联合国教科文组织等国际组织和国内的有关机构，经常性地对相关文化资源的保护做出等级评审。比如人类文化遗产的评级、国家级保护文物的评定等。据了解，这些评定主要考虑了资源生成、传承与现状，充分地考虑了这些资源的未来发展，从人类文化传播的角度，理性地给出了文化资源的保护等级。这种评价结论是定性的，也是有价值的。不足之处是缺乏国际或者不同部类之间的可比性。

4. 资源可持续性指标

文化资源的可持续性，是指文化资源存续时间、再生性和可重复利用性等方面的特性。不同的文化资源可持续性不同。例如：对于文化版权资源，一般法律规定是 50 年的保护期限。如果考虑保护期内，同类文化版权资源的竞争性和替代性，其可存续性保护期限可能会少于 50 年。但是，文化版权资源具有较高的可复制性，理论上可以无限次地被授权使用。而文化遗迹和文物等历史文化遗产，因为受到自然侵蚀和人为因素的损害，其存续有一定时间限制，而且难以移动，不可复制，属于不可再生资源。

■ 第三节　乡村文化保护

一、乡村文化保护的现状与困境

（一）乡村文化保护的现状

我国以农立国，乡村是中华民族的发源地与繁衍地，乡村文化也一直是社会文化的核心组成部分。工业革命后，农业从经济主战场退出，乡村文化精神内核也受到前所未有的冲击，乡村文化面临着延续危机、创新人才缺乏、与外来文化难以融合等问题。

乡村文化面临延续危机。乡村文化通过乡村社会成员的后天习得进行延续。而当前乡村面临着产业凋敝、原有成员离开乡村共同体的发展窘境，"空心村"状况日益严重。这就使得乡村的常住居民以老人为主，乡村的传统文化无人继承。同时，乡村的年轻人急于甩掉身上农民的标签，将传统文化等同于落后的封建文化，不愿意学习和传承。比如，一些具有区域特征的代表性文化，如传统建筑、节日习俗等并不能产生直接的经济效益，年轻人开始抛弃传统的建造技艺与节日习俗，仿照城镇进行房屋改造。

乡村文化缺乏对外来文化的融合和自主创新。一种文化需要汲取新的外来文化养分，并通过文化共同体成员的融合创新，最终实现可持续发展。在我国当下的乡村，乡村共同体成员对共同体文化缺少文化自信，乡村文化与乡村落后的经济和生活条件一起被其共同体成员抛弃。在这种情况下，乡村文化延续都成问题，更谈不上对外来文化的融合与创新。而缺少自我更新能力的文化必将随着时间的流逝而逐渐消亡。

乡村文化与外来文化难以融合。在乡村缺少自身造血能力的情况下，产业下乡、企业下乡、创客下乡等新生的乡村发展力量开始承担起乡村发展的重任。从现实状况来看，外来人口进入乡村，带来与乡村文化迥异的外来文化，但乡村原成员与新成员间难以融为新的乡村共同体，他们仍然在各自的圈子中生活，在乡村自然分成两个文化族群，原成员觉得自己的领地被侵入了，而新成员又找不到乡土的归属感。这种文化上的隔离严重阻碍了乡村在社会结构、经济产业方面的发展。

（二）乡村文化保护的困境

乡村文化作为乡村体系的重要组成部分，也是乡村的灵魂所在。为了促进乡村社会的可持续发展，必须在经济和文化上实现可持续发展，也就需要有效协调乡村和城市发展步伐，促进乡村和城市共同发展。同时，乡村文化是乡村社会历史变迁中的宝贵财富，随着现代社会工业文明的高速发展，乡村文化保护和发展逐渐受到压制，乡村文化正在面临前所未有的困境：

1. 城镇文化使乡村独有的文化魅力减退

目前，中国社会建设的步伐在不断加快，城乡一体化要求城镇和乡村在功能定位上必须实行一体化，在社会公共政策服务上要实现公平公正。其中，最重要的一点就是实现农业和工业收入分配的统一性，也就是在政策和产业上实现统一互补，乡村和城镇居民必须享受相同的待遇，这样才能促进城乡一体化发展，从而带动社会经济可持续发展。但是从实际情况来看，城镇和乡村居民在收益上没有实现真正的平等，没有充分体现乡村的独特社会价值，没有充分认识到乡村的独立性特征。相关学者研究发现，中国社会现代化建设本应该是城镇和乡村共同发展建设，由城镇向乡村覆盖，逐渐消除城镇和乡村建设之间的差别，但现实情况是城市工业文明逐渐发展成为社会文化的主体部分，乡村传统文化逐渐失去其独特魅力。

2. 现代科技文明冲击乡村文化遗产保护

在现代科技文明的影响下，我国的乡村文化正在消失，主要表现在以下几个方面：第一，乡村规模正在不断缩小，传统乡村中的乡村文化也在不断消失。第二，在城镇化文明的影响下，现代乡村结构正在发生变化，社会主义新农村的建设过程中，许多乡村文化遗产遭到破坏（图9.4）。相关调查统计显示，在2001年时，我国具有传统文化底蕴的乡村有十几万个，许多乡村文化遗产保存十分完整，具有丰富多样的乡村文化。随着社会发展，我国的乡村数量不断减少，每年数以千计的传统乡村消失，且速度正在不断加快。随着城镇化建设步伐的加快，我国的乡村文化保护减弱，很难应对现代科技文明的冲击。同时，许多地方政府在乡村发展战略中，过于重视乡村经济发展，忽视了乡村文化发展，由于缺少政府力量的推动，乡村文化遗产的保护无从谈起。

图9.4　乡村文化遗产遭到破坏

3. 乡村文化传承人员流失，传统文化保护的主体不断减少

近几年，我国乡村产业结构正在不断调整，城市劳动力市场的开放，对乡村人员结构产生了重要的影响。这种社会流动方式虽然给农民带来了大量收入，为乡村经济发展注入了新的活力，但是也导致农民群体被解构。农民群体迅速外流最终导致乡村空心化现象严重，乡村劳动力迅速减少，乡村老龄化程度加深，由此引发了一系列社会问题，例如留守儿童增多、乡村老人养老困难。随着全国劳动力市场化进程加快，乡村年轻劳动力大量流入城市，乡村文化遗产传承与保护的主体不断消失，许多带有乡村文化特色的建筑物纷纷被拆除。乡村剩下的主要是老人、妇女以及儿童，难以保护乡村传统文化。

二、乡村文化保护的目标、意义、原则、方法与具体要求

（一）乡村文化保护的目标

乡村文化保护和发展的目的是以社会主义核心价值观为导向，以文明健康的生活方式为要求，传承和发展优秀乡村文化，帮助村民重拾文化自信，重塑文明乡风、良好家风、淳朴民风的乡村文化底蕴和乡村集体荣誉感。乡村文化的保护在延续乡村社会风气、凝聚百姓民心、维系良好的乡村氛围方面都起到重要的作用。

简单来说，我国乡村文化的保护的目标主要有三个：传承、创新、可持续发展。

（1）传承。再现绅士与农夫同源、知识分子与耕者并处的社区结构，打造传统村庄耕读相济、礼存诸野的生存空间，再造乡土中国培育人才、培育文明的能力。

（2）创新。化解融入市场经济与保持个性品质的两难处境，寻找更自然、持续的农耕与社区规范。

（3）可持续发展。发挥文化的创造精神与凝聚能力，修复乡村的社会结构、经济体系、生态环境，形成乡村与城市动态平衡、文化与其他发展要素有机支撑的可持续发展体系。

（二）乡村文化保护的意义

乡村文化能够给当下基层自治与乡村振兴营造良好的文化环境。优秀的乡村文化是乡村发展的思想内核，体现在思想活动和物质生活的方方面面，无论是乡村原有的自然风貌和传统建筑、服饰、饮食、民间民俗工艺品，还是乡约民规、民间故事和传说、农耕活动和民俗节庆，都是乡村文化的具体体现。城镇化和信息化开阔了乡村居民的视野，同时也让乡村居民原有的价值观发生改变。在经济发展过程中，保持良好的乡村文化内核，能够让乡村资源开发找到正确的方向，避免财政资源和土地资源的浪费。乡村文化对乡村发展的重要意义主要体现在四个方面：

1. 维持乡村内部生态系统的稳定

不同地区的乡村文化已形成适应地域环境的体

制，以知识、经验驱动，以生产、生活、技能为方法，以道德、社会伦理为支撑，实现了生物循环链的补足与平衡，凭借生态系统内物种的多样性和群聚优势满足乡村的功能性需求，正应和了"天之道损有余而补不足"（春秋，李耳，《老子》）的天地至理，因此能够实现稳态延续且绵延千年，乡村内部生态系统得以制度化地运作下去。

2. 抵御外部的危险

　　人类聚落形成的初衷就是为了以半封闭的群居行为来抵御来自外部的各种危害（图9.5）。传统建筑蕴含着构筑住所遮风挡雨的古老智慧，建筑形式、材料、纹样的运用也充满了地域文化色彩，对后世乡村建筑的风格有指导作用。农耕文化中农具的多种多样，不仅展示了我国传统造物置器技艺的高超，也为现代化农具、农器的大生产提供了范本，使生产效率不断提高；类似情形不胜枚举。此外，农耕文明本身长时间形成的美丽景观画卷也左右着乡村审美，这些美丽景观同时兼顾农业之外的其他功能性作用，云南省哈尼族人传承千年、享誉世界的农业遗产红河哈尼梯田不仅是各大摄影师的宠儿，为人们奉献出一幅幅秀美的劳作美景，也保

证了崇山峻岭中来之不易的粮食储备，其维护与保持山体水土，充分发挥了固土缓坡的功效，大大削减了雨水侵蚀下发生山体滑坡、泥石流等灾害的风险，保障了人民群众的生命财产安全。辩证地看待乡村地域内的人类农业行为，虽然人类改变自然、在一定程度上破坏自然生态而重构人类农业生态的行为情有可原，但人类仍然应该多考虑维持天人和谐的传统思想精髓，不应随科技的进步就主张使用多用农药、强耕等强行抑制、改变环境的手段，而是该遵循顺应天时的乡村伦理观念，尽量用原生态的绿色方式规避自然危险。例如，在原生状态下，我国南方的湿地生态系统内会有成百上千种动植物和无可计数的微生物，被开辟成稻田后虽能满足粮食用途，但物种的单一化却不可避免地会对当地生态系统稳定性造成危害。而我国云南东南部的各少数民族早就建构起了优秀的农业种植系统，将不同品种的稻谷分行种植，利用其抗病防害能力的差异去应对病虫害，有效减轻了农药对生态环境的负面影响，提高了经济效益。这一农业遗产经农学家发展和创新后，现已成为我国南方普遍推行的水稻种植规范。

图9.5　抵御外部危害的建筑形式

3. 保护乡村的原真性

乡村原真性保证了乡村所呈现风貌的真实性与不可替代性，这是现代人厌倦了千篇一律的城市环境、从城市回归乡村寻找乡愁的出发点。因此，倡导原生态乡村风貌的新乡村主义的核心理念便是追求"乡村性"，即无论是农业生产、乡村生活还是乡村旅游，都应该尽量保持符合乡村实际的、原汁原味的风貌，乡村是农民进行农业生产和生活的地方，乡村就应该有"乡村"的样子，而不应追求统一的欧式建筑、工业化的生活方式或者其他的完全脱离乡村实际的所谓"现代化"风格。乡村环境特殊而珍贵之处正是在于其与城市环境的异质性，其文化内涵、表现形式、生活方式、环境气候等都有自身的特点，它们所承载的农耕文明物质、精神生产资料以及生活方式，通过文化传播、技术革新在不同的时代以不同的面貌呈现于人前，也为乡村打上了深刻的农业文化烙印，使人铭记于心。

保有乡村原真性的建筑如图9.6所示。

图9.6　保有乡村原真性的建筑

4. 为乡村发展提供条件

现代农业的发展方向是功能的多样化和地域文化的挖掘深度化。功能的多样化是农业现代化发展的必然拓展途径，为满足新时代人们更多更复杂的生理、心理要求而不断精进，其基础是历史上地

域性农业产物与农业技术的继往开来、推陈出新；对地域文化的深入挖掘则是发展特色农业的根本手段，是乡村文化区别于其他资源、最美乡村体现其乡村性魅力的文化核心。近年来，渐趋火热的乡村旅游从"风景观光游"向"文化体验游"的转型，越来越深刻地体现出乡村文化的吸引力。

由此可见，乡村文化对于乡村可持续发展的重要意义，以及乡村作为乡村文化载体的重要作用都为乡村振兴指明了道路。农耕文明是在长期农业生产中形成的适应农业生产、生活需要的国家制度、礼俗制度、文化教育的文化集合，其独特文化内容和特征以乡村文化的形式很好地传承了下来。对乡村文化的保护有维持农业发展稳定的作用，对传统农耕系统的动态保护和适应性管理是实现乡村区域人与自然和谐共生的必由途径；对乡村文化的保护与开发可以解决乡村基本特色退化的问题；乡村文化系统的传承创新产生了独有的农业文化景观，可以充分反映乡村区域人类活动多样性与自然环境多元关系的演进历程，丰富了乡村景观系统的类型；同时，乡村文化也是联系城市空间与乡村区域的良好纽带，基于地域文化框架内的城乡农业产品生产、供给、消耗、文教衍生与归属感唤醒都会大大地缩小城乡发展差距。

（三）乡村文化保护的原则

1. 科学规划、系统保护

广袤的乡村文化资源如果没有统一的规划，会造成盲目开发和利用的混乱局面。要通过规划厘清各种文化资源的内在联系并对资源进行有效的整合，完整地保护和体现遗产形成的自然环境。城镇、村落、建筑或者其他文化资源等，要尽可能地保护其组织成分与结构及其周围环境的完整，也要尽可能完整地保持文化遗产地理位置上互相连接的相关部分的文化价值。应建立国家、省、市、县四级乡村文化保护体系；利用现代技术，建立各类文化遗产信息库、数据库，形成数字一体化保护体系。

2. 协调发展、合理利用

要使乡村文化的保护与经济、社会持续发展相协调，就要处理好发展与保护的关系。乡村文化本身就已经给我们创造了巨大的经济效益和社会效益，反过来，我们应该使用经济效益和社会效益来保护和发展乡村文化，赋予祖先留下的丰富文化资源以新的内涵。要正确处理乡村旅游资源开发、利用与乡村文化保护的关系，正确处理项目开发和宗教、文化等的关系。

3. 以人为本、公众参与

政府部门应充分认识和理解广大农民对于发展经济、改善生活的热切愿望，让更多的农民了解和掌握保护乡村文化的相关知识和常识，使他们能够自觉保护和传承乡村文化，增强保护乡村文化的责任感，充分享受文化保护成果。引导农民识别并及时上报对乡村文化有重大潜在危险的活动和破坏乡村文化的活动，重大情报一经确定，对提供情报的相关单位或者个人进行奖励，以发挥他们的积极性。

（四）乡村文化保护的方法与具体要求

在新型城镇化背景下，实施乡村振兴战略是我国持续推进"两个一百年"奋斗目标的必由之路，在此语境之下，乡村文化传承与保护应当更加谨慎。要以传统农耕文化的继承和农民精神风貌的提升为重点，重振乡村文化。在进行乡村传统文化保护与传承过程中，应当充分结合先进性、特色化、客观性和统筹兼顾等基本原则，实现文化保护与经济发展同步推进，将乡村传统文化融入产业发展，在充分引导产业发展的同时遵循自然规律，打造美丽乡村。

注重顶层设计，针对性开发乡村特色文化。从全局来说，顶层设计是推动乡村文化传承与保护的前进方向。国家的大政方针是地方政府发展乡村文化的重要导向。前些年，乡村旅游盛行，各地纷纷跟风推进，"樱花节""桃花节""蓝莓节"蔚然成风，这固然是各地发展农业旅游的良好开端，但是也出现了同质化的现象，某些地区不顾当地原有自然环境与文化特色，盲目开发新的旅游项目，造成了文化资源和自然资源的浪费。因此，在顶层设计上，应当给予地方政府充分的执行空间，鼓励地方依据当地文化特色有针对性地开发乡村文化，让乡村文化在运用中得到保护和传承。

提升乡村居民文化自觉与主体意识，增强乡村文化保护与传承的内生动力。乡村振兴的主体应当是农民，乡风文明是当下我国乡村振兴战略的重要组成部分。市场经济飞速发展、城镇化不断推进、农民不断增收，一些传统的优秀农耕文化也在不断流失，新一代青年难以真正扎根乡村，在精神文化方面缺乏归属感和认同感，乡村不文明现象逐渐增多。提升乡村居民文化自觉，一方面，可以从推进乡贤文化入手，由于乡村长期以来存在"熟人社会"氛围，乡贤的号召力巨大，他们能够带领乡村居民进一步提升文化自觉，让居民在日常生活中有意识地关注当地的文化保护和传承；另一方面，居民文化自觉与主体意识的提升还有赖于乡村的宣传教育水平的提升，只有通过更加全面的教育，才能够让传统文化保护意识深入人心，在内化于心之后做到外化于行。此外，乡村居民文化自觉性的提高有利于吸引更多人才和劳动力流向乡村，参与乡村文化产业建设。

建立乡村文化保护机制，建立健全乡村文化保护法律法规。我国地大物博，各地之间文化差异较大，乡村文化保护无法在短时间内形成统一的标准。因此，可以因地制宜，充分发挥地方政府积极性，通过各地的地方性法规规范文化保护与传承工作，形成经济发展与文化保护并行的长效机制。乡村文化的保护与传承不是流于形式的面子工程，而是通过对传统优秀农耕文明的保护与传承为乡村的发展增添动力。实现乡村振兴，不应当只是实现产业宜居、农民增收，也要实现乡风文明与永续发展。

第四节 乡村文化利用

一、乡村文化利用的总体要求

（一）保持乡村文化的"乡土"本色

有别于城市文明，乡村文化的核心是其"乡土"本色（图9.7）。近些年，受城市发展冲击，乡村城镇化现象极为严重。以铺装地砖替代青石板，以名贵花木代替乡土植物，以洋房高楼代替民俗建筑……乡村的"乡土性"作为落后的表征在发展中被逐斥。盲目仿效城市的乡村发展，造成了千村一面，以及外来文明驱逐本土文明的悲剧。乡村之所以成为乡村，文化的"乡土性"是其灵魂与本源。因此，在乡村文化构建过程中，一定要处理好外来文化与本土文化的关系，在保持乡村文化"乡土"本源基础上，吸纳外来文化可资利用的养料，从而推动乡村文化的更新与发展。

图9.7 保持乡村文化本色

（二）激发乡村社会成员的文化认同与自信

一切文化都是人在时间和空间上的印记。乡村文化的发展同样不可能离开人的推动。在乡村文化出现认同危机的背景下，激发乡村社会成员的文化认同与自信至关重要。可以说，没有文化共同体成员的文化认同，一切外在的措施都不可能从根本上扭转乡村文化日渐衰落的趋势。因此，乡村文化的建构关键在"自觉"而不在"强制"。这需要乡村社会成员自内而外推动，主动发现乡村文化发展的内在活力与生命力，并赋予乡村文化持续发展的强大动力与经济支撑。从政府角度而言，通过政策引导、活动参与、经济措施等方式内化乡村社会成员的文化自觉更为有效。

（三）提升乡村文化的经济变现能力

文化的发展应以经济作为依托。我国乡村文化衰落的根本原因是在国家发展规划中，农业对制造业与服务业的让位。因此，振兴乡村文化首先需要振兴乡村产业，以产业带动乡村社会成员的经济自觉、文化自觉，形成乡村文化振兴的内生力量。基于这一逻辑，乡村产业的选择应与乡村文化密切相连，并通过产业提升乡村文化的经济变现能力，为乡村社会成员创造以文化为基础的经济收入。在产业兴旺、生活富裕的基础上，乡村文化保护与复兴将成为村民的自觉行为，同时乡村文化的自我强化也将成为产业新的推动力量，并最终形成文化、经济良性互动的乡村发展模式。

（四）涵化世界先进文明成果

乡村文化须以开放的态度，吸收世界先进文明因子，去粗取精，消化吸纳。工业革命后，以科技为基因的西方文明通过"发源地—大城市—小城镇—乡村"的路径在不断冲击并改变着世界各地的文化。乡村作为强势文化影响的末梢，更多的是对城市已改良过的文化无条件地追随、模仿。这是一个对自身文化否定的过程，削弱了文化自我创造、自我更新的能力。而科技的进步，特别是互联网技术的发展，为乡村文化复兴提供了前所未有的机会，在互联网时代，空间距离已不再是问题。乡村文化应密切关注世界各地的文明成果，进行涵化吸纳，在传统的乡土文化精神与现代的生活方式间实现乡村文明的新生。

二、乡村文化体系的构建途径

（一）构建文化共同体

乡村文化共同体的构建不依靠行政命令，而是社会成员之间在价值观上达成共识后的自然结果。因此，按照规律，乡村文化共同体的建立应在政策引导下，内化为乡村社会成员间的自觉行为，通过自上而下、自下而上的双向作用逐渐推进。

就实操层面而言，可从以下两方面入手：

一是在原乡村成员中建立文化自信与文化自尊。建立文化自信最直接、最有效的方法就是通过产业发展展现乡村文化的经济价值，村民在收入提高的同时自然会自觉保护、传承乡村文化。如当乡村的传统建筑受到市场追捧，建成精品民宿后，村民们会加入对传统民居建筑的保护，并停止自家老宅的盲目拆建。经济的驱动局限于村民建立文化自信的表层，建立文化自信需要乡村社会结构、教育结构、服务结构、管理制度等多层面的共同作用。

二是善用民间组织与个人的力量。民间文化组织、乡村发展研究者、返乡田居者等民间力量在文化认识、乡村发展模式等方面有较为深刻的思考与丰富的资源，他们参与乡村建设往往是以乡村文化认同为基础。因此，由他们来重新定义乡村文化特质，扭转村民"城市文化先进，乡村文化落后"的

观念将更加有效。

在乡村文化共同体的重建中，消融原住村民与新村民、传统文化与外来文化天然产生的隔阂是关键。传统的乡村是以血缘为纽带联结的，而由大量外来人口参与的新乡村建设模式，必将改变这一社会结构。因此，新的文化共同体在乡村物态、村规制度、行动利益、精神内涵等方面都会出现新的变化，以适应新的社会关系。当然，文化是一个渐生的过程，文化共同体的形成可能需要数十年，甚至上百年，这需要文化建设者舍弃毕其功于一役的观念，从长远着眼，在文化基础层面搭建可持续发展的结构框架。

（二）构建文化与旅游产业的共生结构

构建文化与旅游产业的共生结构是实现乡村文化复兴的有效手段之一。一方面，旅游产业的关键是构建旅游核心吸引物，并通过旅游产品的打造及外来消费的导入实现与市场的对接，而具有区域独特性与稀缺性的乡村文化恰是核心吸引力构建可依托的根本，因此发展旅游与文化保护具有天然的联系。另一方面，在旅游产业的发展过程中，创意、科技等元素的植入必不可少，同时，旅游人群将带来大量的外来文化因子，这些外来文化因子与传统乡村文化碰撞、融合，将有利于形成新的、适应时代需求的乡村文化体系。

文化与经济的共生结构将产生"强者恒强"的发展效应，在文化与经济的互促发展中，乡村将改变目前人口单向流出、产业逐渐衰落的现状，而形成产业兴旺、人口双向流动的可持续发展结构。

（三）构建乡村公共文化服务体系

构建与城市均等的公共服务是乡村振兴的关键性要素。其中，乡村公共文化服务体系包括文化设施、文化活动、文化服务机构等多方面内容，其构

建直接影响着乡村文化复兴的落地性与可持续性。在落地建设层面，需要政府、村集体、下乡企业、乡村居民等各方力量的共同参与。

在政府层面，乡村公共文化服务具有公益性，文化设施的建设、文化资源的提供等需要政府从公共财政中拨款。积极建设乡村文化站、图书馆（图9.8）、博物馆等乡村文化设施，政府提供免费资源，为乡村文化服务体系构建打好基础。此外，政府还可以根据传统乡村文化特征开展文化活动，并为文化融合创设条件，从整体上培育乡村文化氛围。在企业层面，下乡企业可将企业经济效益与乡村文化有机联系，在提供乡村公共文化服务的同时，展示推广企业文化，实现文化效益与经济效益的双丰收。在村集体层面，村集体作为政府、下乡企业、村民与外来居民文化沟通的窗口，应深入了解各方的诉求，平衡各方的文化服务资源，以形成各方满意的公共文化服务体系。此外，乡村居民作为文化服务的提供者与消费者，作用不可小觑。特别是乡村外来居民，由于具有较高的文化素养与公益事业服务意识，应调动他们的积极性，使其成为乡村文化建设的工作者与志愿者，发挥其在乡土文化挖掘、地方戏曲保护与传承、乡土文化研修培训等文化服务事业方面的领头羊作用。

图9.8　乡村图书馆

（四）构建乡村文化管理保障体系

乡村文化管理保障体系涉及文化制度和文化产业、资金、人才等多方面因素。在文化制度方面，随着新的乡村经济结构与社区结构的形成，原有的乡村文化制度已经不适应当下乡村文化的发展，政府相关部门应根据实际，简政放权，改变过去面面俱到的文化管理模式，通过宏观政策加强社会的文化建设力量，并根据反馈随时保持政策的弹性机能。在文化产业方面，政府应对重点扶持的相关企业给予财政、土地、审批等方面的政策倾斜，并保持可持续性。在资金保障方面，政府应建立多元化的乡村文化资金渠道，除在财政划拨方面给予一定倾斜外，应通过与金融机构、文化基金等的合作，为乡村文化提供建设资金，同时还应积极引入教科文组织等社会公益机构，以增强乡村文化的建设力量与增加资金来源。在人才管理与保障方面，政府应进行文化事业单位的人事制度改革，建立岗位责任制，为各项文化政策的落实提供人力保障。此外，还应重视乡村文化艺术人才的规划、培育与开发，对乡村原有的传统手艺人才应给予政策保护，对外来文化艺术人才给予政策优惠，以确保乡村文化的健康发展。

乡村文化的建设除受制度、文化产业、资金、人才等直接因素影响外，乡村的教育体系、信息化体系、法律保障体系等也影响着乡村文化的建设水平。相关部门应协力合作，保障乡村综合体系的平衡与发展。

综上所述，乡村文化是乡村振兴的资源基础与思想基础，只有充分认识乡村文化的社会价值、经济价值，乡村振兴才能活水长流、持续推进。

三、乡村文化创新利用的模式

随着消费结构的升级以及人们需求的个性化和

多样化，文创赋能乡村已经成为实现乡村振兴的一种重要方式，各类文创赋能乡村成功案例也越来越多。如今，已经形成了很多种不同的乡村文创模式，这些模式适用于不同类型的乡村，并通过不同的文创手段，使乡村文化创造出更大的价值。

（一）用艺术激活乡村

艺术赋能是一种对资源依赖程度极低的赋能方式，不论是废弃的仓库、老旧的厂房还是落魄的街区，通过各种艺术形式的加入和改造，都能以崭新的面貌重新面对世人。

因此，在自身资源不甚充足的乡村，尤其是那些缺乏独特的核心吸引物的乡村，用艺术赋能乡村活力就是一个非常合适的选择。总结国内外当前部分发展较好的村庄，用艺术激活乡村的路径主要有以下几种：

1. 涂鸦

涂鸦是一种非常常见的街头视觉设计艺术，最早流行于美国街头，艺术家们在街区的墙壁上进行涂鸦创作，将整个街区装点得美丽又有创意，吸引了大量游人参观。这种文创模式也被乡村所采用，涌现出一大批"壁画村"。

河南新乡小屯村就是靠遍布乡村每一个角落的创意涂鸦（图9.9）吸引大量的游客从而发展起来的，类似的壁画村还有很多。艺术家将"画布"搬到墙壁上、小径上、台阶上，将艺术画作与环境完美融合，通过不同的绘制主题与其他乡村区别开来，用艺术创意为乡村创造出独特的核心吸引物，助力乡村发展。

图9.9　乡村涂鸦

2. 雕塑

雕塑也是一种常见的艺术表现形式，相较于绘画来说，雕塑更加立体、形象，并具有一种独特的交互感——人们与雕塑作品的互动形式更丰富。并且，在情感方面，实体作品比绘画作品更容易让人产生情感上的联系和心灵上的震撼。

对发展乡村旅游来说，用雕塑来点亮乡村可以给游客带来更多的体验感和乐趣。从游客的认知角度来说，这样更加"有东西可看"。像俄罗斯的Nikola-Lenivets大地艺术公园，创始人尼古拉·波利斯基（Nikolay Polissky）带领当地的村民和创作团队一起创作出了大量雕塑作品，受到了游客们的广泛喜爱。Nikola-Lenivets大地艺术公园已经在俄罗斯家喻户晓，而这个小村庄也因此得到了长足的发展。

3. 田园艺术

可以说麦田艺术、稻田艺术等田园艺术（图9.10）是最契合乡村发展的艺术形式。目前，国内外已经有很多村庄通过创作麦田画、麦田怪圈等作品吸引了大量海内外游客，助力乡村发展。

麦田怪圈最早在英国被发现，它是在麦田或其他农田上，通过某种"神秘的力量"把农作物压平，从而产生几何图案的现象。很大一部分的麦田怪圈是人为制造出的。在英国，有很多麦田怪圈经常出现的地方成了热门的旅游景点，每年为当地带来数亿美元的收入。在我国广西，有很多乡村在稻田上作画，给人们呈现出壮观、多彩的稻田画作品。充满乡村特色的麦田、稻田，神秘的麦田怪圈，规模庞大的、震撼人心的麦田画、稻田画，都能给乡村带来别样的魅力。乡村最特别的地方就在于其本身的乡土气息，利用好乡村本身的农业资源，可以通过一些创意的改动创造出更大的价值。

图9.10　田园艺术

（二）塑造"一村一品"

"一村一品"的文创模式最早是在1979年由日本大分县知事平松守彦提出的，这种模式主要是针对乡村产品的开发。实行"一村一品"其实就是一个地方只发展一种产品或产业，这样能够集合全部的资源，在一个产品或产业的领域做大、做深。

同时，如果在更大的范围内实行"一村一品"的发展模式，能够在很大程度上减少同行竞争，从而得到更好的经济效益。

"一村一品"的文创模式目前发展最好的地方是其发源地——日本。比如日本的马路村就是通过"一村一品"实现经济腾飞的典型案例。马路村在最开始只是一个非常破落的小村庄，整个村庄只有一千人，但是通过对村庄的特产——柚子的深入、有针对性的开发、包装，马路村最终成了日本鼎鼎有名的富裕村，创造出一年2亿多元人民币的惊人业绩。

（三）打造特色节庆

特色节庆是一种对本地文化、民俗、特色的集中性展现，这种文创模式非常适合本土文化浓厚的乡村运用。节庆活动的持续时间短、影响力大、感染力强，可以让游客有很深的参与感和体验感，能够一举引爆乡村的文旅市场。就目前的一些知名节庆活动来看，其主要有以下几种类型：

1. 音乐节

音乐节有很多类型，它们有的是为了纪念某位音乐家而举办，有的是为了弘扬一种艺术形式而举办，有的是为了发扬民族音乐而举办，还有的音乐节包含多种艺术项目。对不同的乡村来说，并不是每一种音乐节都可以助力自身的发展，只有选择适合自己的定位和实际情况的模式才能对乡村的发展有所助益，否则，不过是大家一起看个热闹罢了。

比如，乡村的目标定位如果是年轻人的话，那么如果选择音乐节这种文创模式来激发乡村活力，就要选择受年轻人青睐的音乐形式，可以举办电音节、流行音乐节等。比利时的小镇 Boom 就是通过电音节的举办，成了年轻人的狂欢胜地，每年都吸引着数十万的电音爱好者聚集于此，这个小镇也因此而闻名世界。

2. 戏剧节

乌镇戏剧节（图 9.11）颇有特点。这个拥有 1300 多年建镇史的地方，文化底蕴深厚，其独特的"旅游景区 + 节庆"的模式更是让其在一众节庆营销、旅游景区中脱颖而出。

从哈尔滨国际冰雪节（图 9.12）到青岛国际啤酒节，从北到南，全国各个省市都在推出规模大小不一的节庆营销。但是，单单一个节庆活动是无法长期帮助乡村发展的，只有发展好乡村自身的文旅产业，有一个像旅游景区那样完整的服务体系，再由像知名戏剧节这样的节庆活动引爆，才能达到良好的发展效果。

图9.11　乌镇戏剧节

图9.12　哈尔滨国际冰雪节

3. 农业节

农业节（图9.13）是最符合乡村气质的节庆活动，这是一种通过创意策划来展现乡村特色农产品的节庆文化活动，以短期聚集效应提升整个乡村的知名度、影响力和美誉度，比如北京昌平草莓节、浙江安吉白茶节、浙江平湖西瓜灯节等。

通过热闹的节庆活动，开展行业论坛、产品推介、参观体验、娱乐项目、销售促销等一系列活动，对乡村的特色产品和品牌进行塑造、宣传和提升。举办农业节庆活动除了能够在活动期间获得经济效益和品牌效益，长远来看，也能促进乡村的经济发展。

（四）创建文创主题村落

文创主题村落这一模式是所有乡村文创模式当中产业整合最完整、对乡村发展赋能最全面的模式。这种乡村以一个核心IP形象为基础，将其运用在乡村的餐饮、住宿、交通、消费、休闲娱乐、乡村旅游等方面，给游客提供沉浸式的旅游体验。

像我国台湾的妖怪村（图9.14）、马耳他的大力水手村、日本的柯南小镇等，都是以IP主题闻名世界的文创主题村落。在这些村落中，游客仿佛置身于童话的世界，目之所及的地方都有着熟悉的IP形象，所有的游玩项目都和这个IP形象有关，包括食物、旅游商品等。如果村庄选择融合的是一个有着庞大受众的IP形象，且表现手法合适，则村庄未来的知名度和经济收益是不用愁的。

图9.13　特色农业节

图9.14　台湾妖怪村主题村落

乡村文创模式千千万万，看起来似乎哪一个都能带动乡村的发展。但是，盲目选择发展模式是不可取的，需要清楚地了解自身情况，选择适合自己的文创模式才能发挥出"1+1>2"的效果。除此之外，还需要选择专业的团队进行专业化运营，以文创赋能乡村产业，助力实现乡村振兴。

（五）开辟文化资源的旅游化路径

文化是旅游业发展的基础，文化旅游需要历史文化遗迹载体的支撑。我国旅游业的迅猛发展，在很大程度上依赖于我国悠久的历史文化遗迹资源。近年来，文化旅游已经成为一项重要的经济增长方式，人们在旅游过程中越来越追求文化品位，在旅游过程中对于文化因素的偏爱也越来越强烈，这使得文化旅游日益成为旅游业发展的重要内容及主要支点。

1. 文化旅游的特性

（1）文化旅游可以满足文化旅游主客体的不同需求。旅游主体指出游动机是为了获得文化和精神上的满足的旅游者；旅游客体指旅游业的从业人员和政府的管理人员设计、经营的旅游吸引物，必须具有丰富的、高质量的文化含量。

（2）文化旅游是学习和体验的过程。文化旅游产生的根本条件是旅游主体的需要，无论通过怎样具体的文化旅游活动方式，旅游者都能够在这一过程中获得一些知识或体验。区域文化的差异发展，形成了各民族自己的文化特色，这种区域文化之间的互异性是旅游者进行旅游决策的主要诱因。

（3）文化旅游是高品位的审美艺术活动。艺术的生命力是不受时空限制的，不仅古老的艺术遗产受到人们青睐，现代艺术也获得持久的生命力。文化旅游不同于一般的旅游活动，其正是针对高品位审美艺术的旅游者而兴起和发展的。旅游者在感受不同文化（习俗）的洗礼时，往往会获得更好的文化体验。

（4）文化旅游是不同价值观和价值标准的文化相互碰撞的过程。东西方有许多神秘的文化遗产，这种神秘对文化旅游者产生了一种强烈的吸引力。文化旅游活动具有多样性的特征，在旅游跨文化传播中，需要发现各种文化差异中的共通性，从而实现文化互补和交融。

2. 历史文化遗迹是文化旅游的重要资源

文化旅游是指旅游者通过某些具体的载体或表达方式，了解和熟悉特定文化群体或区域的文化特征，体验和感受旅游目的地文化的深厚内涵的一种旅游活动。文化旅游最宝贵的资源就是各地的文化与文物古迹，历史文化遗迹凝聚着古代人类文化，是古代人类文化最重要的载体之一。

历史文化遗迹是人类实践活动的产物，被深深地打上了人类活动的历史印记。今天，历史画面已不能重现，但与之相关的遗址、遗迹却作为历史的见证得以保留下来，对于生活在现代社会的人来说，这些遗址、遗迹充满了神秘、奇特之感。这些历史性旅游资源不但是旅游文化物质层面的重要组成部分，更因其反映了特定历史时代的思想观念、精神风貌、艺术风格、社会现实等，构成旅游文化心理、行为不可缺少的内容，满足了游客体验历史文化的精神需求。

文化遗产以其独特的文化内涵使人们产生对历史记忆和情感的认同，作用于文化与精神领域，能够对人们产生强烈的文化吸引力，从而使人们产生旅游的欲望，为文化旅游的发展提供了可能性。

3. 文化旅游是乡村文化保护的有效选择

随着旅游逐渐成为文化遗产保护利用的主要手段之一，乡村文化旅游成为乡村文化保护和发展的有效选择。

（1）文化旅游给乡村文化保护提供资金的支

持和保障。

乡村文化保护所需的资金数额往往是巨大的，就我国目前的发展现实情况来看，国家及地方财政尚无法完全负担巨额的保护费用。乡村文化除了具有审美价值、教育价值、科学价值，还具有经济价值。经济价值是由乡村文化的存在价值衍生出来的，可以产生直接的和间接的经济效益。由此看来，乡村文化是可以被开发和利用的，其中最重要的利用方式当属文化旅游。旅游为人们认识、利用乡村文化提供了最直接、最有效的方式。直接的经济效益是指与乡村文化有关的门票等旅游业的直接经济收入，间接的经济效益是指与旅游业相关的服务行业的发展所带来的经济收入。对乡村文化的利用（主要是旅游发展）给乡村文化保护提供资金的支持和保障，从而进一步促进社会经济发展。

（2）文化旅游有利于强化公众保护和传承乡村文化的意识。

首先，对村民而言，因为发展旅游而从中获益，使村民看到乡村文化的价值。因此，他们会在获取利益、稳定心态后，放慢追赶现代化的脚步，放弃破坏文化遗产的发展手段而逐渐转向旅游产业的发展。村民因从外来到此旅游的人眼中反观到乡村文化的现代意义，重构对族群文化的认同感，其保护和弘扬乡村文化意识也会因此得到强化。尽管有时候供给者并不一定是当地族群和社区，但其他利益相关者会遵照文化遗产公约对文化遗产实施保护性的开发。

其次，对于旅游者而言，其保护乡村文化的意识也因旅游而萌生。直面乡村文化遗迹的旅游者，能够逐渐认识到乡村文化的价值，开始探究乡村文化的内涵，并产生一定的文化保护意识，从而形成"保护—文化旅游发展—更好保护"的良性循环。

（六）乡村文化价值的重塑与表达

传统农耕文化，是中国乡村文化之魂，是助推乡村振兴的力量源泉。乡村振兴离不开乡村文化振兴，弘扬农耕文化，走乡村文化兴盛之路，对于推动乡村振兴战略实施具有重要意义。乡村振兴，既要塑形，也要铸魂，乡村文化重塑是助推乡村振兴战略的重要路径。

传承传统农耕文化，促进现代农业持续发展。随着现代农业技术的发展，以人力、畜力耕作为主的传统农业逐渐被现代农业所取代，农业人口逐渐从农田里解放出来，转入国民经济建设和城市化建设的进程中。各式各样重要的农耕文化遗产与现代农业技术相结合，逐渐实现农业生产方式的变革，不断探索并创造现代农耕文化。将传统农业中有关生态农业、循环农业等的哲理嵌入现代农业的发展实践中，将更好地助力现代农业技术的发展。

赓续农耕文化根脉，建设生态宜居美丽乡村。传统农耕文化深谙天、地、人的和谐统一之道，在漫长的农业生产中总结出"应时、取宜、守则、和谐"的哲学思想，恪守取之有度，用之有节，用养平衡，天人合一。党的十九大报告提出："我们要建设的现代化是人与自然和谐共生的现代化，既要创造更多物质财富和精神财富以满足人民日益增长的美好生活需要，也要提供更多优质生态产品以满足人民日益增长的优美生态环境需要。"这完美耦合了农耕文化中遵天时、守地利、至人和的传统，传统农耕文化中蕴含着对自然的敬畏和感恩，对于我们认识和理解人与自然的关系、遵循自然法则、尊重自然规律而言是至为珍贵的思想财富，与乡村振兴战略的基本立场相契合，是建设好生态宜居美丽乡村的文化根脉。现代农业的发展中创造了新品种，提高了农作物产值，改善了人们的生活水平，但资源和环境问题也越来越严峻，深刻影响农业的可持续发展。农耕文化为当下和未来消解乡村振兴过程中出现的生态问题提供了方向，在历史与现代的交汇中探寻现代化美丽乡村建设的根本途径。

唤醒农耕文化记忆，实现农民生活富裕富足。

生活富裕是实施乡村振兴的根本落脚点，乡村振兴战略实施的效果如何，关键还是要通过农民的腰包鼓不鼓、农民生活是否富裕来进行检验，这种"富裕"的价值诉求应基于对农耕文化的深度挖掘。随着城乡融合发展，在现代城市文明的猛烈冲击下，农耕文化记忆不断被冲刷，呈现出不同程度的文化断层，文化认同感逐渐式微。乡村人口不断减少，农耕文化的传承主体与消费主体不断流失，农耕文化的记忆载体逐渐减少，一定程度上阻碍了农耕文化的延续与传播。所以要在时代发展的洪流中及时唤醒农耕文化记忆，丰富记忆载体，要发现和提炼农耕文化，并对其进行发展和创新，以现代方式进行文化生产、传播和体验，让农耕文化"活"起来。

1. 乡村文化重塑的困境

（1）乡村文化的埋没。

由于人口的流动，文化传播媒介和手段的变化，以祠堂、戏台、集市等为代表的传统乡村公共文化空间逐渐走向衰败。

最严重的是在市场经济的冲击下，一些传统手工艺品销售市场日益萎缩，技艺传承人由于生活压力，主动放弃传统技艺，技艺传承出现了断层，已有数不清的民间手艺走在了消亡的路上。

（2）村民文化与价值观的改变。

乡村经济发展在提高农民收入和生活水平的同时，也改变着农民的文化态度和价值观念。现在的很多农民产生了功利化、理性化的价值认同，对自然的敬畏日益淡薄，生态伦理遭到破坏，道德底线失范，因利益冲突带来乡村社会关系的矛盾与紧张，人际关系呈现出冷漠化、疏远化。当下，我国乡村正处于社会转型时期，适应新时期发展需要的乡村文化价值体系尚未构建起来。在价值观日益多元化的开放环境下，过度追逐现代化，将会让乡村文化原有的价值理念显得苍白无力。

2. 乡村文化重塑的路径

（1）重视乡村教育。

在广大乡村，特别是经济落后地区，要加大对乡村教育资金和资源的投入，改善乡村的教育条件，利用现代化的教育手段，采取多样化的教育方式，提高农民的文化水平，增强其文化意识和主体意识。

由于人口流动带来了乡村文化建设主体的变化，所以，要针对不同群体采取不同的教育路径。针对留守妇女，应利用农闲时间，开办文化补习班，开展适合其参与的公共文化活动，使其在活动中提高文化水平，提升文化自觉意识。

要把乡村教育振兴起来，否则未来人才就是个问题。留守儿童也好，流动儿童也好，流浪儿童也好，他们急需的就是现代教育支撑，没有良好的教育就没有良好的素质，没有良好的素质就不能从事现代化的工作，没有现代化的工作就没有收入，由此就会进入恶性循环。

将文化自觉作为培育农民文化意识的前提，文化自觉是指"生活在一定文化中人对其文化有'自知之明'，明白它的来历、形成过程、所具有的特色和它的发展趋向"。农民作为乡村文化建设的主体，理应主动地去了解、明确自身文化形成的社会基础、特点及未来走向。

（2）传承乡村文化。

文化的血脉要很好地传承，应做到如下几个方面。

一是乡村中世世代代累积的家训、家风、家教等乡村文化中的精华，需要不断地传承下去。

二是培养新乡贤，因为乡村的治理和城市不一样，乡村治理要求更加细致，涉及家家户户的问题，所以需要由乡贤来做好衔接，让国家意志能传达到家家户户。

三是深入挖掘乡村文化资源。文化资源是乡村文化的重要载体和表现形式，对乡村文化资源的挖掘不仅是对乡村文化资源数量、存在状态的了解与掌握，更是对乡村文化资源的历史价值和文化价值的再认识。及时了解散落在民间的传统村落、古祠堂、曲艺、手工艺以及农业生产技艺等的具体情况，梳理文化资源，制订系统性的规划和保护措施。

3. 发挥市场在文化资源配置中的积极作用

在乡村文化重塑中，要鼓励在乡村文化资源开发、文化基础设施建设、文化产业的经营等环节引入市场机制，使市场成为推动乡村文化建设的重要力量。通过承包、合作、股份制等形式，将资本、技术、人才等引入乡村，推动乡村公共文化市场的形成与发展。运用新媒体资源，将产业链打通，把文化的作用发挥出来，这既是一种卖点，又是一次产业的进阶，将乡村文化从保守、封闭的环境中解放出来，积极地面对市场、融入市场，建立起与市场经济体制相对应的乡村文化市场机制，以市场的效能整合乡村文化资源，汇集文化力量，满足农民日益增长的美好文化需要。

第十章　乡村基础设施建设

第一节　乡村基础设施概述

一、乡村基础设施的内涵

（一）乡村基础设施的界定

乡村基础设施是指能为乡村生产和村民生活提供公共服务、使用期限较长的各种设施，是乡村居民生产、生活的必要保障。

乡村基础设施的概念应包含如下几层含义：第一，乡村基础设施是为"三农"服务的，满足农业增长、村民增收和乡村稳定的共同需要；第二，乡村基础设施具有公共产品的一定特性，效用的外部性使得其受益范围不仅仅局限在乡村；第三，乡村基础设施包括有形的、物质的、经济性基础设施和无形的、服务的、社会性基础设施。

界定乡村基础设施的范围，有一个争议必须要厘清，即大江大河治理、南水北调等重大工程是否应纳入乡村基础设施的范围。一种观点认为，这些项目都属于"三农"范围，理应算作乡村基础设施。另一种观点认为，这些项目一般是城乡居民共同受益，有的甚至只是城市居民受益，按受益者是否只是村民划分，这些项目不应算作乡村基础设施；如果把直接受益者并非或者并不只是村民的项目纳入乡村基础设施范围，会造成乡村基础设施投资的统计高估，不利于对乡村基础设施状况的准确评价，甚至可能影响乡村基础设施水平的进一步提高。因此，鉴于数据的可获得性以及客观评价乡村基础设施的投入状况，乡村基础设施范围界定标准应有两条：一是地域上属于乡村范围；二是直接受益者是村民。

（二）乡村基础设施的内容

乡村基础设施有狭义和广义之分。狭义的乡村基础设施主要是指经济性基础设施，包括交通运输、给排水、通信设施、电力设施等公共工程和公共设施等。广义的乡村基础设施包括教育、科研、医疗卫生等。王俊岭将各类设施按照对村民的效用分为三种类型：安全型设施、生存型设施、提高型设施。王悦基于"三生"理念对基础设施建设的内容进行归类整合，结合农业发展新常态将基础设施分为生产设施、生活设施和生态设施。由于乡村布局和人口分布具有自身的特点，且乡村基础设施的功能和作用常常不具有单一性，大多基础设施承载着当地村民生产和生活功能的作用。因此，本书认为乡村基础设施主要包括农田水库、水利、灌溉、集贸物流等生产性设施；饮水、用电、道路、交通、信息工程（广播、电视、通信、网络）、能源、环卫、垃圾处理等生活性设施；教育、医疗、卫生、文化、体育、社会福利、防灾减灾等服务性设施（图10.1）。本章重点讨论生活性设施与服务性设施。

（三）乡村基础设施规划的意义

乡村基础设施规划是乡村建设规划的重要内容，科学的乡村基础设施规划（图10.2）的意义体现在如下几点：

1. 有利于促进基础设施均等化发展

改革开放40多年来，由于国家政策大多向城市倾斜，因而逐步形成了城乡二元结构体制。这种体制让基础设施在乡村与城市间的供给出现非均等化的情况。以饮用水为例，在乡村，由于受到严重的工业污染和生活污水污染，水源的质量堪忧，甚至部分地区不能享受到自来水的便利。加强乡村基础设施建设有利于改变这样不均等的局面。

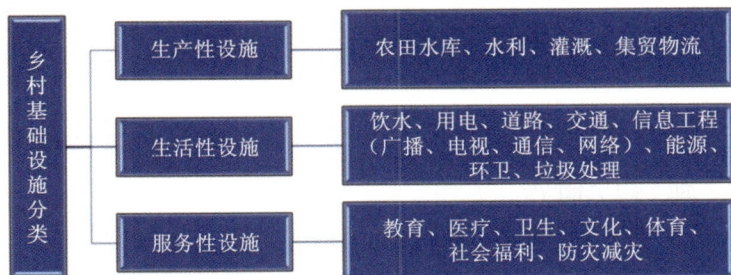

图10.1　乡村基础设施分类

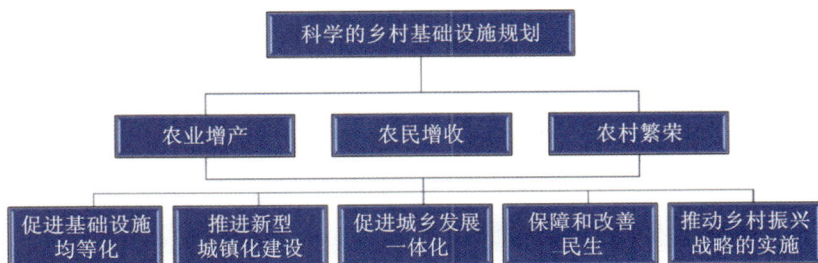

图10.2　科学的乡村基础设施规划

2. 有利于推进新型城镇化建设

《国民经济和社会发展第十个五年计划纲要》第一次把城镇化作为国家战略提出，自此之后，中央越发重视城镇化的发展。21世纪以来，我国城镇化战略开始强调大中小城市与小城镇协调发展的必要性，逐步向新型城镇化转变。要实现大中小城市与小城镇协调发展，就需要更加注重城乡基础设施均等化。乡村基础设施建设可以提供更多的就业机会和创业机会，促进农民就业和创业，增加农民收入；可以提高乡村居民的生活质量和幸福感，吸引城市人口向乡村转移。

3. 有利于促进城乡发展一体化的进程

以城乡交通联通，提高乡村公路通达率和交通运输效率；以城乡水利设施联动，包括水库、运输水渠设施的共享，改善乡村用水条件；以城乡环境建设联动，包括垃圾处理、污水处理、绿化等，优化乡村环境质量和促进生态环境保护；以城乡信息建设联动，利用互联网、通信、广播电视等，补齐乡村信息化共享设施支撑短板，达到一体化发展目的。

4. 有利于保障和改善民生

民生作为一个悠久但又现实的话题，实则是民之所望、政之所向。基础设施几乎涵盖了与人民生活、生产密切相关的绝大多数服务与产品。民生无小事，以不断发展乡村基础设施供给为基础，逐步解决村民最关心的现实问题，对保障和改善民生有着重要作用。

5. 有利于推动乡村振兴战略的实施

我国社会主要矛盾已经转化为人民日益增长的美好生活需要和不平衡不充分的发展之间的矛盾，这种矛盾在乡村发展中的有着突出表现。城乡发展不平衡是我国最大的发展不平衡，这种不平衡不仅体现于城乡经济发展的不平衡，还表现在城乡基础设施供给与基础设施建设的不平衡。道路、水利、电力、教育、医疗等乡村公共基础设施建设组成乡村经济系统，是乡村中各项事业发展的基石。随着基础设施城乡均等化和优质基础设施区域配置均衡化，城乡多方面生活条件差距将逐步缩小，乡村振兴的条件也将越来越成熟、越来越有利。

二、乡村基础设施建设概况

（一）乡村基础设施建设的现状

中华人民共和国成立初期，政府通过"剪刀差"的方式实现了农业剩余劳动力向工业和城镇的大规模转移。改革开放之后，随着家庭联产承包责任制的确立，"重工轻农"的状况有所缓解。"十五"期间，国家逐渐认识到农业和乡村投入不足的问题，并逐步加大了对农业和乡村的投入力度。但目前，我国乡村基础设施建设仍存在如下主要问题：

1. 生产性基础设施建设普遍滞后

从存量上看，农业生产性基础设施普遍存在着年久失修、功能老化、更新改造缓慢等问题；从流量上看，长期以来农业基础设施建设的固定资产交付使用率呈现出不断下降的趋势。

2. 生活性设施建设普遍落后

乡村道路往往缺乏有效的专人管理，限制了农业机械作用的发挥，导致农业耕作成本增加；一些自然村的村内道路虽经过多次规划、整修，但路面质量不高，排水设施仍然较落后。

大部分乡村，水、电等村民生活必需的基础设施亟待完善，比如电网老旧、电压不稳、电价较高等问题仍是阻碍村民生活质量提高的痛点；一些自然村没有自来水，部分已经用上了自来水的自然村，由于水源不足、管理不善等原因，也不能保证持续、正常供水。

3. 服务性基础设施普遍不足

绝大部分乡村的文化、体育、娱乐、休闲等生活服务性基础设施建设不足，尤其是与村民的身体健康息息相关的医疗服务设施更是极度缺乏。

（二）乡村基础设施滞后的影响

乡村基础设施建设滞后的影响主要表现在以下两个方面：

1. 对乡村经济发展的制约

乡村基础设施建设的滞后造成了农业生产力水平低下，使得农业生产过分依赖自然条件，从而影响了农业生产的规模经营、农业分工的细化，降低了农产品的科技含量和农业收益率，进而制约了乡村经济的发展。

2. 对乡村市场体系的制约

基础设施系统是现代流通体系和现代消费的先决条件。乡村交通、通信等配套性基础设施建设的不足，使目前乡村的流通体系很难适应现代大流通的需要，进而导致了村民的市场信息失灵，大量农产品无法实现有效交易。此外，乡村流通体系的不完善，也从某种程度上抑制了乡镇企业的发展。乡村基础设施建设的落后，制约了农产品市场发育，导致乡村资源综合开发程度不高，使得乡村市场体系不够健全。加之乡镇企业本身技术设备落后、劳动力素质不高，乡镇企业发展缓慢。尽管国家采取了包括税收优惠等在内的一系列鼓励乡镇企业发展的政策措施，但由于交通、通信等配套性基础设施落后，大多乡镇企业仍然举步维艰。

（三）乡村振兴背景下乡村基础设施建设的对策

1. 大力推进农业乡村"新基建"

推进"新基建"具有两个方面的必要性。一方面，乡村振兴的战略方向之一为建设网络化、信息化的数字乡村，支持乡村信息基础设施建设，推进乡村 5G 网络等公共基础设施建设；另一方面，乡村振兴战略的实现路径之一是产业兴旺，通过构建乡村现代化物流体系，打造现代化物流园区和物流平台，以乡村"新基建"，破解"最后一公里"难题，打通乡村与市场的有效对接渠道，进一步带动乡村产业联动发展。

2. 建立乡村基础设施长效多元化管护机制

针对乡村基础设施外部性和排他性的差异，明确责任主体，区分管护形式，提高管护效果。如乡村公路等，由政府或者村集体作为管护责任主体，提供后续管护资金，直接承担或外包管护任务；如灌溉水渠等，可以在政府给予一定补贴的条件下，调动村集体或农户积极性，自行管理；如水库、水塘、泵站等，一部分可以由接受过正规培训的农户日常维护，另一部分如管护技术要求较高，可由当地政府提供资金，使用者缴纳一定费用，安排专业机构定期维护管理。

3. 引导乡村金融投入多样性

多样的金融投入有利于提升乡村基础设施发展的持续性。一方面，应发挥政府财政"掌舵"作用。如在新村运动初期，韩国政府加强乡村草屋顶改造、道路硬化、卫生间改造、集中建水池等乡村基础设施建设，村民生产、生活水平显著提高。该时期乡村基础设施建设资金主要为村庄自筹，政府投资仅

占 35.1%。另一方面，应刺激多元化的资金投入。农业基础设施建设具有投资大、周期长的特点，社会资本投资热情有限。韩国设立国民投资基金，要求各金融机构购买，并通过相关法律规定符合条件的民间企业可以从事基础设施投资项目。借鉴他国经验，中国可以设立农业基础设施建设投资基金，并引入市场化专业基金模式运作，在控制风险的前提下，设立企业"白名单"，鼓励社会资本向乡村基础设施项目投资。

三、乡村基础设施配置研究

（一）乡村基础设施的供给类型

乡村基础设施根据其公益性程度的不同，可分为纯公益性、准公益性、私益性三种类型（图 10.3）。

1. 纯公益性基础设施

纯公益性基础设施指在使用过程中具有完全非竞争性和非排他性的乡村基础设施，包括跨区域大型农田水利、乡村交通、物联网、天然林资源保护、退耕还林、种苗工程建设、农产品市场与信息化系统、农业技术研发推广系统、新型农业经营主体征信系统等。这些纯公益性质的基础设施不仅投资规模巨大，而且效益外溢性突出，对乡村现代化与美丽乡村建设具有重要的基础性保障作用。

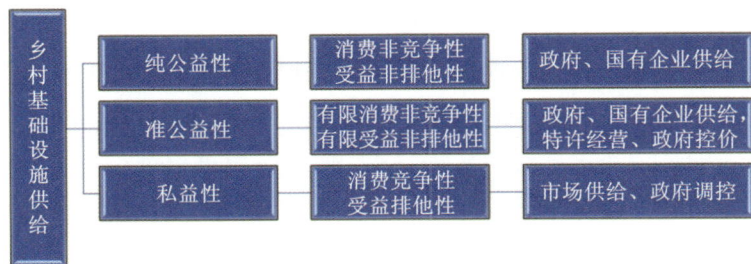

图10.3　乡村基础设施供给

2. 准公益性基础设施

准公益性基础设施指在使用过程中具有有限非竞争性或有限非排他性的乡村基础设施，包括乡村电力、饮水安全、乡村燃气、新型能源、标准农业园区、保鲜、冷链、仓储、烘干、乡村物流、农产品批发、零售与电子商务等，它们都具有一定的准公益性特征。这类准公益性基础设施，可以通过准入收费机制产生一定的经济效益，不仅可以便利民众生活消费，而且可以改善农业生态环境。

3. 私益性基础设施

私益性基础设施指使用过程中具有完全竞争性或排他性的乡村基础设施，包括温室大棚、农业大型专用设施、农业机器设备等。私益性基础设施可以进行合理的产权边界界定，并计入投资者资产账户。在私益性基础设施投资与供给中，市场机制能够有效发挥作用。

因公益程度不同而形成的不同类型的乡村基础设施的供给，受不同的供给主体影响。

（二）乡村基础设施的资金来源

想要满足农民在当前环境下日益增长的乡村基础设施需求，就要不断增加乡村基础设施的供给，创新乡村基础设施的供给方式。

1. 促进供给主体多元化

长久以来我国乡村基础设施供给主体比较单一，大多是政府。改革开放之后，政府的供给呈现弱化趋势，经济较为发达地区的部分乡村基础设施由乡村社区供给，虽然非政府供给主体的出现，一定程度上弥补了政府供给留下的空白，但依旧不能满足农民日渐增长的需求。针对农民多样化的基础设施需求，引导市场、第三部门、社会组织等与政府一起参与乡村基础设施建设，彼此协同共同完成乡村基础设施供给，各自发挥自身优势，在合作与竞争中保质保量、高效率地实现乡村基础设施供给。

2. 明确供给主体的责任划分

通常情况下，政府主要负责乡村的纯公益性基础设施供给，市场负责部分准公益性基础设施供给。多元主体协同供给效应的最大化，与明确各供给主体间的责任有着重要的联系。如要鼓励市场力量的参与，必须明确基础设施的产权归属问题，只有做到产权明晰，市场的定位才会准确无误。明确界定各主体的供给责任与范围，才能使得主体间的合作更有效、合理，更有利于提高乡村基础设施供给效率。

3. 加快拓展筹资渠道

第一，要进一步完善和规范财政的转移支付制度，畅通公共财政的投入渠道。同时，为了防止转移支付时资金的滥用与挪用，还应加大对转移支付资金使用的监管力度。第二，拓宽市场化筹资渠道。一方面，可以利用资本市场实现筹资与融资，如发行长期国有债券；另一方面，逐步放松对私人企业供给乡村基础设施的管制，积极鼓励私人企业参与乡村准公益性基础设施的供给，通过税收优惠政策来激励基础设施的供给。第三，开拓社会化筹资渠道。举办大型公益活动，如希望工程、"春蕾计划"等，鼓励并吸引捐款，弥补政府在公共教育、公共文化方面资金短缺的状况。第四，发展自主化筹资。对于一些传统的、易采购的、受益范围明确的乡村基础设施，可以鼓励农民通过自筹自助加政府补贴的形式来解决部分乡村基础设施的供给问题。

（三）乡村基础设施配置均等化

针对我国城乡基础设施均等化要素间的矛盾，结合乡村基础设施均等化发展的策略，可将整个基础设施均等化过程分为三个阶段：形式均等的初始均匀阶段、转化过程的过渡均衡阶段、全面均等的优质均质阶段。这三个阶段对应城镇化发展的三个不同时期：低度城镇化时期、快速城镇化时期、高度城镇化时期。乡村基础设施均等化发展阶段如图10.4所示。

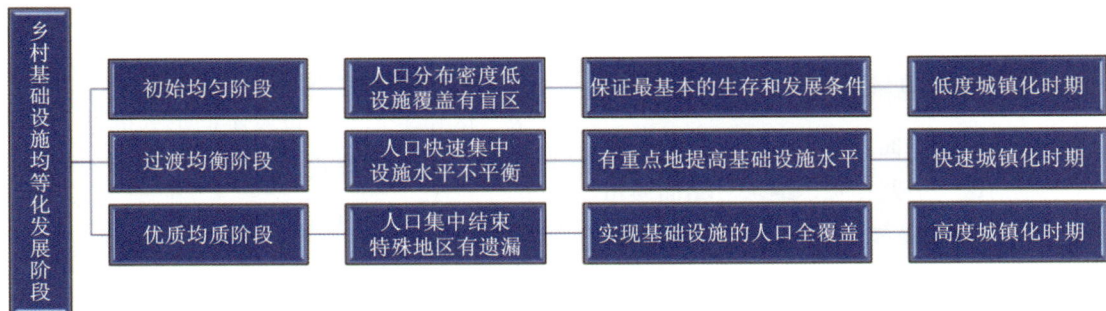

图10.4　乡村基础设施均等化发展阶段

1. 形式均等的初始均匀阶段

形式均等的初始均匀阶段是在低度城镇化阶段针对低密度人口分布状态的基础适应性覆盖阶段。该阶段人口分布密度较低，基础设施覆盖有盲区，设施水平不平衡，同时由于城镇化程度较低，城乡人口分布相对稳定。针对这一阶段的特征，均等化的目标设定为保障社会所有成员最基本的生存和发展条件的获取权。

2. 转化过程的过渡均衡阶段

转化过程的过渡均衡阶段是快速城镇化进程中基础设施改善与人口适度集聚并行的引导性覆盖阶段。该阶段人口开始出现快速集中化趋势，几乎所有社会成员都已经具有最基本的生存和发展条件保障，但基础设施水平不平衡，设施效率低下。针对该阶段的特征，均等化目标设定为过渡转化型目标，即选择需求最迫切的设施种类，结合人口密度变化趋势和空间发展战略确定的优先地区，有重点地优先提高人口集聚目标区域的基础设施水平，同时扩大优质设施的覆盖范围，扩大优质服务的覆盖人群。

3. 全面均等的优质均质阶段

全面均等的优质均质阶段是高度城镇化时期优质水平的人口全覆盖阶段。该阶段人口集中过程和基础设施改善进程已基本趋于结束，区域已实现高度城镇化，社会所有成员的基本生存和发展条件已得到全面保障，城镇化地区的优质服务设施能够高效地为绝大部分人口提供均等的基础设施，但仍有一小部分居民由于特殊生产、生活方式和地形地貌等原因可能面临较高的交通成本。针对该阶段的特征，均等化目标可设定为在一定区域内实现基础设施的人口全覆盖。

■第二节　乡村生活性设施

一、道路交通设施

（一）乡村道路交通特点

乡村道路是乡村中组织生产、生活所必需的车辆、行人交通往来的通道，是连接乡村各个组成部分，并与对外交通干线相贯通的交通枢纽，是乡村的"骨架"和"动脉"。

乡村交通是乡村道路系统规划设计的重要依据。乡村道路上的交通特征是道路系统规划的基础，主要特征如下：

1. 道路基础设施差，技术标准低

由于历史原因，乡村道路大部分是自然形成的，未经规划或未按规划建设，会造成多样道路交通问题，如道路不成系统，路网密度低；道路功能不分、性质不清；过境公路与乡村干道合二为一；断头路

多；等等。又由于建设资金有限，在乡村道路的改建、扩建或新建中过分迁就现状，强调建设的"经济性"，违背了乡村道路建设的科学性和长远性原则。因此，乡村道路的平曲线、竖曲线、行车视距、交叉口、视距三角区、道路横坡、纵坡、路面质量、道路排水等方面，皆有许多不符合国家标准和规范的情况存在，造成众多交通隐患。

2. 交通工具类型多，车速差异大

在乡村，从居民出行方式看，有乡村公交、小汽车、摩托车、助力车、自行车、步行；从货物流动方式看，除卡车外，还有农用车、拖拉机、兽力车、三轮车、板车、手推车、肩挑人背等。各种交通工具的大小、长度、宽度、运载量均有较大的差异。如有 1.8～2.5 米宽的各种机动车辆，有 0.5～2.6 米宽的各种非机动车、摩托车；行驶速度有的可达每小时 60 千米，有的每小时仅 5～10 千米。这些不同类型、不同速度的交通工具同时在乡村道路上行驶，相互干扰，是造成交通混乱的重要原因。

3. 交通流量、流向在时空上呈非平衡状态

随着商品经济和工业企业的发展以及基础设施的相对完善，乡村居民的赶集、购物活动变得频繁，驱车送孩子上下学也很常见，由此产生的行人和车辆流量、流向在不同时间、不同地段有较大变化，呈现非平衡状态。

4. 交通服务设施缺乏，管理水平低

目前，乡村中仍然普遍存在着道路性质不明确、交通管理人员少、交通体制不健全的问题，道路照明、交通标志、交通指挥信号灯等设施缺乏，许多乡村没有专用机动车、非机动车停车场，车辆任意停靠，抢占公建及民居内院停车等现象比较严重。除此之外，道路沿线的违章建筑多，违章摆摊设点、占道经营情况多，"马路市场"十分常见，使道路的有效通行宽度减小，造成交通拥堵。

（二）乡村道路系统规划要求

乡村道路系统是指乡村范围内由不同功能、等级、区位的道路，以及不同形式的交叉口和停车场设施，以一定方式组成的有机整体。乡村道路系统规划一般应遵循以下原则：

（1）与乡村所在地区的交通发展战略和道路（公路）规划相衔接。

（2）与乡村及地区的社会经济发展规划一致。

（3）充分考虑乡村自然、历史和文化特点，与乡村总体规划相协调。

（4）以乡村交通需求为基础，与乡村土地利用和其他基础设施建设要求相配合。

（5）既满足乡村近期建设的要求，又对乡村的发展具有长远规划。

乡村道路系统规划的基本要求如下：

1. 在合理的乡村用地功能组织基础上，建立完整的道路系统

乡村的工业、农业、居住区、公共设施等，只有通过乡村的道路系统才能构成一个相互协调、有机联系的整体。乡村道路系统规划应该以合理的乡村用地功能组织为前提，而在进行乡村用地功能组织的过程中，应该充分考虑乡村交通的需求，两者紧密结合，才能编制出完善的规划方案。

乡村道路系统规划应紧密结合乡村用地布局，方便乡村各功能区之间的联系，要有助于乡村构成一个有机联系的整体，并为乡村道路系统进一步发展创造有利条件。

乡村道路系统规划不是消极地适应既定的乡村总体布局，而是应该从合理组织道路系统、积极配置各项道路交通设施、加速道路交通建设等方面，对乡村总体布局中的各项用地，特别是吸引人流、车流集散点的用地提出具体的意见，强调相互协调、有机联系，使整个乡村总体布局建立在科学、合理的基础上。

在交通规划的基础上，要正确处理好过境公路与乡村道路的衔接。乡村的发展对过境公路的依赖性很强，因此，过境公路不宜离乡村太远，否则对乡村的发展十分不利，同时又要防止乡村对过境公路交通的不利影响。

2. 满足乡村交通运输的要求

（1）交通安全、流畅和迅速。乡村交通运输的特征是道路系统规划的基本依据，乡村交通运输工具类型多、车速差异大，交通的流量、流向变化大且不均衡，因而对道路系统的规划提出了较高要求。

（2）道路交通主次分明、功能明确。乡村道路系统一般由主次两级构成，主要干道系统联系着乡村的各功能分区并承担着乡村的对外联系功能，交通流量特别是机动车流量相对较大；次要道路为各功能用地内的联系道路。主次道路构成乡村完整的道路系统，并成为乡村的骨架。路网的连通性、成网性对保障道路系统的可靠性和实现交通分流具有重要的作用。一般情况下，过境公路和连接工厂、仓库、码头、车站、货场等的交通道路应避免穿越乡村中心地段；道路网节点上相交道路宜为 4 条，且尽量垂直相交。

3. 新建道路与原有路网结合

新建道路规划应结合乡村的功能定位、土地利用构想、乡村环境状况及目前存在的问题，在调查分析的基础上，注意将旧镇改造与新建道路的有机联系，对已存在的路网、重要道路卡口处不应过于迁就现状。同时，在满足道路交通的情况下，应兼顾原有的历史文化、地方特色以及原有的道路空间、尺度和环境特征，对具有历史文化价值的道路应予以保护。

4. 充分利用地形，合理规划道路走向

根据交通相关要求，主要干道的线形要尽可能平直，在地形起伏较大的乡村，主要干道的走向应尽量与等高线平行布置；双向交通道路可以分别设置在不同的高程上；水网地区的乡村，道路的走向应与河流的走向平行或垂直，以减少工程投资和土石方工程量。以此为地块划分、建筑群体布置、道路排水、环境绿化等创造良好的条件。

5. 注重融入乡村景观和文化特色

在道路建设中，应尽量保留原有的自然景观，如树木、草地、河流等，避免过度破坏自然环境；可以设置文化标识、雕塑、景观灯光等，突出乡村的文化特色，如传统建筑、民俗风情；应尽量避免破坏历史遗迹，如古建筑、古墓葬等，同时可以设置相关的标识和解说牌。

6. 考虑乡村环境的要求

气候炎热、潮湿地区的乡村道路走向最好平行于夏季主导风向；海滨、江边的道路要临水敞开，乡村布局中留出空间，并建设一定数量垂直于岸线的道路，以利于乡村的通风；在热带风暴多发地区的海滨乡村，还应注意台风风向与道路走向之间的相互关系；山地乡村道路的走向要有利于山谷风的通畅。

一般南北向道路比东西向道路更理想。东西向道路南部街面房屋终年背光，而且道路上行车时阳光耀眼，容易引发交通事故，最好由东向北偏转一定的角度，这样道路与建筑均能获得较好的日照。

汽车给乡村增加了活力，但也对环境产生了影响。在交通运输量日益增长的情况下，对车辆噪声和尾气污染的防治必须引起足够的重视。为消除或减弱交通运输引起的环境污染，一般在道路规划时可采取如下措施：

（1）交通分流，过境车辆不应从乡村内部穿越。

（2）客货分流，货运车流不得穿越生活居住区。

（3）加强管理，车辆在乡村范围内或某些功能分区内限速、不得鸣笛。

（4）设置必要的防护绿化带。

（5）对沿街建筑布置方式及建筑设计作特殊处理，如采取建筑物后退，适当加大绿化带，或房屋山墙面对道路等措施。

（6）满足敷设各种管线的要求。

（三）乡村交通运输组织

乡村交通在地域上可分为乡村对外交通和乡村内部交通两个系统。内外交通系统之间通过交通换乘、转运相互衔接，实现乘客出行和货物运输的全过程。通过交通运输的合理组织，乡村的内外交通便捷，客货运交通在乡村中均匀分布，流动有序。

1. 乡村对外交通

乡村对外交通运输是指以乡村为基点，与乡村外部进行联系的各类交通运输方式的总称。对外交通运输方式一般包括公路、水运、铁路三项，其中公路与乡村的关系最密切。

我国许多乡村一开始是依靠公路、沿着公路两边逐渐发展形成的，常常是公路和乡村道路不分设——一条路既是乡村的对外公路，又是乡村的主要道路，两侧布置有大量的商业服务设施，行人密集，车辆来往频繁，相互干扰很大。

过境公路穿越乡村的问题，在规划中主要应从规划布局等方面综合考虑。一般可采取以下几项手段：

（1）公路沿乡村边缘相切通过。当普通公路通过乡村时，一条路一般可将公路规划在乡村的边缘地带通过，把过境交通引至乡村外围通过。对于国道和省道，为了避免乡村道路沿公路设置过多的出入口，可采用设置复式道路的方式，即沿公路设置与公路平行的道路，减少和控制乡村道路与公路的交叉口，保证公路交通的畅通和安全。

（2）公路与乡村保持一定距离。一般来说，公路的等级越高，经过的乡村规模越小，则在通过该乡村的车流中外来车辆的比重就越小，因而公路宜与乡村保持一定距离，乡村与公路的连接采取入城道路的方式。

（3）公路高架通过乡村。高等级公路经过乡村时，如采取绕越的方式，则道路的走向和线形不流畅，绕道距离远，对公路的交通十分不利。高架公路作为过境公路，地面层道路往往作为乡村道路使用。

2. 乡村内部交通

乡村规划和建设中对乡村内部交通应进行恰当的组织，使各类交通系统分明，功能作用清晰，形成一个合理的交通运输网络：

（1）过境交通与乡村交通分流。过境公路应在乡村外部边缘通过，不应穿越乡村中心区，从而形成乡村过境交通和内部交通两大系统。

（2）客运交通与货运交通分流。乡村内主要的客运交通和货运交通应各成系统，货运交通不应穿越乡村中心区和住宅区，应与对外交通系统有方便的、直接的联系。

（四）乡村停车系统规划

规划乡村停车系统应综合了解乡村停车需求，包括停车场数量、停车位数量、停车时间、停车类型；选择合适的停车场位置，要考虑交通便利性、周边环境、土地利用等因素；根据停车需求和选址情况，设计停车场布局、停车位数量、停车位大小、通行道路；加强对停车场的宣传，提高公众对停车场的认知度和使用率。总之，乡村停车系统规划需要综合考虑各种因素，以提高停车场的使用效率和服务质量，为乡村发展提供更好的交通保障。

目前，我国乡村因停车用地太少，停车位不能满足实际需要，车辆占用人行道、车行道停车的现象十分普遍，严重削弱了道路的通行能力，降低了车辆的行驶速度。同时，乡村车辆数和道路交通流量不断增长，停车难的问题越来越严重。因此，在乡村的开发建设中必须重视停车问题，根据实际需求设置相应的公共停车场。

乡村公共停车场应根据服务对象和自身性质考虑其位置的分布，停车场的设置应符合乡村规划与道路交通组织的要求，同时还应便于各种不同类型车辆的使用。乡村公共停车场的主要分布场所如下：

（1）乡村集市。集市周边一般会设立停车场，方便前来购物的人停放车辆。

（2）乡村公路旁。一些比较繁忙的乡村公路旁会设立停车场，方便路过的车辆停放。

（3）乡村景区。一些乡村景区会设立停车场，方便游客停放车辆。

（4）乡村公共设施。一些乡村公共设施，如卫生院、学校、乡政府、村民活动中心等会设立停车场，方便前来办事的人停放车辆。

二、安全饮水设施

（一）乡村供水与饮水安全

我国乡村供水设施可分为三种：

（1）集中供水。集中供水在乡村属于一种较普遍的供水状态，但其中也存在很多问题。乡村发展相对落后，投入乡村自来水工程的资金也比较有限，某些乡村水厂为节约成本，会将没有做任何处理的地下水直接供给村民，影响村民的身体健康。同时，乡村很多地区的供水设施老化，但由于资金不足和设备养护能力欠缺等原因，没有办法改善供水设施状况。

（2）就地取水。就地取水是由于一些乡村的发展水平有限，很多地方没有蓄水设施，人们只能从小溪、沟渠等水源取水，这些水源未经消毒和处理直接被村民使用，会存在很大的饮水安全隐患。

（3）分散式供水。分散式供水常出现在集雨方便、地下水充足的地方。一些地区的村民用自制设施收集雨水，或打井取用地下水作为饮用水，这些水源用肉眼看是无色无味并且很清澈的，但其中所含有的铁、锰等重金属可能超过了可饮用水的标准。

我国有70%以上的人口居住在乡村，虽然我国在保障饮水安全方面做出了大量努力，但仍存在乡村人口饮水不安全问题，表现在以下几个方面：

1. 水资源污染严重

乡村水资源污染主要涉及工业（点）污染、农业（面）污染及生活污染等几方面。

（1）工业（点）污染。一些造纸厂、木材加工厂、农药化肥生产厂等重污染企业，为压缩生产成本，逃避环境部门监管，在城郊或乡村建立生产厂房，由于缺乏有效的管控，通常存在污染物随意排放的行为。

（2）农业（面）污染。在日常的农业生产中，降水作用使田间农药化肥等污染物入侵附近的土壤及河流，出现饮用水水源地严重污染问题。

（3）生活污染。乡村居民在日常生活中，习惯性地将污水随意排放至附近的土壤或河流中，也会带来饮用水水源污染的问题。

2. 浅层地下水水质不达标

浅层地下水作为乡村饮用水的主要来源，其水质直接影响乡村居民身体健康，而我国内蒙古、湖南、吉林等地部分地区饮用水中铁和锰的含量较高，长期饮用重金属超标的劣质水，会对身体造成非常大的伤害。

3. 饮用水水质监测不到位

大多乡村饮用水水源水质监测工作还处于起步阶段，受资金、技术等因素限制，很多乡村尚未建立实用性强、经济、高效的水质监测系统。

4. 饮用水工程配套设施"重建轻管"现象普遍

目前，尚在使用的乡村饮水工程，大多已运行多年，受资金、技术、人员等因素限制，相应的提水及供水设备年久失修，日常管理维护工作滞后，存在饮用水工程及其配套设施"重建轻管"现象，导致机井淤积、机井干涸、机电设备老化、管网覆盖率低、管网漏损率高等问题，致使水源利用率和供水保障率较低，无法满足村民的饮水需求，需要进行完善和更新。

5. 村民饮水安全意识薄弱

部分村民饮水安全意识薄弱，不能准确判断其所饮用水的安全程度，对饮水安全的重视程度不够高，未能形成良好的饮用水安全意识和节水习惯；常将未经处理的生活废水直接排放到周边河道、沟渠等地带，使水源地受到一定污染，致使乡村的饮水安全问题越来越严重。

6. 深层水使用率较低

乡村大多以分散性供水为主，饮用的多为浅层水。深层水基本不受生产和生活污染影响，比较适合作为饮用水水源，但深层水挖掘难度大，需要的资金多、技术高，农户自身受资金、技术等因素限制，很难将深层水作为饮用水水源，因此深层水使用率较低。

（二）饮水安全工程的内涵

新时期的乡村饮水安全工程应该满足水量充足、水质合格、用水方便、供水水源保证率高、可持续运行等五个方面的要求，全面提高乡村自来水普及率。

1. 水量充足

在节约用水的前提下，在设计水平年限内应满足供水范围内最大用水需求。供水量主要包括居民生活用水量、规模饲养畜禽用水量、公共建筑用水量、企业用水量、管网漏失水量和其他未预见用水量等，一般不考虑浇洒道路和绿地用水量。供水规模根据设计年限内当地实际用水需求的最高日用水量确定，并满足消防用水量要求。

2. 水质合格

乡村饮水水质与群众的身体健康息息相关。乡村建制镇、集镇的饮用水水质应符合《生活饮用水卫生标准》（GB 5749—2022）的要求。但对于受水源、技术、管理等条件限制的村组小型供水工程及乡村分散供水工程，供水水质应达到《农村实施〈生活饮用水卫生标准〉准则》二级以上的要求。

3. 用水方便

一般应建设自来水工程，供水（引水）到户。对于目前尚不具备供水到户条件的地区，可建设集中供水点，但应保证村民从家走到集中供水点的时间不超过 15 分钟。

4. 供水水源保证率高

供水水源保证率应在 95% 以上，严重缺水地区不得低于 90%。

5. 可持续运行

管理规范、机制健全、水价合理，是保证工程可持续运行的必要条件。应在尊重群众意愿的基础上，组建专门管理机构或用水者协会，发挥每一个受益群众参与工程建设和管理的积极性，自觉维护供水工程的安全运行，促进饮水安全工程可持续利用和发展。

（三）乡村供水模式

乡村安全供水模式主要有城乡一体化供水、乡村连片集中供水、农户分散供水等三种类型。应针对各地水源、人口分布以及经济社会发展情况，提出各区域适宜发展的主要供水技术模式。

1. 平原区

（1）城镇周边乡村采取城乡联网供水或城镇管网延伸供水模式。

（2）经济比较发达、人口居住比较集中的地区实行泵站扬水供水模式。

（3）人口居住分散的边远地区，采取打井微泵供水模式。

2. 丘陵区

（1）城镇周边乡村以城镇管网延伸供水模式为主。

（2）水源充足、居住集中的集镇和村庄实行泵站扬水供水模式或自流引水集中供水模式。

（3）人口居住分散的地区，采用引泉自流供水模式或打井微泵供水模式。

3. 山区

（1）人口集中、水源位置较低的地区采取泵站扬水集中供水模式。

（2）人口集中、水源位置较高的地区采用自流引水集中供水模式。

（3）城镇水厂水量充足的周边乡村以城镇管网延伸供水模式为主。

（4）人口居住分散的中低海拔山区，采取打井微泵供水或自流引水供水模式。

（5）特殊地貌和高海拔山区主要采取集雨水窖供水模式。

（6）分散农户以引泉自流供水模式为主。

（四）乡村的安全水量预测

1. 乡村居民生活饮用水量调查

由于乡村饮水安全工程主要是为了满足乡村居民饮用水需要，一般生活用水量占总用水量的70%以上，因此，合理确定居民生活设计用水量是影响工程供水规模的关键因素。《农村生活饮用水量卫生标准》（GB/T 11730—1989）、《关于加速解决农村人畜饮水问题的报告》都给出了乡村居民生活饮用水定额，但从乡村用水情况和安全饮水评价体系来看，有些乡村偏高，有些偏低，已不能满足当前乡村安全饮水发展形势和人民群众不断提高的生活需求，也不能适应建设节水型社会的要求。应该根据以下影响乡村居民用水量的重要因素，进行调查与预测：

（1）多数乡村供水工程采取水龙头入户形式供水，部分农户有洗涤池，少数农户有其他卫生设施。

（2）一些地方只有饮用水取用集中供水工程的水，而其他生活用水取用天然的溪河水、塘库水、浅井水等。

（3）一些地方存在一水多用现象，如使用淘米、洗菜水作为畜禽用水等。

（4）除专业饲养场，大部分地方牲畜、家禽饲养量不大，单纯套用畜禽用水定额标准计算往往数值偏大。

（5）乡村使用洗浴设施、水冲式厕所等生活用水设施的农户较少，但随着经济社会的发展和社会文明程度的提高，大部分人对这些主要生活用水设施有较高的需求。

多数地区反映，以上标准或规范大都设置了复杂的用水条件。而实际上，每一供水工程可能包括多种用水条件，并随着居民经济条件和生活习惯的改变，其用水条件在不断发生变化，用水量计算比较复杂。

2.乡村居民日最高生活用水量标准预测

乡村供水既要从当前实际用水情况出发，不能采用过高用水定额，避免造成投资浪费，也要从长远发展着眼，适当提高用水量标准，以适应经济社会发展要求和人民群众不断提高的生活需求。因此，需要根据调查情况和相关技术标准，按照建设节水型社会和乡村小康社会的要求，参照乡村安全饮水评价指标体系，提出适地性的乡村居民日最高生活设计用水量标准。

三、能源设施

（一）乡村能源的分类与特征

"乡村能源"这个专有名词多见于城乡差别明显的发展中国家。在发达国家由于乡村和城市差别较小，因此只有农业能源的概念。在我国，乡村能源的概念涉及两个方面：一是从能源角度讲，专指适应当前乡村需求，并可就地开发利用的能源，包括小煤矿、小水电、秸秆、薪柴、畜力、太阳能、风能、地热能、海洋能等；二是从经济角度讲，泛指乡村能源的供需和管理，包括当地能源资源的开发和利用，国家分配和供应能源以及各种乡村用能问题，范围很广，具有地方能源的意义。

乡村能源可分为常规能源、非常规能源。常规能源还可分为可再生能源、不可再生能源，非常规能源属于可再生能源。在传统分类中还根据能源在流通领域的地位，将乡村能源分为商品能源与非商品能源。结合中国乡村能源发展的现状以及各级统计资料、政策文件中的分类法，对乡村能源可以进行如图 10.5 所示的分类。

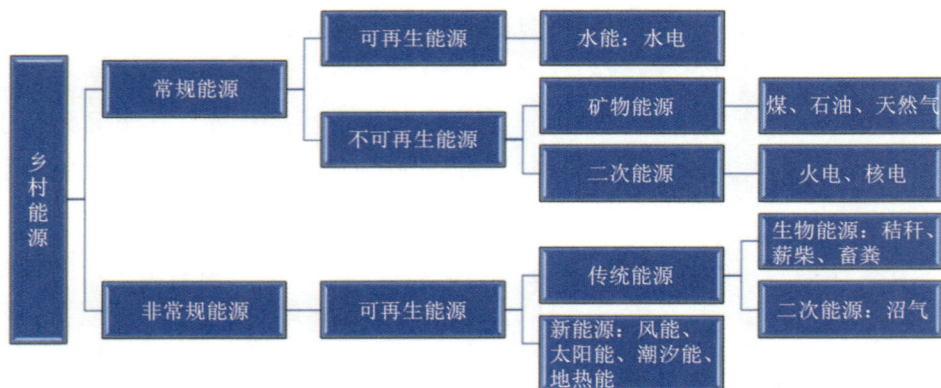

图10.5　乡村能源分类

从图 10.5 可以看出，乡村能源具有以下特征：

1. 资源的多样性

乡村能源种类多样，为能源综合开发和利用提供了物质基础。

2. 分布的广泛性

乡村能源的空间分布极广泛，但各种能源的地理分布不均衡，因此开发和利用必须因地制宜。

3. 能量的密度低

由于受气候、季节、地理和其他自然条件的影响，自然能源具有能量密度低、分散、不稳定等特点，如生物能源供应每年都有波动，风能、太阳能则受天气变化影响较大，因此乡村能源利用应注意多能互补。

4. 能源的可再生性

自然资源如太阳能和生物能源都属于可再生能源，比较清洁，符合未来持久能源系统的要求。

（二）乡村能源需求预测

乡村能源需求预测按预测时间的长短一般分为近期、中期及远期预测。

1. 近期能源需求预测

近期能源需求预测周期为 5 ～ 10 年。由于时间较短，国民经济可能的发展情况及其变化情况比较稳定，能源结构也不会发生很大变化，能源供应主要来自已经建成或开始建设的能源基地及设施，因此能源需求预测值比较准确，其结果对国民经济能起指导作用。

2. 中期能源需求预测

中期能源需求预测周期为 11 ～ 20 年，影响能源需求的因素比较难以准确地把握，因此对能源需求的预测总是带有各种假设条件。然而，这种预测可以表明在预测期内能源需要量是否能适应国民经济发展的需要，以利于确定近期内需要开始建设的能源工程的规模与种类，从而在能源方案的选择上具有一定的灵活性。

3. 远期能源需求预测

远期能源需求预测周期超过 20 年，甚至达到 50 年。这种预测虽然粗略，结果准确度也不高，但却能据此提出极其重要的战略性问题，直接影响近期能源建设和能源科研的一系列政策和决策。能源结构应如何改变或过渡，主要通过远期预测进行分析。

（三）影响乡村能源需求的因素

影响能源需求的因素很多，其中最主要的是经济增长、能源消费结构、产业结构与技术进步。经济增长是推动能源消费总量增长的首要因素。能源消费结构反映了整个能源消费量中各种能源所占的比例。随着产业结构调整和技术进步，综合能耗指数必将逐年降低。综合能耗指数的降低意味着能源消费总量的减少。因此，在能源需求分析过程中必须考虑产业结构调整和技术进步这两大因素的影响。

近年来，随着社会的发展，乡村居民生活水平逐步提高，居民生活用电增长较快。以电力和液化气为代表的能源需求的迅速增长已成为中国小康地区乡村家庭能源消费的主要特征。居民生活用电快速增长的主要原因如下：一是乡村居民收入稳步增加，家用电器拥有率迅速提高，大功率家用电器迅速普及。二是城市化进程加快。居民家庭户均人口减少，新增户数增加较快。三是城乡同网同价和城镇居民峰谷分时电价的施行，大幅降低了居民生活用电支出，乡村居民用电积极性提高。

（四）乡村能源需求预测方法

常见的能源预测方法主要有人均能源消费法、时间序列分析法、能源消费弹性系数法、部门分析法。各方法的理论基础、优点与适用范围、局限如表10.1所示。

表10.1　乡村能源需求预测方法对比

预测方法	理论基础	优点与适用范围	局　限
人均能源消费法	认为人均能耗与人均产值存在一定比例关系	简单，适用于乡村中期、远期能源预测	粗糙，不能预测能源结构变化
时间序列分析法	能源消费量在未来随时间的变化规律同过去随时间的变化规律一致	适用于乡村近期、中期能源需求预测	对历史数据要求高，研究未来能源需求的误差或转折点时有局限
能源消费弹性系数法	能源消费增长率与经济增长率之间有一定的关系	适用于乡村中期、远期能源需求预测	不能反映经济结构、能源消费结构及节能的变化对能源需求的影响
部门分析法	部门产值与单位产值能耗有关系	能准确预测规划已定地区能源需求量	计算量大，部门划分以及假想数据确定困难

四、信息化基础设施

（一）智慧乡村的核心特征

智慧乡村具有三个核心特征：信息化、多元化和专业化（表10.2）。其中，信息化主要指的是信息化技术、信息化基础设施和信息化人才；多元化指的是技术应用多元化、参与主体多元化和知识结构多元化；专业化指的是智慧乡村发展往往需要结合地方实际，注重发展的优先级顺序，聚焦最具竞争力的发展领域，确定特色发展方向。

表10.2　智慧乡村的核心特征分析

特征	要素	趋　势	目　的
信息化	信息化技术	互联网、物联网、人工智能、大数据……	农业现代化、生活质量提高
	信息化基础设施	信号基站、机械化设备、智能穿戴设备……	
	信息化人才	IT人才……	
多元化	技术应用多元化	需要一套而非单一技术的支撑	社会治理和谐、人与技术和谐、追求平等与正义
	参与主体多元化	政府、企业……	
	知识结构多元化	技术类知识（信息化技术、治理技术……）、非技术类知识（地方文化、伦理道德……）	
专业化	发展领域专业化	将技术等资源集中投入特定领域中进行发展	形成地方特色产业、增强市场的竞争力

（二）智慧乡村的基本类型

基于我国乡村社会的特点和国家关于乡村发展的政策，在信息化背景下，我国智慧乡村可以分为农业型、旅游型和能源型（图10.6），这是目前比较适合我国乡村实际的智慧发展领域和方向。

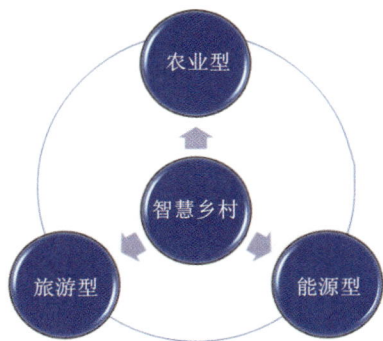

图10.6　智慧乡村的基本类型分析

1. 农业型智慧乡村

农业型智慧乡村实际上是将一系列数字化技术应用到农业生产中，注重经济与社会协调发展的可持续发展模式。农业型智慧乡村往往聚焦于特色农产品的打造和品牌农业的建构，提升农产品在市场中的竞争力，并建立起集电商、物流和服务于一体的智慧流通渠道，根据大数据预测生产规模，协调产品的供求关系，做到科学地生产和流通。

2. 旅游型智慧乡村

旅游型智慧乡村往往强调通过数字化技术和地方特色的结合，给游客带来良好的旅游体验。在智慧乡村旅游的开发与建设的过程中，尤其要注重两方面内容：一是可持续旅游业的发展，主要包括环境可持续、经济可持续和社会可持续。二是文化景观的保护，主要包括开发本土市场、保护生态系统和改善参与方式等。

3. 能源型智慧乡村

能源型智慧乡村就是在能源丰富或者有利于可再生能源发展的乡村，应用信息化技术，推广诸如智慧电网、风力发电等现代化能源基础设施，发展可再生清洁能源，在保障自身能源供应的同时，为周边乡村和城市提供能源，使城市与乡村、乡村与乡村之间的关系更加密切，加强各地区之间的经济互动，逐渐形成集聚经济效应，从而促进乡村的可持续发展。

（三）推进我国智慧乡村发展的实践路径

目前来看，我国智慧乡村发展仍处于探索阶段，相关理论的实践和应用比较缺乏，导致智慧乡村发展仍然面临很多的困难和挑战。例如技术难以嵌入乡村社会，技术下乡导致了村民权益的损失等。在信息化背景下，要解决上述问题，全面推进我国智慧乡村发展，实现乡村振兴，必须因地制宜，做好智慧乡村发展的科学规划，协调好政府、企业和地方的利益，大力推动乡村社会的信息化建设，处理好村民与技术之间的关系。智慧乡村的实践路径分析如图 10.7 所示。

1. 因地制宜，科学规划

由于智慧乡村建设的成本比较高，参与者比较多，对地方信息化基础的要求也比较高，这导致智慧乡村并不是一种可以在全国范围内进行盲目推广和普及的发展模式。推进智慧乡村发展，选择合适的乡村尤其重要，这直接关系到智慧乡村发展的质量与前景。

2. 协调好多元参与主体的利益

智慧乡村的发展离不开多元参与主体的互动，需要调动和激发各利益相关者的参与积极性，构建旨在促进乡村可持续发展的利益共同体。因此，在推动智慧乡村发展的进程中，必须协调好多元主体之间的角色关系，尤其需要政府、企业和地方各司其职，协同合作，以此真正构建出技术、经济、社会相融合的智慧乡村发展模式。

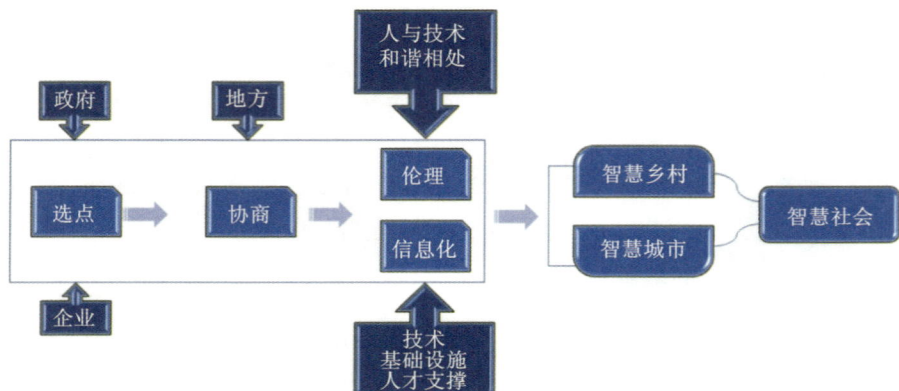

图10.7 智慧乡村的实践路径分析

3. 进一步推进乡村的信息化建设

目前来看，我国实际上已经达到了推行和实践智慧乡村发展的基本技术标准，拥有包括5G在内的各种信息化技术，将技术尤其是高精尖技术应用于城市建设与发展比较普遍，但乡村的技术应用仍然比较匮乏。因此，在推进智慧乡村发展的过程中，要进一步推动乡村的信息化发展，尤其是发展信息化基础设施，吸引信息化人才，普及信息化知识。

4. 积极构建村民与技术的和谐关系

人与技术之间关系一直都是社会学界关注的重点问题之一，随着技术的不断发展与普及，人们也越来越意识到技术的双面性。需要认识到的是，技术下乡带来了众多的积极影响，但还应该充分考虑技术可能给乡村社会带来的种种风险，并做好风险的规避。

第三节 乡村服务性设施

一、乡村教育设施

（一）教育设施基本构成

根据我国基本教育制度，教育设施由以下内容构成（图10.8）：

按教育对象可分为学前教育、初等教育、高等教育。

按强制性可分为义务教育、非义务教育。

按教育内容分可分为基础类教育、专业类教育、特殊类教育。

由于各类教育设施提供的教育服务不同，进行各类教育设施的布局规划时需要考虑的影响因素必然存在差异，因此进行乡村教育设施布局研究必须有所区别。

图10.8 教育设施基本分类

（二）乡村教育设施发展现状

1. 居民对教育设施质量的关注度最高，对不同教育阶段教育设施的关注程度不同

居民对各类教育设施质量的关注度远高于对设施数量和距家庭距离的关注度。与此同时，居民对各类教育设施质量的关注程度并不一致。比如由于幼儿园年龄阶段的幼儿对家庭依赖程度最高，因此家长选择幼儿园时较多考虑距离因素。总体而言，居民对初中的教育设施质量要求最高，小学次之，幼儿园最低。

2. 城乡之间教育硬件设施的差距已明显缩小

20 世纪 90 年代后，国家加大了各类教育硬件设施的建设力度，而且城乡之间的学校教育硬件设施差距逐渐缩小。相比于教育硬件设施，家长更加关注师资力量和教学质量以及收费等因素。

（三）乡村教育设施布局特征

1. 义务教育学位总量基本满足需求，但城区不足，乡村有余

义务教育普及率已达 100%，在总量上不存在教育设施不能满足居民需求的情况。虽然教育资源总量上已满足需求，但义务教育学位在空间分布上较不均衡，城区不足，乡村有余。

2. 生源总量不断减少，且乡村地区减少程度比城市地区明显

经多年数据检验，出生人口的减少与学生人数减少有高度的相关关系，可以认为出生人口的减少是导致学生人数减少的重要原因之一。但不同地区的生源变化情况不同，随着城镇化进程的快速推进，乡村人口大量向城市移动，直接导致乡村地区生源减少程度高于城市地区。

3. 乡村教育设施距学生家庭较远

学校配置集中化、规模化趋势明显。随着学校的撤并、集中，规模化办学使上学路程增加的问题逐渐凸显。同时各阶段学生由于能力不同，因此受影响程度不同。初中阶段的学生受影响较小，小学生和幼儿园的幼儿受影响较大。目前，解决小学生上学、放学的交通问题较为成熟的方法是由教育局等主管部门组织民营车辆作为小学生来往学校与家庭之间的接送车辆。但该方式仍存在不足之处：由于有些学生家庭距离学校过远，即使乘坐接送车辆也需要半个小时甚至更长时间才能到达学校；部分接送车辆在接送时只到村口或村子附近，还需要步行一定的距离才能到达家庭，可达性比较低；同时还存在较多安全问题。正规幼儿园过于集中地设置所带来的可达性问题间接地导致了非法经营幼儿园的出现。

（四）教育资源城乡统筹

目前主流的城乡教育统筹思路是将城市教育和乡村教育分开考虑，也有学者对此持有不同观点。梁丽通过对重庆城乡教育问题的研究，提出可通过实施寄宿制学校，将乡村和边远地区学生整体搬迁到较发达地区就学，有效整合边远乡村教育资源，以此促进城乡教育配置的均衡化。

如果仅从改善乡村学生就学可达性角度进行均等化考虑，即采用在乡村地区提高学校密度及增加学校布点来提高学校地域覆盖率，那么随着乡村地区生源减少，学校规模将受到极大影响，学校的硬件设施和师资配备在财政支出有限的情况下很难得到有效保证，学校质量必将难以满足

居民需求。这种在乡村地区解决乡村问题的地域均等化策略，从提供者角度来说会导致成本提高，从使用者角度来说不能满足质量需求。因此，将教育设施在城市地区集中布置是合理的基本教育设施城乡均等化策略。

教育资源城乡统筹应关注如下几点：

（1）总目标：在基本满足居民需求的条件下逐步进行基本公共教育设施布局调整，结合城镇化进程将优质设施向城市地区和重点发展的城镇地区集中，最终实现基本教育设施的基本人口全覆盖，使大多数居民能够方便地享受高质量的基本教育设施。

（2）质量目标：各类设施优质学位占总学位数的 75% 以上。

（3）规模目标：提供适龄幼儿人数 90% 以上的正规幼儿园学位，义务教育适龄学生人数 100% 以上的学位。

（4）距离目标：幼儿园幼儿和小学生上学路途时间控制在 15 分钟以内，初中非寄宿生上学路途时间控制在 25 分钟以内。幼儿园幼儿和小学生上学避免穿越铁路和区域主要交通干道。学校主入口附近 100 米内应有公交车站。

二、乡村医疗卫生设施

（一）乡村医疗卫生设施基本构成

根据全国卫生统计分类标准，医疗卫生设施基本分类如图 10.9 所示。

乡村基本医疗卫生设施界定为医院、镇卫生院（社区卫生服务中心）、村卫生室（社区卫生服务站）和急救站。根据基本公共服务设施均等化重点在乡村的研究定位，乡村基本医疗卫生设施研究以镇卫生院和村卫生室为主。

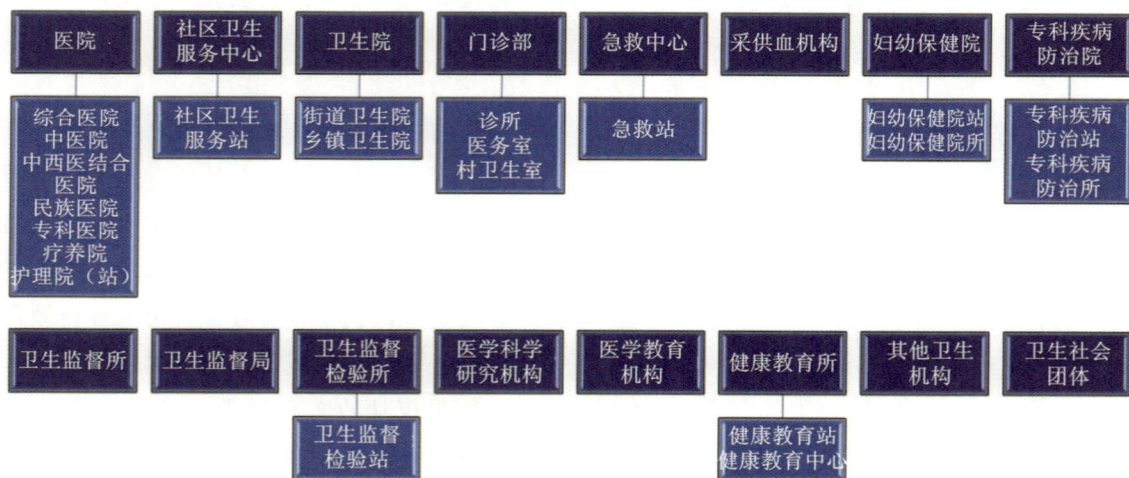

图10.9 医疗卫生设施基本分类

（二）乡村医疗卫生设施发展现状

医疗卫生设施的居民关注度非常高，仅次于教育设施，是与居民健康息息相关的基本公共服务设施。市区医疗卫生设施等级分布差异较大，不同等级医疗卫生设施资源之间差距很大；相比而言，村卫生室之间发展差距相对较小，同时村卫生室规模也都较小，占地面积为80～200平方米，平均每处2～5个床位，2～5名工作人员，服务1～2个行政村。由于医疗设施不全，医疗水平一般，乡村居民对村卫生室的整体满意度较低。

（三）乡村医疗卫生设施布局特征

根据典型城镇的问卷调查结果，村卫生室的可达性最高，其次是镇卫生院。对于村卫生室的可达性，50%以上的乡镇居民仅可接受步行10分钟以内或骑自行车5分钟以内的距离；约30%的乡镇居民可接受步行20分钟以内或骑自行车10分钟以内的距离。

与其他医疗卫生设施相比，目前急救设施的布局问题较为严重。政府配置的急救车辆较少，离城区较远地区的急救时间较长，若10～15分钟急救车辆不能到达，容易贻误治疗时机。

（四）乡村医疗卫生设施规划

1.服务质量控制

第一步：目标规模选择。根据均等化的发展目标，乡村基本医疗卫生设施的服务质量应当与城市同类设施的服务质量大致相当。以社区卫生服务中心的服务人口规模作为镇卫生院的目标规模，即服务人口3万～5万人；以社区卫生服务站的服务人口规模作为村卫生室的目标规模，即服务人口0.5万～1.5万人。

第二步：配置指标校验。根据相关布局规划和居住区配套标准，检验规划和规范一致性，减少数

据冲突，基本满足国家层面和省、市层面的相关规范的要求。

第三步：门槛半径分析。镇卫生院的门槛服务半径为3000～6000米，村卫生室的门槛服务半径为1000～3000米。

2.紧急救援中心建设

住房和城乡建设部、国家发展和改革委员会颁布的《急救中心建设标准》要求：紧急救援中心的建设规模需按城市人口测算；基本配置标准为城市人口每5万～10万人配置1辆救护车，工作人员按每5人1辆救护车配备；急救网络应合理布局，急救半径应控制在8千米以内，保证接到急救电话后，救护车可在15分钟内到达患者驻地。

3.基本医疗卫生设施均等化布局

镇卫生院（社区卫生服务中心）：原则上各镇卫生院以服务3万～5万人为宜，各镇卫生院数量控制在2个以内，原则上不增加镇卫生院的数量。镇卫生院的服务半径控制在5千米以内。

村卫生室（社区卫生服务站）：建议每个行政村设置村卫生室，每个村卫生室服务0.5万～1.5万人，服务半径控制在2.5千米以内。

急救站：原则上每20万人口设置一个急救站，服务半径控制在8千米以内，保证接到报警后，救护车15分站内到达患者驻地。

三、乡村文化体育设施

（一）乡村文化体育设施基本构成

乡村文化体育设施主要包括镇文化站、村文化室、镇全民健身中心、室外健身点四类。

（二）乡村文化体育设施发展现状

一方面，文化体育设施建设步伐较快，设施网

络初步形成；另一方面，文化体育设施建设与运营维护脱节，运营维护困难成为普遍问题。文化体育设施硬件建设由地方财政和部门专项资金共同保障，而日常运营维护费用则主要由基层政府自行解决。在事权与财力不对称的背景下，基层地方政府可支配财政十分有限，难以支付庞大的运营费用，因此乡村文化体育设施的服务水平难以提升。文化主管部门反映，大量文化站、文化室硬件条件达到了很高的标准，但是由于缺乏专职人员管理维护，站(室)内书籍、报纸与杂志的引进和更新力度不足，互联网服务难以向公众提供，服务质量不尽如人意，远不能满足人民群众日益增长的文化需求，并进一步导致设施使用不足、设施浪费等一系列问题。

（三）乡村文化体育设施均等化布局

从服务供给层面，应着力实现财政能力的均等化；从需求层面，应以需求为导向，分步落实，合理布局。具体措施如下：

（1）人均规模应大体均等，内容设置不能实施一刀切，完全均等化，仍要从实际需要出发，既要符合人民群众的需求，体现地方特色，又要体现现代化。

（2）优先布局需求最迫切的文体设施，在设施的不同属性中，优先优化群众最关心的属性，分步实现文体设施均等化布局。

（3）着重考虑有关设施集中布置，发挥规模效应（当人均财政投入相等时，效应 = 规模 / 服务半径）。

（4）参考公共设施的布局模式，服务半径由大至小，逐渐收缩，形成城镇型居民点。

（5）将文化体育设施分为邻近布置类和集中配套布置类两类。邻近布局类宜以户数或自然村作为配置单元（测算一个行政村通常包含自然村的个数或者户数），一个行政村宜配置 2 ～ 4 套邻近布置类设施（室外健身点），应结合人们的日常公共活动空间布置或考虑方便使用要求而布置。集中配套布置类宜以行政村（平均规模 2000 ～ 3000 人）作为配置单元，一般行政村配置 1 套集中配套布局类设施，大型行政村按人口倍数来折算套数。集中配套布置类设施布局应考虑与菜市场、基本医疗卫生设施等其他公共与商业设施集中配套布局，并综合考虑选址的交通、人口密度等区位条件设置。

四、乡村社会福利设施

（一）乡村社会福利设施基本内容

社会福利是指国家依法为所有公民普遍提供旨在保证一定生活水平和尽可能提高生活质量的资金和服务的社会保障制度。社会福利设施的种类繁多，其中最有利于城乡公共服务设施均等化发展的社会福利设施为养老设施。随着乡村人口老龄化、乡村家庭小型化、乡村城镇化和乡村消费结构多元化的发展，乡村传统家庭的养老服务功能日益弱化，村里的独居老人特别是高龄独居老人对社会福利和服务的需求不断增加。

（二）乡村社会福利设施建设现状

在对典型乡镇居民的问卷调查中发现当前乡村社会福利设施建设存在如下问题：第一，乡村敬老院建设资金不足，很多敬老院缺乏足够的资金支持，导致设施和服务质量无法得到保障。第二，乡村敬老院设施陈旧，由于资金和技术等方面的限制，敬老院设施无法满足老年人的需求，甚至存在安全隐患。第三，乡村敬老院普遍地理位置偏远，很多老年人无法方便地到达敬老院，也无法得到及时的医疗和护理服务。

（三）乡村社会福利设施均等化建设研究

乡村敬老院的发展不仅需要硬件设施上的标

准，也需要相关政策的设计和落实。发达国家和发达地区较早进入老年社会，在保障老年人"老有所养、老有所医、老有所乐"的问题上进行了长期的探索和实践，形成了较完善的安老服务体系。总结发达国家和地区在安老服务尤其是机构养老方面的做法，经验和启示主要有以下两点：

（1）政府在安老服务中承担主要责任。政府在制定法律法规、制定安老服务事业发展规划、对非营利组织提供资金资助、对老年福利设施进行服务监管以及对贫困老人进行经济政策援助等方面，都有不可替代的作用。

（2）居家安老服务和社区安老服务共同发展。鼓励各种形式的社会服务机构，政府和非政府的机构互相配合，在社区内为需要照顾的老人提供服务。安老服务既包括由政府、社团甚至市场化的企业等社会服务机构提供的专业服务，也包括由社区内的居民提供的非正式服务。

对于我国乡村社会福利设施的均等化发展，特别是乡村敬老院的建设，研究应多关注以下问题的应对策略：

（1）地点选择：乡村敬老院应选建于离乡村居民点较近的地点，方便家属探望和照顾。

（2）设施建设：乡村敬老院需要有舒适的住宿环境、餐厅、医疗室、活动室等设施，以满足老年人的基本生活需求和娱乐需求。

（3）人员配备：乡村敬老院需要有全职的医护人员、保洁人员、厨师等人员陪护，以保障老年人的健康和生活质量。

（4）经费保障：乡村敬老院的建设和运营需要一定的经费支持。

（5）社会参与：乡村敬老院的建设和运营需要社会的支持和参与，可以通过短期的城乡志愿者服务、村民中心文化活动等方式增加老年人的社交和娱乐活动，提高老年人的生活质量。

五、乡村防灾减灾设施

（一）乡村灾害的要素分析

灾害系统三要素包括致灾因子、承灾体和孕灾环境（图10.10），这三者共同决定了灾害的危害程度，基于这三个要素构建综合评估模型，可得到灾害风险的综合评估（图10.11）。

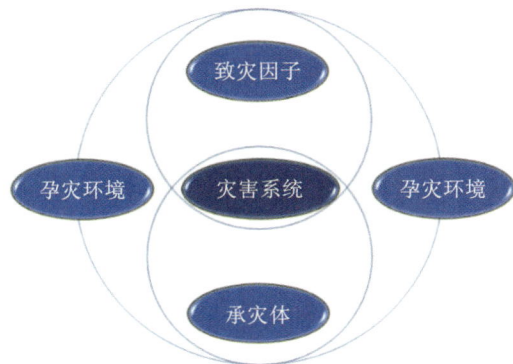

图10.10　灾害系统要素构成

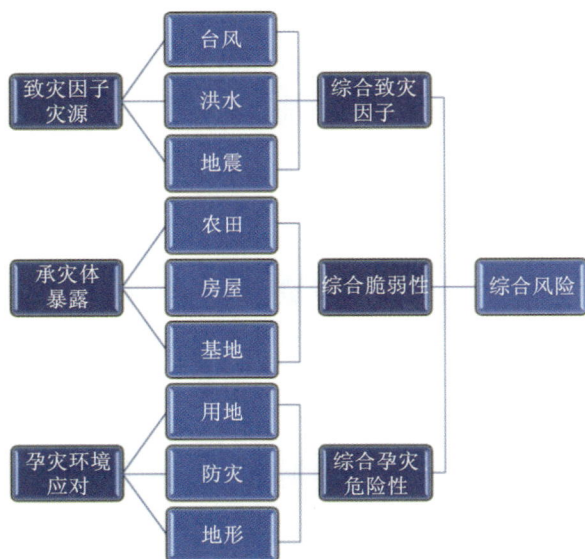

图10.11　灾害系统评估内容

（二）综合防灾城乡区域差异

1. 空间环境的差异

乡村和城市相比占地面积相对较大，空间布局分散，灾情发生后人力、物力在交通损耗上成本更高，信息和救援的及时性与灵活度降低。由于历史原因，我国部分（尤其中西部）居民点为了便于生产，大多数选址在山区，与大多数城市所处平原位置较不同的是，乡村地区多山地等复杂地形，生态系统脆弱，再加上山区独特的气候条件，多重环境因素的组合可能会使乡村灾害的成因更复杂。

2. 社会经济条件的差异

其一，乡村和城市相比，由于建设手段和建设材料的质量差异，乡村总体灾害防御能力低；其二，一些乡村居民的不合理选址也造成了灾害抵抗能力低下；其三，乡村民居基本是私建，缺乏统一的规划，且现行的大多数规范只针对城市房屋，对乡村民居不适用。除了乡村房屋建筑，乡村公路和桥梁的质量和标准整体也低于城市，可能带来更多安全隐患。

除此之外，乡村地区的支柱产业主要是对自然环境依赖较大的第一产业，容易遭受灾害的直接打击。城市地区的第二、第三产业，在台风、暴雨等灾害来临的预警下，只要进行了充分的灾前应对，并及时做出"停工停市"的应对措施，可将产业的经济损失控制在较低的程度。

3. 人群特征的差异

乡村居民劳动力流失造成了乡村常住人口结构的根本性变化，大量乡村男性青壮年劳动力进入城市打工，乡村常年只有妇女、儿童、老人留守。总体而言，妇女、儿童和老人属于灾害弱势群体，导致乡村的综合防灾减灾更加依赖外部的救援力量。

（三）城乡一体化乡村综合防灾规划

1. 地理环境下的整体性防灾策略

乡村防灾规划首先需要针对其灾害类型、防灾现状和特征，提出相应的整体性防灾策略。首要任务是关注灾害的性质和严重性等因素，根据乡村规模、人口、重要性、所处地质环境、历史上所发生灾害的性质和严重性等各类因素将乡村划分成不同的防灾等级，不同的防灾等级代表了不同程度的备灾、应急、救灾以及灾后重建各阶段所需要的不同条件。

在自然环境方面，将乡村与地理环境看作一个整体，严格划定建设区、生态保护区，防止过度建设引发自然灾害，通过经济作物和景观植物的种植，提高生态系统多样性和韧性。

乡村周边可适当建设减灾带、设置斑块防止自然灾害的蔓延，为各类自然灾害设置一定的缓冲空间。而在居住形式方面，划定"防灾指挥中心—紧急避难场地—村落避难据点—生命线通道"的防灾空间格局，基于人的需求和避难行为习惯，按照"点、线、面"综合布置各类防灾避难空间。将乡村总体布局设计与防灾空间体系结合，并与上级乡镇的防灾规划进行衔接。

2. 乡村防灾空间规划

在宏观层面，可以从乡村空间发展战略来考虑乡村防灾问题，通过土地适应性分析，避免乡村选址在自然灾害多发地区，并考虑将乡村聚落的空间形态与结构进行调整，改善乡村孕灾环境，明确区域间乡村防灾功能的协同分工，强化地区整体防灾救灾能力，形成乡村与乡村之间的防灾网络体系。

在中观层面，要合理布设乡村应急避灾设施，利用乡村物质空间资源（农田、道路、广场等防灾设施）构建乡村应急避灾空间体系。这一层面需要考虑隔离空间、防灾通道、指挥空间、医疗卫生空间、物资集散空间、消防治安空间等各类空间的布局，各系统之间进行资源整合并合理利用。

微观层面的空间主要指单体工程的空间设计，例如乡村建筑的抗震结构性能。

3. 乡村防灾组织形式

乡村防灾自组织水平的提升，能够在空间上弥补政府应灾覆盖范围的有限性。通过灾前有组织的预防、培训、演练，灾中的及时应对和灾后有序帮扶来规避单个村民应对自然灾害的无序与能力不足的问题。

村委会是我国大多行政村通过村民选举产生的一类自我管理、服务的基层群众性自治组织，具有管理本村公共事务的职责，能够与国家各类政策实现良好的对接，及时接受灾害预警信息，发布备灾应对策略，组织灾中、灾后的救援帮扶工作。因此以村委会为主导的乡村防灾减灾组织能够发挥重要的作用。在村委会的组织领导下，村民间的互帮互助小组（例如生产队组织、自然村组织）也可通过共同体互助形式有效地预防和应对乡村自然灾害。

第十一章　乡村社会治理

乡村治，百姓安，国家稳。作为国家治理体系的重要组成部分，乡村治理的好坏关系着乡村振兴战略的成败，乡村治理更是习近平新时代中国特色社会主义思想中，推进国家治理体系和治理能力现代化的重要表现形式。治理有效，是乡村治理的目标；构建治理有效的乡村治理体系，是实现乡村振兴战略的基础。

第一节　乡村治理概述

一、乡村治理的概念和作用

（一）概念

乡村治理是社会治理的重要组成部分，是指在乡村社会的时空维度下不同的治理主体利用管理规则，综合考虑乡村现状资源、文化习俗特点等而形成的特定模式，既包括乡村的自我治理，也包括国家对乡村的治理。具体而言，乡村治理是以乡村为场域范围，人们将公共权力运作于乡村社会的系统过程和产生的绩效，或者是通过乡村公共权威管理乡村社区，实现公共利益增加的过程。乡村治理主体间相互配合与制约，实现乡村社会公共利益最大化。

（二）作用

乡村治理相对于国家治理而言，是国家治理的基石，不能简单地理解为乡（镇）政府对乡村社会的管理。它不同于乡村管理，它是政府、乡村社会组织以及村民等利益相关者为实现乡村利益和乡村发展而共同参与的持续互动过程或状态。中共中央办公厅、国务院办公厅印发的《关于加强和改进乡村治理的指导意见》中指出，"建立健全党委领导、政府负责、社会协同、公众参与、法治保障、科技支撑的现代乡村社会治理体制，以自治增活力、以法治强保障、以德治扬正气，健全党组织领导的自治、法治、德治相结合的乡村治理体系，构建共建共治共享的社会治理格局"。

习近平总书记在 2017 年 12 月的中央农村工作会议上明确指出，"建立健全党委领导、政府负责、社会协同、公众参与、法治保障的现代乡村社会治理体制"。建设现代乡村社会治理体制需要做到党委领导、政府负责、社会协同、公众参与和法治保障五个方面。

完善乡村社会治理体制，建设现代乡村社会治理体制，是实现乡村振兴战略总要求中"治理有效"的重要制度保障。乡村基层社会治理有效运转，关系着国家治理现代化目标的实现。当前，乡村社会治理的重点是乡村基层，难点也是乡村基层，具体表现为乡村治理的目标性偏离以及治理效率偏低的现实难题，构建"政府引领、社会参与、制度保障"的现代乡村社会治理体制。其中，政府引领，指的是以政府为核心，规范乡村治理目标和引导乡村治理的方向，解决乡村治理的目标性问题，对应党委领导、政府负责两个方面。

二、乡村治理的主要内容

（一）乡村环境

深入学习领会党的精神，认真贯彻落实中共中央和国务院关于改善乡村人居环境的决策部署，以统筹城乡发展、造福农民群众为出发点，以实现乡村生活垃圾的长效治理为目标，加大投入、健全机制、发动群众、科学施策，形成改善乡村人居环境与提升乡村文明相互促进的良好局面，建设清洁卫生的宜居环境和农民群众安居乐业的美丽乡村。

1. 坚持群众参与和多方合作相结合

一方面，要突出群众主体的作用。乡村环境治理的主体是农民，环境治理质量的好坏直接关系到其生存以及生活质量的高低，但是长期生活在乡村的人保留了在传统农耕社会生活的习惯，加上其具有一定的固定思维，在短期内很难将自己视为环境治理的主体。只有在行政管理和治理的过程中充分听取农民的意见和建议，满足农民的需求，乡村环境治理实施起来才是有效的。鼓励农民自愿参与环境治理，让其做到从"政府让我治理"到"我要主动治理"的转变。另一方面，要发挥政府的领导作用。现阶段的乡村环境治理很大程度上还是靠政府的强制性命令，这种输送式的治理受到了财政的约束，还有可能会面临村民不配合。因此，政府要注重树立村民改善环境的信念和决心，完成身份的转变，让村民完成从被动到主动的转变。为了提高治理的有效性，需要多方面的投入：其一，要大力招揽企业，引进实力雄厚、品质优良的社会资本和企业参与乡村环境治理，引导企业从乡村环境治理中发现商机，取得真正的经济效益和环境效益双丰收。其二，适当地给予一定的资金支持，当前乡村环境治理工作存在一定资金不足的问题，当地政府应该结合当地的实际情况出台相关的政策，对于那些地理位置较为偏远的、经济较差的乡镇要多给予资金和政策上的帮扶，让那些靠财政吃饭的乡镇，有足够的动力和信心去开展乡村环境治理工作。

2. 坚持乡村规划和乡镇发展相结合

不论在何时都要规划在前、发展在后，注重规划。规划是否符合当地的实际情况，是否便于实施，是否有效，是否可持续，都决定了乡村环境治理的最终效果。首先，要遵循客观性原则。总体规划和详细规划都应该结合当地的实际情况，以保障规划科学、合理。当地的土地资源配置、人口、自然条件、交通条件等都是制定规划的主要考虑因素。其次，要遵循执行性原则。一个好的规划如果没有执行到位，也很难达到最终效果。作为一个执行者，要严格遵守执行性原则，要将设计好的规划不打任何折扣地展现出来，转化成实实在在的成效。但在执行的过程中，如果遇到不符合实际的情况，可以根据充分的调研以及科学的论证，在其原有的基础上

进行细微的修改，使得该规划能够更加贴合实际。最后，要遵循可持续性原则。当前我国对于可持续发展是十分重视的，地方上也是如此。地方的政府工作人员要严格遵循规划去办事，建设以及实施各项工程都应该按照规划一步步地实施，通过不断积累，不仅把当地的产业推向快速发展的轨道，而且要把环境治理和环境保护推向一个更高的平台。

3. 坚持乡风文明和环保产业发展相结合

经济的快速发展关系到我们能否拥有"金山银山"，而环境的治理关系到我们是否拥有"绿水青山"。既然是环境治理，就要从源头上解决污染问题。首先，要加大宣传力度，要达成"保护环境、人人有责"的共识，提高群众的环保意识，对于乡村的群众，要采用更为合理的方法，例如，上门宣传、张贴海报、拉横幅标语等。其次，要弘扬乡村振兴战略中的乡风文明。文明的乡风能够为村民构建一个和谐文明的环境，为促进当地的发展发挥一定的作用。开展社会主义核心价值观宣传，积极开展文化交流和精神文明建设等活动，培育和发扬文明乡风。最后，要大力发展环保产业。对于乡镇上的企业，政府要鼓励其合理排污，在创造经济效益的同时要保护环境，要通过对生产方式、方法的转变大力发展绿色、低碳环保的有机生态农业，从源头上解决环境治理的问题。

（二）乡村文化

作为乡村生活的重要组成部分，乡村文化是乡村治理取得成效的重要保证。乡村文化可分为两个部分，即公共文化服务与乡土文化。公共文化服务是指政府直接提供以满足农民文化需求的公共文化服务。乡土文化指的是村庄作为共同体所孕育的内生型文化样态。乡土文化作为一种区域社会的传统文化积淀，具有较强的地域特色，作为乡村社会内部的产物，其当下遭遇了权威衰退、参与退出及支

持弱化等困境。乡村文化外部和内部的双重逻辑皆根植于现代治理转型过程中。为实现乡村公共文化服务与乡土文化的共生互融，应建构以乡、村两级为主体的公共文化服务与乡土文化耦合路径，社区营造、乡村文化管理及乡村治理转型等多方面的协同推动乡村文化的全面振兴。

三、乡村治理的基本情况和存在的问题

（一）乡村治理的基本情况

1. 乡村治理的发展历程

乡村在我国的历史文化进程中扮演着重要的角色。乡村是我国一切生产、生活的基础，它把控着我国粮食的产出，为人民提供衣食住行等。从古至今，我国都有类似"乡绅"的角色，在缺乏法治的年代，乡村治理是一种特别的"人治"或者"自治"的体现。"人治"一直处于比较重要的地位，特别是在传统的乡村治理中，"人治"往往起到辅佐和支持的作用，有名望的人总是在乡村农民心中有较高的地位。战争时期，乡村作为革命根据地，为我国革命的胜利起到重要影响。中华人民共和国成立初期，由于乡村需要快速复兴生产，因此在乡村设立了专门管理乡村的基层政府机构，在当时起到了积极作用，让管理难以统一的乡村有了一套真正适宜、有效的治理措施。随着探索的深入以及出于农民想要迅速复兴生产的热切希望，"大跃进"时期建立了人民公社，让乡村进一步融合，但在此阶段，也不免出现了一些管理错误，打击了村民生产生活的积极性。

党的十一届三中全会提出改革开放，人们的思想从此解放，生产力也有了极大的提高。家庭联产承包责任制被推出，并且立即成为乡村工作的重点，人民公社逐渐退出历史舞台。乡村治理也相应地产生了新的治理模式。在改革开放前期，乡村治理主体是单一的，这主要体现在"党的单一化领导"下，由乡村政府治理乡村。但随着治理的深入，社会组织的力量越来越强大，这逐渐成为巩固农民和政府关系的重要维持纽带。同样作为国家的支撑力量，社会组织的管制越强，农民积极性越高，对于乡村优良的治理越有好处。政府职能也发生了变化，政府由管理职能逐渐转变为服务职能。党的十六届六中全会提出建设服务型政府。乡镇政府职能转变，首先要正确定位，明白自己要负责的事务，分清楚哪些是政府必须处理的，哪些可以交给乡村社会组织自主完成的，形成乡村社会组织与政府共治的新治理结构。人民当家作主应该在乡镇政府的治理过程中充分体现出来，让民主深入治理的相关过程并使过程逐步趋于合理。

我国乡村治理的发展历程如表 11.1 所示。

表11.1 我国乡村治理的发展历程

时期	中华人民共和国成立前	中华人民共和国成立初	"大跃进"时期	改革开放后
治理方式	以乡绅为主	乡村政权建立	建立人民公社	多面共同治理
治理情况	以连接统治阶段为主要目标，进而管理乡村事务	中华人民共和国成立初期需要有效的机构引导乡村生产力恢复	乡村政权和人民公社共同引导村民	乡村政府与村民自治协调
积极作用	从农民中走出的代表能体现农民意志	国家权力渗透治理方式有迹可循、合理	打破了血缘以及地域的限制	人民当家作主，村民积极性被极大调动
不利因素	以服务统治阶级为主，主观的行动不明显	缺乏有效的自治手段	政权没有足够的有效性，限制了村民的积极性	乡村自治、法治体系不够完善

2. 乡村治理的现实诉求

首先，加强和完善乡村治理体系对于乡村的现代化建设具有重要作用。提出乡村治理现代化，是为全面建设小康社会做铺垫，乡村作为全面建设小康社会的关键对象，必须实行有效的现代化治理，才能补齐乡村经济较弱短板。其次，完善乡村治理体系，加强和完善城乡社区治理，要以基层党组织建设为关键，以居民需求为导向，健全城乡社区治理体系，提升城乡社区治理水平，补齐城乡社区治理短板，推动形成党领导下政府治理和村民自治相互结合的格局，全面提升城乡社区治理法治化、科学化水平。最后，合理联系村民，增加人民群众参与度。治理体系是否完善，在于人民群众是否有参与感，以人民群众为核心，发挥人民群众建设社会主义现代化强国的积极性，对于消除贫困，促进增长有积极作用。

（二）乡村治理存在的问题

1. 乡村治理资源匮乏

（1）乡村文化资源缺失。

乡村文化，就是以家族、血缘和地域为纽带，反映村落特征和人文底蕴的文化形态，这是由广大村民共同创造的，在漫长的人类发展进化过程中逐渐形成的，它始于过去，贯穿现在，必将造就未来。乡村治理离不开具体的文化背景、文化身份和社会基础。这里的文化不仅指书本上的知识和技能，还凝聚着人们在生活、生产中日积月累而成的经验智慧和朴实情感。当前，乡村治理首要的发展资源就是乡村文化，但由于对乡村传统文化的治理作用认识不到位，也因为对乡村治理文化附着的载体缺少基本了解，在新农村建设中或多或少地存在破坏乡村文化及其载体的情况。随着城市化进程的加快，有些乡村因城镇化而消失，还有些乡村的消失却是人为因素造成的，伴随古老村落消失的还有在村落中延续的乡村文化资源。

（2）乡村人口资源流失。

乡村治理需要以人为基础，好的协商治理需要村民通过民主的方式共同讨论相关的公共事务。对很多外出务工的村民而言，他们的生产、生活不再依赖于乡村，宗族意识和传统伦理观念变得淡薄。金钱和利益是农民外出务工的根本内驱力，他们对于村庄事务关注越来越少，对于如何治理乡村问题缺乏热情，同时为了追求更好的生活选择放弃原有的乡村生活去城市奋斗，这使得支撑乡村协商治理的人才、资金、技术、知识和需求等资源大量流失，协商治理手段变得有限，治理陷入困境。根据国家统计局的相关资料，随着外出务工人员越来越多，乡村常住人口越来越少（图11.1），各地政府实行村组管理改革，农民集中居住，有的地区行政村范围扩大，村民协商议事难度大，村民协商议事制度无法正常进行下去。

从图11.1中可以看出，2014—2019年乡村的人口一直在减少，主要原因是受到城镇化的影响。乡村人口从2014年的61866万人减少到2019年的55162万人，总人数减少6700万以上，这意味着乡村的劳动力减少了约6700万人，严重影响了农业的发展。同时，由于人口的流失，乡村治理中人的作用则会变得薄弱，从而影响乡村治理现代化的进程。

（3）乡村经济财力不足。

社会的发展需要大量的资金。乡村大部分建设资金来自政府的补贴和本村的农民生产。由于乡村人口外流，本就缺乏资金与技术的乡村更加落后，仅仅依靠政府财政支持很难实现乡村现代化的建设。这种情况下城镇反哺乡村显得更为重要。只有充足的财政支持，才能够进行乡村基础设施建设和乡村特色建设，才能够吸引更多的资金和投资。在资金充裕的情况下，才可以完善乡村产业，实现产业兴旺，增加农民收入，为乡村建设和治理提供支撑。

根据国家统计局的数据，我国 2016—2020 年城镇居民和乡村居民收入支出情况如图 11.2 和表 11.2 所示。从图 11.2、表 11.2 中可以看出，我国的城乡收入差距巨大，盈余更是有天壤之别，2020 年城镇居民的盈余有 16827 元，而乡村居民仅仅有 3418 元，这样的盈余使乡村居民无法自由使用资金，更不要提在乡村建设中使用这些资金。政府的投资大部分用于对于乡村的固定资产的投资，因此关于特色乡村等的建设很难顺利地进行下去，乡村治理必然也面临资金短缺的问题。

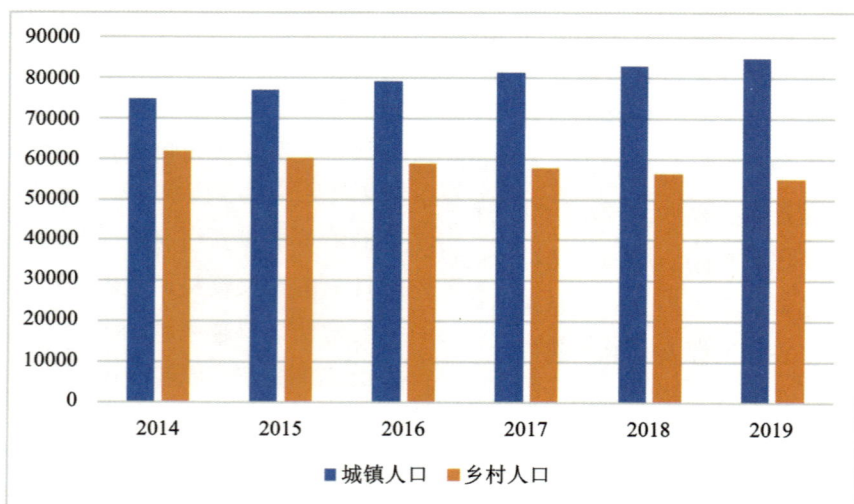

图11.1 2014—2019年城镇、乡村人口变化情况（万人）

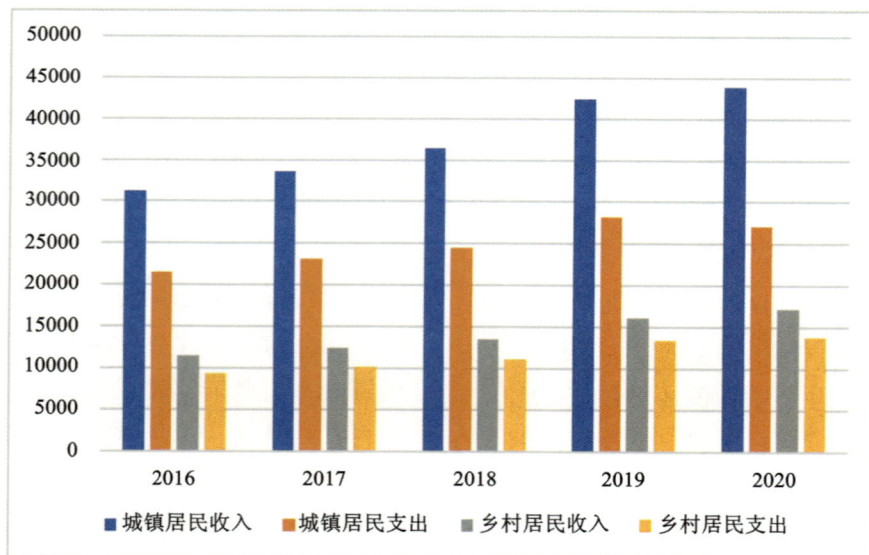

图11.2 2016—2020年城镇、乡村人口年人均收入和支出对比（元）

表11.2　2016—2020年城镇、乡村人口年人均收入和支出数据（元）

年份	2016	2017	2018	2019	2020
城镇居民年人均收入	31195	33616	36396	42359	43834
城镇居民年人均支出	21392	23079	24445	28063	27007
乡村居民年人均收入	11422	12363	13432	16021	17131
乡村居民年人均支出	9223	10130	10955	13328	13713

2. 乡村治理能力弱化

（1）乡镇政府的职能转变不彻底。

"多元"主体共同参与乡村治理是最合理的治理模式，是乡村治理现代化的需要。但是，就我国乡村治理的现状看来，实现"多元"治理格局还需要相当长的时间。当前，乡村社会的基层党组织虽然正在由管理职能向服务职能转变，并将更多的治理权力下放给基层组织，但众多治理主体中，政府影响仍然是最大的。乡镇政府习惯于掌控乡村社会的各项管理工作，通过行政手段管理乡村，控制公共资源调配。完善乡村治理工作，基层党组织仍然肩负着重要的职责。

（2）乡村治理主体能力不成熟。

随着治理体制不断完善，基层组织也渐渐加入治理主体，基层组织参与治理能够现实地看到乡村的问题，对于提高农民积极性有一定的促进作用。人作为乡村社会治理主体，其能力体现在乡村治理的各个环节，一些领导干部的学历低、素质不高以及服务意识不强，都会影响治理的过程，特别是容易将自己主观意识强加在农民身上，对实际情况勘察不到位，违背乡村治理的原则，甚至以权谋私，滥用资源，违背法治的相关原则，对乡村治理产生负面影响。

（3）村民自治难以实现。

村民自治是构建我国基层民主政治制度的关键要素，直接影响我国政治体制改革、乡村区域发展、乡村地区安定及和谐。村民自治在我国推广运行时间较久，但是这一制度的成效却不佳，村民自治存在很多问题。从村民自治实行以来，村民作为参与主体，在民主思想、权利思想、参与思想等方面都有所改变，然而只是潜意识有改变，没有成形的主体观念，存在民主意识不足、自治参与被动性和自主权利形同虚设的情况。

另外，村委会作为村民自治的载体，又扮演着国家方针实施者，很难真正维护普通村民的利益。在这种情况下，村民的自治也难以实现，村民参与乡村自治的积极性受到影响，一旦村委会与村民产生矛盾，甚至可能阻碍治理环节的正常进行。相对于村民自治，其他治理主体力量也难以发挥。

（4）乡村管理理念跟不上城镇化进程。

乡村管理理念是在长期管理乡村过程中形成的有价值的管理思想的积累。但目前的乡村管理，无论是在理论方面或者是经验指导上都存在一些问题，比如管理理念不够先进，管理内容有所缺失，管理方式有待改进。落后的管理理念仍然存在于乡村社会的治理模式之中，一些老旧理念认为乡村的社区管理很难促进乡村的繁荣，不能够提高乡村农民的收入，更无法全面地满足农民全面发展的需求，仅仅是为了达到经济的发展指标，不顾及长远发展的利益，对乡村地区的环境以及生态没有全方位的考虑，有悖于科学的发展需求。同时，村民的精神文化建设缺失。管理者忽视村民的思想道德建设也是导致乡村矛盾的原因之一，乡村社会没有了人情味，长此以往会限制经济的增长速度。此外，一些管理者仍然认为乡村社会管理中，管理者和被管理者之间是上下级的关系。一般情况下，管理者没有充分考虑村民的感受，将管理的工作以命令的方式下达，管理模式在一定程度上损害了村民的利益，有可能会造成村民与管理者之间产生矛盾。

根据国家统计局的数据，我国1990—2015年城镇化率和乡村居民人均收入情况如表11.3所示。

表11.3　1990—2015年城镇化率和乡村居民人均收入情况

年份	1990	1995	2000	2005	2010	2015
城镇化率（%）	26.41	29.04	36.22	42.99	49.95	56.10
人均收入（元）	686.31	1577.74	2253.42	3254.93	5919.01	10772.7

从表11.3中可以看出，我国的城镇化率自20世纪90年代到现在有飞跃式发展，同时，乡村居民的收入不断提高，收入比例也会随着城镇化进程而不断变化。随着城镇化的推进，乡村的治理体制也会有一系列的变化，农民的收入有机会增加，农民会有更大的发展空间。换言之，农民想要增加收入，改变收入比例，势必要求乡村社会治理有新的突破。

3. 乡村治理过程中的冲突

城乡之间资源配置不均，国家财政的大力投入与支持主要针对城市，致使本身基础设施建设薄弱的乡村和城镇间出现更大的落差。乡村医疗卫生水平无法满足农民的基本需求，普通农民依然面临看病难、看病贵、用不起药品。乡村教育水平更是偏低，很多留守儿童无法在幼年时期得到应有的教育。乡村文化娱乐设施建设基本没有。基础设施缺失很容易引起乡村人口的流失。社会福利的方面，城乡差距也是相当大，虽然近些年来国家出台了相关福利政策，但是农民仍很难享受到相关福利，如果不能协调好乡村福利，则很难缩小城乡差距，很可能会进一步加剧城乡矛盾。

由于社会资源分配不均匀，很多乡村的孩子很难享受到优质的教育，这样会导致乡村平均素质水平难以提升。留守儿童数量较多对于乡村的管理也是一个难题。由表11.4可见，第一，留守儿童在乡村上学（包括初中和小学）的人数有大幅度下降，随父母外出学习的人数增多。一方面，说明了乡村儿童父母越来越重视子女的教育；另一方面，也表明伴随我国经济快速增长，越来越多的乡村渐渐脱离了贫困，可以让更多的孩子享有学习的权利。第二，初中和小学学生人数相差巨大。基于我国九年制义务教育的国情，初中和小学的学生数量本应该相差不大，但是通过对比发现两者数目差距极大，可能是由以下原因引起的：一是初中数量少，能够为留守儿童提供的教学环境有限；二是大部分乡村小学生由于经济和家庭原因失去继续教育的机会，只能早早地参加农事或者其他的工作。这一方面影响着乡村农民文化素质的提高，加大了乡村治理难度；另一方面阻碍了我国小康社会建设进程，加剧了城乡间矛盾。

表11.4　乡村留守儿童和随父母外出受教育儿童人数比较

年份	随父母外出受教育人数（小学）	留守儿童受教育人数（小学）	随父母外出受教育人数（初中）	留守儿童受教育人数（初中）
2015	1014	1384	354	636
2017	1042	1064	365	486

数据来源：《中国统计年鉴（2015）》《中国统计年鉴（2017）》。

第二节　乡村治理模式

乡村是最基本的治理单元,是协调利益关系和化解社会矛盾的关键环节。乡村治理的质量不仅决定着乡村社会的稳定、发展和繁荣,也体现国家治理的整体水平。党的十九大报告提出乡村振兴战略,要求"健全自治、法治、德治相结合的乡村治理体系","三治"融合,是我国新时代对乡村治理模式的重大理论创新。

一、乡村治理模式的类型

(一)以自治为核心,实现乡村治理有力

村民自治的根本目的,就是保证和支持广大基层村民实行自我教育和自我管理,是人民当家作主落实到国家政治生活和社会生活之中的最直接体现。让村民当家作主是乡村治理的本质和核心,是乡村治理的出发点和落脚点,这是以人民为中心的根本政治立场所决定的。无论是德治还是法治,都要通过自治来推进和实现。

各地具有不同的资源禀赋和历史文化,而随着社会的加快转型,乡村社会从封闭走向开放,单一的治理手段无疑难以应对差异化、多元化的社会现实。尊重各地的客观情况,尊重各地的村民意愿,以自上而下制度建构的法治为保障,探索以自治为核心、以德治为引领的差异化治理,乡村发展才能具有自主性,广大村民才能成为乡村振兴的真正主体。

(二)以法治为保障,实现乡村治理有序

法治是国家意志的体现,是自上而下的"硬治理",乡村治理必然要求以法治为根本要求,以法律作为规范乡村所有主体行为的准绳。无论是德治还是自治,都要通过法治来规范和保障,也只有通过法治才能从根本上引领和保障乡村社会公平正义、促进社会的诚信,从而确保良好乡村社会秩序的建立和维护。因此,必须把乡村治理纳入法治轨道,使敬畏法律、信仰法律、尊重司法成为基本取向;严格依法规范乡村组织行为,引导村民依法办事;健全完善乡村法律服务体系,搭建联村联户的法律服务平台,推动乡村形成办事依法、遇事找法、解决问题用法、化解矛盾靠法的良好社会氛围。

(三)以德治为引领,实现乡村治理有魂

德治以伦理道德规范为准则,是社会舆论与自觉修养相结合的"软治理"。"风俗者,天下之大事,求治之道,莫先于正风俗。"伦理道德是引导社会风气和凝聚人心的不可替代力量,是乡村治理的灵魂。无论是法治还是自治,只有通过德治来体现和引导,才能有效破解在乡村治理中法律手段太硬、说服教育太软、行政措施太难等长期存在的难题。

因此,可以把以规立德作为净化乡村社会风气的治本之策,突出村规民约的观念引导和行为约束作用,发动群众积极参与"文明村""文明户"等文明创建与评议活动,采取各种有效形式激发乡村传统文化活力,不断丰富乡村文化生活,使风清气正、向善向上的舆论导向推动自我教化,形成良好的村风民俗,使社会主义核心价值观的大主题在乡村文明创建与评议的小活动中落地生根。

二、乡村治理模式的发展

作为一个农业大国,中国有着历史悠久、灿烂辉煌的农耕文明,有着数量众多的乡村人口和面积

广阔的耕地。在这样一个以农耕文明为基础的古国中，乡村社会是社会的一个重要组成部分，所以实现对乡村社会的有效治理是治理者不断追求的目标。

"百年征途谋新篇，雄心壮志启新程。"党的十九大高瞻远瞩地擘画了到21世纪中叶我国发展的战略安排，乡村振兴战略是其中浓墨重彩的一笔，要实现乡村振兴，乡村治理应成为题中应有之义。从某种意义上说，实现乡村治理是百年来对乡建探索的历史延续，是对百年来解决"三农"问题历史经验的总结与升华，更是对乡村发展历史困境的全面超越。以史为鉴，想要深刻理解乡村治理的必要性，做出正确的路径选择，就有必要了解和把握过去一百年来中国乡村发展的轨迹。学习和借鉴前人的乡村治理实践经验，更便于我们发现当前乡村发展的关键问题所在，打开乡村治理的大门，从而达到"治之于未乱"的效果。

（一）清末民初乡村治理

近代以来，西方列强用炮火轰开了清政府闭关锁国的大门。此后，中国在政治、经济、文化等各方面都发生了重大的变化，中国社会面临"千古未有之大变局"。随着社会的巨大变革，中国的乡村治理也发生了变化。保甲制被废除，清廷为挽救日渐衰落的王朝开始实施新政，在乡村推行了一系列具有现代治理色彩的举措。20世纪20年代，出于救国图强的目的，乡村建设运动兴起，众多精英纷纷参与其中。在清末民初众多的乡村建设方案中，山西村治方案和梁漱溟的"邹平模式"无疑是两颗闪耀的明珠，经得起时间的冲刷，值得后世品味和借鉴。

1. 民国初年山西村治方案

戊戌变法失败后，在义和团和八国联军的双重重压下，清政府认识到，只有变革才是破解困境的

唯一出路。为了维护自己的统治，清政府开始实行新政，开出了一系列挽救危局的"药方"。其内容就包括革新政治、倡导商业、兴办学堂、鼓励留洋等。清末新政的实施在一定程度上顺应了时代发展的潮流，一些名流纷纷投身其中，为新政的施行身体力行。米氏父子就是其中的两位，他们一起将直隶定县的翟城村改造为乡村治理的楷模。1904年，"落榜秀才"米春明通过发展新式教育，制定村规民约，成立自治组织和发展乡村经济，强化社区综合治理，自发地创造了"翟城实验"。其子米迪刚受其感召，也投身于翟城村的建设当中。经过一段时间的发展，翟城村存在多年的赌博、偷盗现象几乎销声匿迹。正是由于米氏父子的积极参与和探索，清末新政之风吹到了社会基层，翟城村成功的乡村治理经验得到了清政府的肯定与推广。

阎锡山出任山西省省长后，受到翟城村模式的启发，试图以它为模板治理山西混乱的乡村社会。当时山西的乡村社会正处于无序、萧条的状况，这种状况是由以下几个原因造成的。首先，由于地势地形与邻省天然隔离，山西形成了相对封闭、复杂的地理环境，村落分布散落，人口分散。政府下达的政策不便传达，乡村社会的管理难度较大，治理效果也不尽如人意。其次，当时社会不稳定，土匪四处劫掠，大量难民逃离，使得当时山西的乡村社会呈现出一片萧条凋敝之景。最后，当时的乡村管理制度不完善，各地村级组织称谓五花八门，仅县制以下，有的叫"都"，有的叫"坊都"，有的叫"里"，等等。在当时的情况下，山西不规范的乡村制度显然给人们的生活带来了不便与困扰，也使社会管理难度极大。阎锡山针对这种情况，开始着手推行以村为施政基本单位的"村本政治"，对村进行整顿。他认为，村是人民聚集的地方，当政者施行的政令若不能有效下达到村里，那么行政效果便是不理想的，凡脱离了施政的基本单位——村的治理，便是不彻底的治理。因此，他提出了"把政治放在民间"

的思路，核心是将基层政权下放到村级，实行"以村为本"的政治构建。山西"村本政治"分两个阶段进行，即官办村政阶段和村民自办村政阶段。

官办村政阶段于1917年开始，1922年结束。在这个阶段，山西省署大力推行"六政三事"。所谓六政，指水利、蚕桑、种树、禁烟、天足、剪发。其中，水利、蚕桑、种树的目的是通过劳动改善农民的经济条件；禁烟、天足、剪发的目的是除去旧社会的恶习，改善社会风气。半年后，六政推行渐有成效，又设立经济植棉试验场、林区和牧畜场。"六政三事"中的三事指：第一，编定村制。当时，山西省内行政系统的效能主要在县一级，县级以下则涣散无组织。村制的实行能将行政任务一一分解到每一位村民的身上，降低了管理成本，便于达成上下一体的共治效果，在缉捕盗贼、主持诉讼、查禁烟赌、义务教育等方面发挥着官治所不及的功效，因此，编定村制是非常必要的。第二，调查户口。村副负责编查户口。同时，村副还需随时就村民的出生、死亡、婚姻、继承、分居、迁徙、失踪七项进行人事登记，每月月终，将所登记之事汇报村长。第三，普及教育。主要包括普及义务教育、推行社会教育和倡办职业教育。

村民自办村政阶段于1922年开始，1928年结束。这一阶段，乡村治理主体由政府转向村民，村民参与村治建设，各项村治措施相继完成。为了配合行政机构顺利地推进村治思想，阎锡山还制定了一系列相关措施，包括根据村治成绩的优劣将村治分级，规范村民会议的运作，取消村长、村副的不动产资格限制等。

阎锡山的乡村治理模式具有现代民主制度特征，他的乡村治理模式使山西乡村交粮纳赋标准移风易俗成效明显，新式教育蓬勃发展，使山西乡村的面貌焕然一新。然而，作为政客与军阀，阎锡山推行村治的主要目的绝不是单纯地改造乡村和实践民主政治，而是将国家权力渗透到乡村社会，从而更加有利于其对基层民众的统治与对社会的管控。

清末民初的乡村治理肇始于河北翟城村模式，兴盛于山西村治。这些乡村治理建设实践，是百年乡村建设的萌芽与先声。

2. 梁漱溟的"救活旧农村"建设方案

20世纪二三十年代，在各地设立的试验区虽然达1000多处，但规模最大、影响最大、最具理论色彩的实验，首推梁漱溟在山东邹平进行的乡村建设运动。1931年，梁漱溟在鲁北小县邹平创办"山东乡村建设研究院"，进行长达7年的乡村建设实验。直到1937年日本入侵山东，倾注了梁漱溟一腔热血和汗水的邹平乡村建设运动被迫宣告结束。其实，在这之前，梁漱溟就曾在广东倡导"乡治"，在河南尝试"村治"，但都失败了。梁漱溟在《乡村建设理论》一书中指出，中国乡村建设简单地模仿西方资本主义的道路是行不通的。在梁漱溟的认知中，东西方境况是迥然不同的。中国以农业立国，保障农业是解决中国问题的关键与前提，为国命所寄。而西方国家以工业立国，发展的是都市文明。这种根本上的差异就决定了对于中国的乡村建设来说，西方经验是没有借鉴意义的，因为西方文化在中国会出现"水土不服"的问题，盲目地学习只能造成"画虎不成反类犬"的后果。要想救中国，关键是将失掉的乡村文化重建，在不离开自己固有文化的基础上，将中西双方两种文化的优点和特长结合起来，让"老树发出新芽"，重建乡村的团体组织和社会结构，并借此建构出一套完整的乡村治理体系。梁漱溟在山东邹平的乡村建设实验开创了乡村建设史上的邹平模式。

邹平模式是一个综合性的改造中国乡村社会的方案，内容涉及乡村建设的方方面面，但基本可以用"政、教、养、卫"四个字概括。

政：县政改革。改革县区机构，裁局设科，把原来的公安、财政、建设、教育四个局裁撤之后改为五个科，实行 8 小时工作制，克服官僚作风，提高工作效率，有效推进乡村建设。

教：兴办乡学和村学。最能体现邹平乡村建设特色的是在乡、村两级分别兴办乡学和村学。把原来的乡农学校并入相应的村学和乡学。乡学和村学都是由四部分组成：学长、学董、教员和学众。其中，学董负责乡村具体事务，学长是大家公认的德高望重的乡村领袖，教员是研究院派出的"先生"，学众是乡村的男女老幼全体成员，视情况设立男子部、妇女部、儿童部，有针对性地进行文化乡土知识、农业科技等知识的教育。到 1937 年，邹平共设乡学 14 处，村学 285 处。村学和乡学的成立极大地促进了邹平乡村教育的发展。

养：发展合作组织，发展乡村经济，解决民生问题。梁漱溟认为，农民比较散漫，要搞社会改造，要进行科技教育。发展乡村经济，最好的办法是把农民组织动员起来，走合作道路，给老百姓带来好处。在梁漱溟和研究院的指导下，邹平相继成立棉花运销合作社、机织合作社、林业合作社、蚕业合作社等六大类共计 307 个合作社，社员近万户。合作社为农户们提供良种、技术指导、贷款和产品回收外销的"一条龙"服务，合作道路促进了乡村经济发展，增加了农民收入。在经济方面，邹平积极成立乡村金融流通处，发展乡村金融服务，促进农业生产和乡村经济发展；在民生方面，邹平积极改善当地的医疗卫生条件，改良社会风俗，如铲除婚姻陋习，禁止女子缠足、禁止吸毒赌博等。

卫：组织乡村自卫，增加乡村自治。组织乡村自卫，一可以整顿地方治安，二可以应对迫在眉睫的日军入侵。同时，为增强乡村自治，培育乡村建设人才，乡村建设研究院还设立专门机构负责培养分配到研究院和各大实验县的高级管理人员以及到乡村服务的人才。在研究院和梁漱溟的号召下，大批知识分子跋山涉水来到邹平，以一腔热血投入乡村建设运动中。他们与当地农民一起，简衣素食，辛勤劳作，同甘共苦，建立了深厚的感情，致力于将这片贫瘠的土地改造为实现伟大理想的沃土。

经过大家的不懈努力，20 世纪 30 年代，邹平被公认为全国乡村运动三大中心之首，一时间，赢得了国内外人士的关注，梁漱溟的乡村治理政治主张取得的成绩使梁漱溟一生都引以为豪。

（二）中华人民共和国成立后至改革开放前乡村治理

在中国共产党的领导下，中国人民取得了新民主主义革命的胜利，推翻了压在人民头上的三座大山，成立了中华人民共和国。在中华人民共和国成立后到改革开放前这段时间里，国家政权的力量逐渐渗透到乡村治理体制中，最终逐渐演变为完全由国家主导的乡村治理体制，这一治理体制强化了国家对乡村社会的控制，为巩固新生的国家政权作出了一定的贡献。

1. 土地改革时期的乡村治理

作为一个传统的农业大国，长期以来，中国农业产值占比远高于工业产值占比，农村人口远多于城市人口，是国家建设和治理的主体，因而如何最大限度地发挥治理主体的作用，如何使农民过上好日子，如何处理好土地问题，这一系列乡村治理方面的问题成为当时国家亟待解决的核心问题。

中华人民共和国成立后，在乡村治理方面，影响最大的举措要数土地改革运动。土地改革并不是中华人民共和国成立后才开始的，早在民主革命时期中国共产党就在解放区进行过减租减息的土地改革运动。正是早期在土地改革方面的不懈努力，使得东北、华北等占全国面积约 1/3 的解放区的土地改革基本完成，这为中华人民共和国成立后的乡村治理工作打下了坚实的基础。

1949 年以后，当时的中国刚刚从半殖民地半封建社会的噩梦中挣脱出来，获得新生。由于长时间战争，土地被严重破坏，导致当时主要农作物产量远不及中华人民共和国成立前的历史最高水平；与此同时，作为最重要的生产资料，土地在绝大部分乡村地区的分配情况极其不合理，小部分地主、富农占有着大部分的耕地，为此他们在经济上肆意剥削广大贫农。这是上述几次乡村建设实验所没有解决也不可能解决的问题。因此，中华人民共和国成立以后，变革落后的封建土地所有制、解放和发展生产力、提高农民的生产积极性、提高粮食产量等一系列问题成为党迫切需要解决的问题，也是乡村治理中迫切需要解决的问题。

1950 年，新解放区土地改革开始启动，《中华人民共和国土地改革法》颁布。这部法律的出台为新解放区的土地改革运动提供了法律依据，为土地改革运动的顺利完成提供了保障，为广大农村地区经济的恢复与发展起到了积极的作用。1950 年冬，土地改革运动开始有计划、有步骤地开展。在具体实施时，以 "依靠贫农、雇农，团结中农，中立富农，有步骤地有分别地消灭封建剥削制度，发展农业生产" 为总路线，对于富农，采取中立的政策，保存其经济财产；对于小土地出租者，采取保护的政策，不征收其出租的土地；对于无地少地的贫农，采取扶持的政策，分配给他们从地主那里没收来的土地和财产，并在分配完成后进行复查，由人民政府颁布土地证。为了更好地发动群众，各地政府都派出土改工作团深入农村，发动农民群众，建立农会，组织农民与封建地主阶级开展斗争，建立了城乡最广泛的反封建统一战线。在土改中，除对个别罪大恶极、民愤极大的地主予以镇压，对其余地主则分给他们一定数量的土地，让其在劳动中改造成为新人。为了保障土地改革运动的顺利进行，政府对乡村社会进行了政权组织建设，具体来说，是在政府和农民之间建立了两种组织体系：一种是乡与行政村并存的乡 – 村政权组织结构，另一种是作为土改队伍中的主要组织形式和执法机关的农民协会。但二者都是暂时性的，随着土地改革的完成，都悄然退出了中国乡村社会历史的政治舞台。

1952 年底，土地改革基本结束。截至 1952 年 9 月，在中华人民共和国成立以来的三年内，约有 3 亿人完成了土地改革，加上中华人民共和国成立以前完成土改的解放区人口，全国有 90% 以上的农业人口完成了土改。

总的来说，土地改革运动是一场比较成功的社会变革运动，给当时的社会发展带来了积极的影响，为后世的乡村治理留下了值得借鉴的经验。

2. 农业合作化时期的乡村治理

土地改革基本完成后，农民生产热情高涨，农村经济得到了一定的发展，党和政府在广大农民群众中的威望大大提高。然而，土地改革运动仅仅是反封建的民主革命任务，土地改革运动后，生产资料实现私有制，一个家庭就是一个生产单位，这实际上还是小农经济，小农经济难以满足人们日益增长的需求和国家工业化建设的需要；另外，土地改革推行过程中，一小部分贫农即使分得了土地等生产、生活资料，由于天灾人祸等原因，不得不卖地来维系生活，于是再次陷入贫困。农业合作化运动就是在这样的背景下提出的。农业合作化运动大体分为三个阶段。

第一个阶段是互助组阶段。该阶段于 1951 年开始，在个体经济的基础上，依据自愿互利原则，六七个农民组成一个互助组，组内可互换人力、畜力。互助组运动在试行期间，由于在一定程度上切实解决了农民的困难，所以受到了广大农民尤其是贫农的拥护。

第二个阶段是初级社阶段。它是在互助组的基础上发展起来的，在这个阶段，只要农民愿意，就可以将土地、耕畜、生产工具等主要的生产资料交由初级社统一经营和使用，初级社根据入社的土地给予农民适当分红，根据入社的其他生产资料给予农民一定的报酬。初级社对社员进行分工，然后统一组织劳动，社员以按劳分配的原则获取报酬，产品由社统一支配。

第三个阶段是高级社阶段。该阶段于 1955 年下半年开始，1956 年底结束。相对于初级社，高级社规模更大，土地、耕畜、大型农具等生产资料归集体所有，并取消了土地报酬，实行按劳分配原则。

农业合作化运动取得了很大的成绩。首先，它基本实现了使我国广大农村地区的主要生产资料私有制向主要生产资料集体所有制的转变，因而避免了由私有制带来的贫富悬殊的问题，为我国农村经济的发展开辟了道路。其次，农业合作化运动发挥了其在动员劳动人民、积聚力量资源等方面的优势，加强了农村道路、农田水利等一系列基础设施的建设，大幅度地推动了农村经济的发展。当然，农业合作化运动也存在一定的失误：一是农民是否加入经济组织本该按照自愿互利的原则，而在具体实行中，是按照政治活动的思维、群众运动的方式推进的，这样一来，它就被当成一种政治任务来完成，不免具有一定的强制性；二是出现了为追求速度而急躁冒进的问题。

农业合作化运动是中华人民共和国成立初期继土地改革运动之后的又一项重大的社会变革，是中国共产党为解决国家发展问题而做出的社会主义道路方面的积极探索，对于提升我国乡村治理能力具有重大意义。

（三）改革开放后乡村治理

改革开放以来，我国乡村治理改革已走过 40 多年历程，经历了人民公社制度的解体，"乡政村治"的形成与发展，以及正在推进的乡村振兴战略中的乡村治理。因时制宜，顺势而为，这些乡村治理举措顺应了乡村经济社会的发展，为我国乡村社会发展提供了坚强有力的保障，同时，也丰富了中国特色社会主义治理理论和治理体系。新时代乡村振兴战略的实施，使乡村治理改革既面临机遇，也面临新的挑战。

1. "乡政村治"的形成和发展

1978 年以后，我国初步建立起社会主义市场经济体制，自此，我国生产力得到了进一步解放，群众的思想意识得到了进一步的提升。这时，高度集权的"政社合一"人民公社制度显然脱离了社会发展的需要，国家对广大农村也开始放松管理。在这样的情况下，安徽凤阳小岗村农民自发实行包产到户，并于 1979 年秋解决了温饱问题，可以说，这一"大胆的举措"取得了良好的成绩。20 世纪 80 年代初，以家庭联产承包责任制为主要内容的经济体制改革在全国范围内被广泛推行，经过短短几年时间，全国农村绝大多数生产队实行了家庭联产承包责任制。截至 1983 年春，全国实行家庭联产承包责任制的生产队已占生产队总数的 97.8%，家庭联产承包经营实际上已经成为中国农业的一种基本经营形式。

以分散经营为基本特征的家庭联产承包责任制的兴起，从根本上动摇和冲击了"三级所有，队为基础"的人民公社体制。而中央有关政社分离、成立乡政府的决定，更是正式宣告了人民公社体制的终结。人民公社体制逐渐退出历史舞台，新的乡村治理体制呼之欲出。

20 世纪 80 年代初，农村政治体制改革启动了。这一时期的农村政治体制改革，首先是从公社这一层级开始的，"乡政"是重点，主要任务是实行政社分开，打破原有的高度集中化的政治体制，将政府管理与农村社会自主管理相分离，将政府从对农村各领域组织的把控中脱离出去，使其不再对社会进行集体化管理。同时，建立乡政府和乡党委，并根据生产的需要和群众的意愿逐步建立经济组织。到 20 世纪 80 年代中期，这项工作基本完成。与此形成鲜明反差，村一级政权建设则相对滞后，"村治"仍然处于探索中。原先由人民公社体制中的"生产大队"转变而来的"村"，在乡村治理中虽发挥了一定的作用，但其在新体制中的地位以及如何有效地运作，并没有什么成规可依。在这种情况下，20世纪80年代初，广西壮族自治区宜山县和罗城县的村民从实践中创造出一种新的组织形式——村民委员会，主要负责村庄的治安、服务等日常管理工作，达到自己管理自己的目的。1982年，《中华人民共和国宪法》肯定了村民委员会的法律地位，确认了其基层群众性自治组织的性质，同时明文规定了村委会不再是政权组织的下属机构，具有相对的独立性。1987年颁布的《中华人民共和国村民委员会组织法（试行）》，使得村民自治得以在全国范围内被广泛推行。

村民自治制度的确立，不仅是民主政治建设在农村的一大进步，而且标志着农村治理模式的创造性转换。一种新的农村治理体制取代人民公社制度，被确立并逐渐发展起来，这种新的乡村治理体制就是"乡政村治"体制。乡政村治，就是指国家的基层政权定位于乡镇，在乡镇一级建立人民政府，并赋予其一定的行政职权，使其依法对乡镇进行管理治理，以取代解体的人民公社；在乡镇以下的村级单位实行村民自治，由群众自己处理与自己有关的事务，由村民选举村委会，实行民主决策、民主管理和民主监督。

从其发展历程来看，"乡政村治"体制的推进不是一蹴而就的，从形式上的确立再到制度化的运作，它经历了一个漫长的过程。直到1998年，《中华人民共和国村民委员会组织法》颁布实施，"乡政村治"体制才正式确立。随后，经过一段时间的发展，全国大多数农村地区都建立起了民主选举、民主决策、民主管理、民主监督方面的地方性法规。1998年"乡政村治"体制的正式确立并不是改革开放以来经济体制改革的休止符，在其后的10余

年内，许多制度相继构建。

（1）撤并村庄及乡镇机构改革。

在推行政社分开、建立乡政府及村民委员会时，相关的政策对村庄建制的原则规定得不够具体细致，给予了地方较大的自主权，导致各地在具体的操作实践中，新建的村庄规模普遍较小，建制数量激增。庞大的村庄数量不利于管理，增加了国家的财政成本支出，还增加了农民的经济负担，不利于乡村社会的长期发展。针对这个问题，撤并村庄工作迫在眉睫。自1986年起，各地开始开展撤并村庄工作。经过一段时间的努力，撤并村庄工作取得了明显成效，全国村庄数量明显减少。在撤并村庄工作推进的同时，乡镇机构改革同时进行。乡镇机构改革具体是指进一步精简乡镇机构的工作人员，积极整合乡镇内设机构。这两项改革有利于集聚整合乡村资源，节省国家财政支出，减轻农民负担，总体上有利于乡村社会的发展。

（2）农村税费改革。

20世纪末至21世纪初，虽然我国整体经济社会发展良好，但广大乡村发展相对滞后，干群关系紧张，群体性事件频发，而造成乡村这种情况的很重要的一个原因就是农民的税费负担过重。20世纪90年代中期以后，不断增加的"三提五统"收费成为造成贫困地区农民负担过重的主要原因。为减轻农民负担，促进农村经济的发展，从2000年开始，国家发出开展税费改革试点工作的通知，自2006年1月1日起在全国范围内废止农业税。农业税废除后，在全国范围内还开启了社会主义新农村建设活动，实施了"粮食直补""义务教育免除学杂费"等惠农政策，一定程度上缓解了"三农"问题，使农民的生活条件得到了改善，乡村面貌得到了改观，提升了广大劳动人民对党和政府的认同感，维护了社会的稳定。

作为我国农村改革发展历程中的一次重要突破，"乡政村治"体制将我国农村基层民主政治的

发展体现得淋漓尽致。村民自治体制的启用，让农民感觉到自己不再是受压迫的对象，而是拥有个人权利的独立个体，拥有自己决定事情的权力，有机会参与公共管理。在参与管理的过程中，村民的归属感、认同感逐渐增强，自主办理乡村事务的能力也逐渐提高了，这大大推动了农村政治体制改革的深化。

2. 新时期的乡村治理体制

2012 年，中央正式提出新型城镇化和国家治理现代化的目标，这意味着乡村社会的内外部环境发生了急剧变化，"明者因时而变，知者随事而制"，新时代对乡村治理体制提出了新要求，在这样的背景下，乡村治理体制急需做出与时俱进的回应。乡村治理体制的发展方向，并不是在一张白纸上毫无头绪地绘图，而应该是在总结"乡政村治"体制运行的经验教训的基础上，加以创新，走出一条适合我们自己的道路。具体来说，就是在自治的基础上，引入德治和法治，并不断健全自治、法治、德治相结合的乡村治理体系，积极探索基层社会治理的有效路径，充分发挥自治章程、村规民约、居民公约在乡村治理中的积极作用，弘扬公序良俗，不断促进法治、德治、自治有机融合。同时，加强社会治理制度建设，完善党委领导、政府负责、社会协同、公众参与、法治保障的社会治理体制，提高社会治理的社会化、法治化、智能化、专业化水平。

"治国有常，而利民为本。"中国共产党始终坚持以人民为中心的发展思想，并将其落实在社会发展的各个环节中。党的十八大以来，习近平总书记高度重视"三农"工作，提出了治国理政新思想、新战略，科学回答了新时代"三农"工作的重大理论和实践问题；党的十九大提出实施乡村振兴战略，并把它列为决胜全面建成小康社会、全面建设社会主义现代化强国进程中要推进的重点战略之一，具有划时代的里程碑意义。

三、乡村治理发展趋势

党的十九大报告提出"实施乡村振兴战略""推动社会治理重心向基层下移"，提速乡村治理现代化进程；而"健全自治、法治、德治相结合的乡村治理体系"为这一进程标识了工作重心。乡村治理模式的构建与创新是乡村振兴的重要基础。相关专家建议，构建乡村治理新体系既要实现资源下沉，又要善于让各种治理机制发挥作用，把顶层设计和基层创新结合起来。因此，在乡村治理模式建设创新中，需要遵循以下四个趋势。

（一）治理结构随需求而转变

我国地域辽阔，各地的情况千差万别。村民对村级公共产品、公共服务以及社会治理的自上而下的需求变化导致村级治理能力的变化，从而推动乡村治理结构和模式的变化。当村民需求发生改变时，村民自治功能发挥受阻，解决途径也应发生调整，打破原先的治理组织和体制，重构治理组织体系。多地的治理研究和实践证明，管理和决策越接近问题实际发生的地方，治理效率就越高，乡村治理没有"一招切"，特定的情况要用特定的治理方案解决，应探索符合地域特征的治理模式。

（二）激励村民广泛和深度参与

乡村治理功能的拓展、细化和分解，服务功能的下沉和行政职能的上浮，实际目的是让区域内的村民广泛参与进来，针对某一具体事项在村民集体间达成一致，有效处理公共事务，实现自治和政府治理目标的统一。村民的广泛和深度参与，一方面利于事件的充分讨论、商议，达成村民之间的合作，提高了决策的质量；另一方面利于政府治理与自治组织达成一致，形成善治的局面。

（三）厘清分类治理层级并重配事务

乡村社会发展的新形式、新任务和新问题以及村民需求多元化、精细化，促进了民生类事务和行政类事务的细分。民生类事务，涉及经济发展和民生保障，事小、量大，难以量化考核。行政类事务，主要是上级布置的政策任务，涉及社会发展和稳定，事大、量小，易指标化、技术化考核，是自上而下的具有较强政治性、规范性的事务，需要与行政体制机制有效衔接，与上级行政机构和管理机构有效对接，适宜于上浮。因此，具体类型事项具体制定，厘清事务分类治理层级并重配事务，可有效提高治理效率。

（四）切实发挥基层党组织的带头作用

办好乡村的事，离不开一个好的基层党组织，基层党组织的战斗力、凝聚力，直接决定着党的方针政策在基层的贯彻落实，决定着村民自治功能的发挥。各地区实践表明，乡村治理良好、建设成效突出的村庄，都有强有力的党支部和带头人的引领带动。选好用好并发挥好关键带头人的作用，实现组织振兴，是乡村振兴、乡村治理体系和治理能力现代化的首要前提。

第三节　乡村治理建设

一、解决乡村基本问题

（一）协调产业发展，促进经济发展

经济发展是乡村治理现代化的基础，在如今的乡村振兴战略引导下应该先着力发展乡村的经济，这也是乡村振兴战略中"产业兴旺"的要求，要着力推进新型城镇化的进程，将乡村产业融合发展与新型城镇化建设有机结合，引导乡村第二、第三产业向县城、重点乡镇及产业园区等集中。规范市场，引导市场开发，通过产业集聚创造出特色农产品商贸流通乡镇。完善乡镇公共服务体系，让公共服务能够覆盖乡村所有人口。开发农业、畜牧业、林业等的循环发展模式，调节产业结构，以此来促进农业废物再利用，发展绿色农业。大力发展种植养殖结合的现代农业，合理布局规模，促进农业再生产。积极推进农林复合经营，做到物尽其用，将林业和农业有机结合。推广适合精深加工作物，增加农产品的附加价值。完善农业标准体系，管理生产过程，保证农产品质量。延伸农业产业链，开发采摘休闲农业，增加农业的魅力。发展农业生产性服务业，为农业市场提供专业化服务。加强政策引导，完善相关补助政策，支持农产品深加工发展，促进优势产区集中。支持乡村特色加工业发展，同时联动工业为农业提供生产动力。推进农业与旅游、教育、文化、健康养老等产业深度融合，发展特色农业，提高农业产品吸引力和农业服务能力。建立有民族和地域特色的乡村旅游示范村，发展乡村旅游休闲产品，提高农业竞争力。

（二）治理乡村环境，促进生态平衡

治理乡村环境是乡村治理现代化实现的重要环节，也是乡村振兴的要求之一，"生态宜居"是乡村环境治理的基本要求。治理环境，需要各级政府加大对乡村环境治理的关注力度，将农业环境的质量提升到政府成绩考核的层面上来，让各级政府对其重视起来。农业环境问题关系到乡村居民的民生，好的环境才能够让乡村居民有好的生活品质。农业发展要严格遵照法律法规，坚决禁止对农业环境有破坏的行为以及乡村开发项目，对于已经产生危害的行为进行制止与批评，对于危害乡村环境的投资项目予以终止，同时要加强乡村环境质量监测，公开环境检测报告，保障农民的知情权，提高农民的环境保护意识。对于已经产生环境污染或者危害的企业予以停业，并且调拨部分资金解决已产生的污

染，短期内降低危害，长期对乡村环境进行保护。有关部门要认真履行职责，同时加强引导农民对农用产品的正确认识，杜绝其使用危害大的农业产品等。

（三）缓解乡村矛盾，维护社会稳定

构建"乡风文明"乡村，让所有的村民享受到乡村稳定带来的安逸，为此必须要缓解乡村社会矛盾。首先，积极发挥乡镇调委会的作用。90% 左右的纠纷能够在村一级调解解决，做到小事不出村，但还有一部分矛盾和纠纷，光靠那些"土办法"不一定能解决，还需要乡镇调委会继续履行职责，通过相关的法律知识对当事人予以司法解释和劝解，从而使双方化解矛盾，同时，又能够通过这种渠道使村民学习到相应的法律法规知识，更能够避免盲目使用法律手段造成经济上的浪费。其次，做好信访工作是减少矛盾和纠纷发生的有效手段。矛盾和纠纷的发生往往有一定的过程，并且一些纠纷是某些小事情因某种特殊原因一时没有解决好，后因拖延得不到及时解决而被激化的，在国家"以人为本"执政理念的大背景下，各种矛盾时有发生。这无疑是对广大干部做信访工作的考验，做好信访工作维护社会稳定具有重要的现实意义。

二、加强德治，构建现代化文化体系

（一）构建文化知识体系

大力发展与推广农业科技教育，向乡村传播新知识、新思想、新技术，提高农民科技文化综合素质。乡村文化发展主要体现为农民文化水平有所提高，并掌握了与现代社会相适应的思想观念、知识文化、能力技能。因此，政府应该加大对乡村教育的投资力度，同时积极引导民间资本、非营利组织对乡村教育事业进行投入，积极发展乡村职业教育、乡村劳力教育培训工作，切实提高乡村劳动力生产技术水平。这有助于农民和他们的孩子提升综合素

质，对于构建德治体系具有重要作用。

（二）加强文化价值建设

强化政府文化职能，充分发挥政府新农村文化建设的引导作用，增加乡村文化产品供给，各级政府应高度重视新农村文化建设，进一步强化政府文化职能：政府作为文化产品供给者，应加大乡村文化建设财力投入，将用于文化建设财政资金向乡村倾斜；改变重经济、轻文化的现状，做到经济文化共同发展；建立并完善政府乡村文化建设监督制度，纠正乡村腐朽陈旧的落后文化，传播积极的乡村文化，培育良好的文化氛围环境。积极的文化建设可以让民主和道德深入人心，有助于提高村民的道德水平和精神境界。

（三）增强文化动力影响

文化的力量是一种内在的力量。改革开放主要依靠的是外部经济力量。文化是创造出来的具有智慧的东西，所依据的是思想、意识。民族文化发展的动力表现为继承和发展自身文化优秀传统、选择性吸取外来的优秀文化以及为顺应时代和社会发展对文化进行创新。乡村有效治理离不开先进文化的影响，这对精神境界的提高起到相当重要的作用，优秀的文化可以让村民的自豪感提升，有助于村民思想境界的提高，减少矛盾的发生，同时提高德治水平。

三、加强法治，构建现代化法治体系

（一）制定并完善相关法律

随着我国法制体系的不断完善，现如今，我国乡村治理已经做到有法可依，但是法律体系并不健全，而且存在普及法律困难、学习法律困难、运用法律困难的窘境，民众法律意识薄弱，无法形成有效的监督。一方面，要加快乡村治理立法的速度，

提高治理质量；另一方面，要完善相关的法律服务体系，在乡村建立一些法律服务所，或者是与人民调解组织类似的法律援助中心，加大普法力度，最大限度地实现公正的法律判决。只有不断地完善司法体系，才能加强法律在人心中的地位，形成一种法律的权威，最后达到合理治理乡村的效果。

（二）建立司法救济制度

随着我国新型城镇化的推进，我国的乡村面积正在不断地减少，城镇在向乡村扩张，我国乡村的土地被征用的越来越多。但是，由于一些开发商的不合理开发，对农民的合理补偿没有到位，或者农民无法得到满意的利益，因此引发的纠纷也越来越多。司法救济和法律援助越来越成为农民维权的有效途径，它们的作用不仅仅是解决纠纷和维护公正，还能够有效地提高村民的法律意识。但由于立法上的盲点，以及村民司法认知上的不足，法院对于此类纠纷不予受理的现象较多。由于一些地区缺乏救济途径，民众往往更愿意采取上访、充当"钉子户"或与征地者进行暴力冲突等非法律手段抗拒土地征用，以为可以为自己争取更多的利益，但是往往却获得不太好的结果，不良的结果就是影响乡村社会的稳定，带来不和谐的因素。应深入研究对于农民的土地补充的机制，为农民提供真正有效的法律援助，了解农民的愿望，才能采取有效的措施化解矛盾，维护乡村社会的和谐稳定。这是乡村治理现代化的必然道路。

（三）基层政府依法行政

基层乡镇政府的依法行政是有效的现代化治理的需求。促进官民沟通，拓宽沟通渠道，首先要做的是公开政府行政信息，这是政府与群众有效沟通的前提。要建立完善信访制度，信访制度连接人民群众和政府。建立信访部门，一方面可以了解人民群众对政府工作人员相关工作的看法，另一方面可以搜集人民群众宝贵的意见，及时进行工作总结，从而可以改变一些不好的工作方式，塑造真正为民服务的政府。乡镇政府应该树立正确的价值观，要有法律角色意识，时刻想着权力是人民赋予的，应该为人民服务，法律面前人人平等，并且要积极鼓励群众参与乡镇政府依法治理工作，让村民有当家作主的感觉。

四、建构多元主体参与的乡村治理格局

（一）提升基层党组织治理能力

党组织是乡村治理的领头人，加强乡村党组织治理能力是十分必要的，而为了实现其治理能力的提升，应主要把握好以下几个方面：一要明确思想站位，要充分认识党组织在乡村基层治理中的领导核心作用。各级有关部门要深化认识、提高站位，将党建作为乡村治理的主线，充分发挥其领导能力，强化乡村基层党组织的功能，并不断提高治理能力，用以维护乡村社会稳定和长治久安。二要牢固树立党的工作导向，建立党小组，着重在调配党小组人员，建立党组织机构，并在开展党员活动等方面多下功夫，赋予党小组权力与职责，让他们在为群众办事的过程中能够引导群众，并且提高与群众的凝聚力，在群众当中可以树立良好的形象，提高党和党小组成员威信，如此可以为治理提供方便。三要积极整合资源，把实现党、群众的协同与共建共享作为重点，积极处理好村民的各种事务，从而可以实现多方参与、多方共建的治理格局。保障村民的自治机制，做到大事都要走进群众，和群众商议，然后寻找最好的决策，保证村民自治的活力与参与动力。四要加强思想政治建设，对党员实行严格管理，以便于提高政治动力和领导能力，对于能力有限的成员要督促其加强学习，使其不断进步。五要强化基层党组织推动发展的功能，以党的领导为中

心，以服务群众为大局，紧密结合乡村改革长期稳定的发展，推动党建工作，认真落实推动改革的责任，这样才能让党在现代化治理进程中起到领导的作用。

（二）强化基层政府乡村治理能力

基层政府是实行乡村治理的重要角色。首先，应该强化基层地方政府的地位，明确基层政府在地方治理过程中的重要作用。通过相关法律明确各乡镇政府权力主体，明确规定基层政府的职责和义务。其次，基层政府应该遵守法律法规履行职责，遵循基层政府组织的法定程序，规范行使基层政府的权力。积极地创新机制体制，针对不同乡村不同居民的需要进行不同的治理。基层政府的行为也应该受到相关制度以及规范的限制和监督，政府的公共服务与行政应该受到广大群众的监督，并且按照广大群众的需求进行合理的改变。加强乡镇政府的管理和服务职能。以促进经济发展和增加农民的收入为重点工作，着力于改变民生，加大对乡村社会的管理力度，坚决维护乡村的社会稳定进而促进乡村和谐。乡镇政府的工作人员要树立为农民服务的意识，回应广大农民群众的需求，将如何完善乡村的教育、卫生、医疗等基础设施建设放在首要位置。只有基层政府和村民多多互动，才能够有效地获得村民的意见，从而进行有效的现代化治理。

（三）发挥民间组织的作用

民间组织是村民和政府间沟通的桥梁，相对于政府，村民更容易接受的是民间组织的力量。一方面，乡村民间组织可以向基层政府反馈村民需求，传达村民的相关意见，并且可以增强村民对相关政府政策的认知和支持，提高基层政府决策科学性，让村民和政府进行有益的沟通，在一定程度上调节利益矛盾；另一方面，发挥乡村民间组织的作用，可以引导乡村公共精神，有助于弘扬社会主义价值观和社会公平正义的理念。民间组织有足够的能力和精力与村民交流，因此也更容易整合乡村的人力资源，加上民间组织本身也是人力集结的地方，并且加入组织的村民的素质相对较高，相当于传统乡村治理中"乡绅"的角色，拥有较高的威望，可以在基层政府和村民中起到协调的作用。民间组织和基层政府共同进行乡村治理，可以相互补充，共同进步。一方面，提高了基层政府执行治理的力度；另一方面，向村民宣传更多的治理知识，让村民更多地了解和参与治理，提高村民的集体意识和文化素质，最终通过一系列的改变进而达到改善乡村治理的结果，达到现代化治理的要求。

（四）增强村民自治理念

实现乡村治理现代化，村民自治必不可少。只有村民真正地了解村民。增强村民自治理念，首要的便是提高村民的文化素质水平。乡村的民主意味着让更多的村民参与进来实现现代化的治理，可以有效地防止治理中可能出现的腐败问题，从而实现治理效益的最大化。在村民自治中，主要的治理参与者便是村民，村民自治不仅仅体现在让村民享有知情权和投票权，更应该鼓励村民向乡村的建设与治理建言献策。一方面，村民能够提高自身价值，实现自我服务；另一方面，村民能够看清问题本质，为自己争取更大的利益。对于参与自治的管理者应进行严格的素质把控，管理者的素质对自治影响巨大。为此，更需要大力加强对村民的民主法制教育，让更多的村民知法、懂法，然后合理地用法，既提高参与管理的自治群体的能力与质量，又增强村民依法履行应尽义务的自觉性。

第十二章　乡村振兴典型案例

任何一个乡村的振兴，都不是靠做好某一点而实现的，而是多种手段、多个方面共同作用的结果。在振兴之初，一定是先找到了某个突破口，有些从优势入手，抓住了优势资源，找到了核心竞争力；有些从问题入手，找到了阻碍发展的关键问题，针对问题找到了解决方案，从而把整个乡村带进了振兴的正确方向。国内外积极开展乡村振兴的探索和实践，积累了大量有特色的模式和案例。每种模式和案例都代表了某一类型乡村在各自的自然资源禀赋、社会经济发展水平、产业发展特点以及民俗文化传承等条件下实现振兴的成功路径和有益启示。

■ 案例一 田园综合型：无锡田园东方

一、基本模式

田园综合体是在城乡一体化格局下，结合农村产权制度改革，集现代农业、文旅休闲、田园社区于一体的生产生活综合发展模式。田园综合体将产业生产、居民生活、生态环境有机融合在一起，打通城乡隔阂，整合城乡优势资源，以乡村的农业、土地、景观、建筑和乡土文化为本底，有机植入城市的现代生产管理方式、文明生活方式以及先进文化教育理念，形成多产业、多功能的综合体。田园综合体最大的创新在于其生产、生活、生态模式的有机融合。

①生产模式。结合当地的优势农业资源，将农业作为田园综合体生产链的基础产业，采用生态循环生产技术和现代管理手段，将原本分散的生产区域整合为集中管理的现代农业产业园；以农业产品为基础，构建农产品深加工和相关工艺品生产产业；充分利用乡村农业、建筑、景观、土地和文化资源，研发乡土特色文创产品，引入文化教育、旅游休闲产业，建设田园居住社区。一二三产业环环紧扣，

有机统一，形成田园综合体的生产模式。

②生活模式。田园综合体的目标是打造"田园生活"。一方面，当地村民在充分融入农业生产、农产品加工、农业服务的同时，还可以接触到城市先进的文化教育理念和生活方式；另一方面，到乡村居住或游玩的城市居民可以欣赏乡村的特色风貌，体验乡土文化，使身心得到放松，同时可以向村民学习农业技能。田园综合体提供了城乡互融的村民生活模式和市民生活模式。

③生态模式。田园综合体的农业生产及制造加工是绿色无污染的，禁止使用化肥和农药；规划建设注重保护原有的植物、水体、景观和村落建筑；新建建筑使用可循环利用的材料，最终实现田园综合体可持续发展的生态模式。

田园综合体的模式创新，构建了田园综合体的3个主要功能板块。其中，现代农业板块是基础型产业，是田园综合体的核心支柱；文旅休闲板块是新兴驱动型产业，是田园综合体的发展引擎；田园社区板块是复合型产业，是人们活动、居住的重要载体。三个板块相互补充、良性互动，打造出充满生机的田园生活。

二、项目概况

有"中国水蜜桃之乡"美誉的江苏省无锡市惠山区阳山镇，交通便捷且拥有丰富的农业资源和美丽的田园风光。田园东方项目便位于阳山镇，是国内首个田园综合体，也是国内首个田园主题旅游度假区。项目规划总面积约为6246亩，由东方园林产业集团投资50亿元建设，于2013年4月初启动建设。在不到五年的时间内，不仅探索实现了项目的有效运转，还以此为样板在全国范围内进行了5个城市的铺点建设，组成了内涵丰富的功能群落，完整呈现了田园人居生活，已成为长三角最具特色的田园综合体项目。

三、总体思路

无锡田园东方项目（图 12.1）以"美丽乡村"的大环境营造为背景，以"田园生活"为目标核心，贯穿生态与环保的理念，打造以生态高效农业、农林乐园、园艺中心为主体，体现花园式农场运营理念的农林、旅游、文化、居住综合性园区。田园东方以农业为基础、田园为基底，大片的农田既是产业链的一环，也为人们提供了田园休闲与生活的场所。这种尊重自然的规划方式将农业产业与文化休闲产业有机融合，将乡村田园环境与新型活动、居住空间有机结合，从而使人们重新回归田园。无锡田园东方项目包含现代农业、文旅休闲、田园社区三大板块，主要规划有乡村旅游主力项目集群、田园主题乐园、健康养生建筑群、农业产业项目集群、田园社区项目集群等。

四、发展措施

（一）现代农业板块

无锡田园东方项目保留原有的大片桃林，并将部分农田转化为水蜜桃种植以及苗木培育基地，从而使水蜜桃种植更加规模化。同时，采用现代种植技术和管理手段，建成现代农业产业园。大片桃林构成了整个园区的基底，既是农业产业，也是景观要素，还囊括了文旅休闲的部分功能。现代农业板块实景如图 12.2 所示。

图12.1　无锡田园东方项目鸟瞰图

图12.2 现代农业板块

（二）文旅休闲板块

以"创新发展"为思路，目前已引入清境拾房文化市集、华德福教育基地等合作资源。其中，清境拾房文化市集是田园东方携手清境集团共同打造的一座田园创意文化园，重新梳理了阳山的自然生态和拾房村的历史记忆，还原一个重温乡野、回归童年的田园居所，由自然体验区、生活体验区和文化展示区三个部分组成，包含拾房书院、井咖啡、绿乐园、面包坊、主题民宿、主题餐厅等。文旅休闲板块实景如图12.3所示。

（三）田园社区板块

田园社区板块以"新田园主义空间"为理念，将土地、农耕、有机、生态、健康、阳光、收获与都市人的生活体验交融在一起，打造现代都市人的桃花源。社区以拾房桃溪田园居住区为主，居住区建筑密度和容积率都较低，内部为别墅和低层住宅，并与乡土景观有机结合，人们既可选择短暂停留，亦可长期居住。田园社区板块实景如图12.4所示。

（四）建设运营模式

项目倡导人与自然的和谐共融与可持续发展，通过"三生""三产"的有机结合与关联共生，实现生态农业、休闲旅游、田园居住等复合功能，这是对城乡一体化模式的典型探索。项目采用"文旅+农业+新社区"的田园综合体产业模型，以区域开发的思路来开发，首先以文旅板块资源引入，提升土地价值，形成旅游消费和住房销售同步进行的"旅游+地产"综合盈利模式，接着后期进行配套基础设施完善，做到良性循环可持续发展。

图12.3　文旅休闲板块

图12.4　田园社区板块

案例二 特色小镇型：灵山拈花湾禅意小镇

一、基本模式

特色小镇是以特色农业产业为依托，结合绿色生态、美丽宜居、民俗文化等，打造具有明确的特色产业定位、文化内涵、旅游功能的"宜居、宜商、宜业、宜养、宜游"的新型现代产业发展空间。它构建了"产、城、人、文"四位一体、农旅双链协同发展的综合体，以新理念、新机制、新载体推进一二三产业深度融合发展。特色小镇的开发注重以下几个方面：

①基础配套设施。要按照宜居城市标准进行特色小镇的配套设施建设。除道路、供水、供电、通信、垃圾处理、物流等基础设施外，重点完善社交空间、休闲娱乐空间、健身设施和文化教育设施建设。尤其在教育和康养等方面，应形成亮点。还需要有与现代产业相匹配的生产设施，同时，配置商业、医疗等公共服务设施。

②生产及生活环境。特色小镇的规划建设尊重自然、顺应自然，空间布局与周边自然环境相协调，镇区环境优美、干净整洁，土地利用集约，小镇建设与产业发展同步协调。景观建设以满足居民需要为主，兼顾游客需要，因此不一定要按照 A 级景区的标准建设，应该更多地考虑实用性。

③文化元素和旅游功能。特色小镇可以依托本地历史文化底蕴，对传统农耕技术与生产工具、农耕习俗、格言谚语、乡村文学做体验式旅游开发和展示。可以通过挖掘当地的历史人文特色，打造具有强吸引力的地标性景观。特色小镇的旅游功能往往通过体验式采摘、观赏休闲、健康养生、商务会议等形态展现，旅游功能的开发，涉及旅游产业的"食、住、行、游、购、娱"六大要素。

二、项目概况

灵山拈花湾禅意小镇位于江苏省无锡市滨湖区，在长三角核心城市圈内，距离苏州、南京、上海等大城市的车程均在 3 小时以内，距离灵山大佛景区约 5 公里，距离无锡市区约 30 公里，交通区位优势明显。灵山拈花湾禅意小镇规划面积 1600 亩，建设用地 1300 亩。"拈花湾"这一名字源于佛经中"佛祖拈花，伽叶微笑"的典故。小镇整体设计融入了中国江南小镇特有的水系元素，是集禅居、禅艺、禅境、禅景、禅悦为一体的心灵度假目的地。拈花湾作为国内特色小镇的代表，可以为特色小镇的建设提供更多启示。

三、总体思路

项目以禅文化为纽带，将禅意和旅游融为一体，打造了极具东方禅文化内涵和禅文化特色、生态环境优美功能业态齐全的世界级禅意旅居度假特色小镇。拈花湾禅意小镇通过三条主要交通道路和水系的组织，规划了"五谷""一街""一堂"的主体功能布局，并配以禅意的命名体系，形成以"五瓣佛莲"为原型的总平面。其中，"五谷"分别为云门谷、竹溪谷、银杏谷、禅心谷、鹿鸣谷，形似 5 个莲花瓣，主要功能涵盖商务会议、休闲度假等；"一街"为香月花街，位于花心，是核心商业街区；"一堂"为胥山大禅堂，位于花干，是大型禅修体验场所。灵山拈花湾禅意小镇总平面图如图 12.5 所示。

图12.5　灵山拈花湾禅意小镇总平面图

四、发展措施

（一）深度挖掘核心文化

拈花湾禅意小镇选址在耿湾，原为临湖的乡村，旅游资源以当地的湖光山色等为主，旅游特色不够突出。因此，拈花湾禅意小镇在开发伊始，就没有落入一般乡村旅游开发的窠臼，而是选择深入挖掘乡村传统文化。在项目开发过程中，拈花湾禅意小镇将"禅"与旅游结合起来，使之引申为"简单、快乐、健康"的生活方式，契合了现代人的休闲心理，确定了心灵度假目的地的定位。基于禅意文化主题，拈花湾禅意小镇在开发中处处突出"禅"，各景点都体现了东方禅意美学的特征。拈花湾禅意小镇对禅文化的深入挖掘不仅表现在外在景观设计中，包括道路、商铺、景点、建筑等，景观的名字也都来自禅意文化典故，在无形中加深了旅游者对禅文化的理解。

（二）打造全产业链

拈花湾禅意小镇规划了主题商业街区、生态湿地区、度假物业区、论坛会议中心、旅游综合服务区和高端禅修精品酒店区等功能区，形成了"五谷""一街""一堂"的功能格局。通过全面的功能布局，拈花湾禅意小镇被打造为一个提供"全过程"服务的休闲度假小镇，汇聚了观光景点、商业店铺、酒店客栈、商业住宅等，实现了"食、住、行、游、购、娱"的一体化，可满足旅游者全过程的旅游需求。通过不同市场群体的细分，拈花湾禅意小镇覆盖了以都市白领、退休者、佛教信仰者、亲子家庭等为主体的"全游客"消费市场，同时也完成了"全方位"的禅意文化旅游产品的集聚。

（三）营造沉浸体验氛围

发展全域旅游能全面提升游客的体验，它引导游客体验禅文化，回归内心，创造"简单、快乐、健康"的生活方式。拈花湾禅意小镇为旅游者提供了深入禅修的机会，开展全方位的禅意体验活动。白天，游客可以徜徉在唐风宋韵的景观建筑中，品味山水禅境；夜晚，则可以观看"禅行"等禅意表演，体验"全时空"的禅意生活。拈花湾禅意小镇开发了度假公寓类地产产品，寓意在此远离尘嚣，实现真正的深度禅意生活体验。小镇通过沉浸式的活动，倡导"生活禅"休闲理念，滋养旅游者的身心，创造了宁静致远的旅游方式。

（四）整合资源，辐射全域

拈花湾禅意小镇通过住宿与佛教文化的深度开发，将游览灵山胜境的游客留下来，与灵山景区形成了联动，既能自成一体，又能为灵山提供配套服务，成为联合型旅游产品。拈花湾禅意小镇的开发，扩大了客源市场，使得马山半岛的整体旅游资源更趋立体化。与此同时，拈花湾禅意小镇带动了周边地区的农家乐以及酒店住宿和餐饮的发展。同时，小镇的开发也为当地居民提供了就业机会，赢得了良好的社会评价。拈花湾禅意小镇整合"全社会"资源，将当地居民、旅游公司、个体经营者等纳入开发体系，带动了地方乡村振兴与发展，实现了社会效益和经济效益的共同提升。

拈花湾禅意小镇实景如图12.6～图12.8所示。

图12.6　生态湿地

图12.7　核心商业
街区

图12.8　主题客栈
民宿

案例三　现代农业型：崇州天府粮仓

一、基本模式

现代农业的概念涵盖了高效农业、精品农业、品牌农业、绿色农业、有机农业、科技农业、生态循环农业等近年被大力提倡的农业发展模式。传统农业的主要功能是提供农产品，而现代农业的主要功能除了农产品供给以外，还有生活休闲、生态保护、旅游度假、文明传承、教育等，更好地满足了人们的精神需求，成为人们的精神家园。现代农业模式的开发注重以下三个要点：

①坚持特色农业产业引领。抓优势产业规模化，加快推进农业由增产导向转向提质导向，加快构建现代农业产业体系、生产体系、经营体系。抓品牌农业建设，提供"三品一标"（无公害农产品、绿色食品、有机农产品和农产品地理标志）农产品，扩大全国知名品牌的影响力。抓农业合作，加强农业新技术、新品种、新机具和经营管理方式的推广应用。抓农产品质量安全，坚持从田间到餐桌全链条严监管、全过程可追溯。

②促进农户与现代经营体系对接。围绕小农户融入现代农业发展，突出"两手抓"：一手抓有效带动，一手抓有效服务。有效带动，就是通过"一村一品""一县一业"引导小农户从分散生产转向有组织、有规模生产，促进农民增收。有效服务，就是围绕小农户需求，培育各类专业化、市场化服务组织，强化对小农生产的多元化、专业化服务保障。

③加强乡村产业融合。建立健全城乡融合发展体制机制和政策体系，促进农村一二三产业融合发展。产业融合以高质量发展为中心，以农业供给侧结构性改革为主线，以延伸产业链、拓展农业多种功能为重点，推动农产品加工业优化升级，推进农产品流通现代化，开发农业旅游、康养等多种业态，推进"互联网＋农业"的融合发展，培育发展新产业、新业态，促进农业全环节升级、全链条升值，不断提高农业创新力、竞争力和全要素生产率。

二、项目概况

崇州天府粮仓项目地位于四川省崇州市，规划范围涉及道明镇、济协乡、白头镇、王场镇、燎原乡、隆兴镇、集贤乡和桤泉镇，总面积约为174平方公里。据相关文献记载，岷江流经崇州后，稻田飘香，崇州水稻种植业得以蓬勃发展，成为秦以来历代王朝的重要粮仓，"天府粮仓"的美誉由此而来。天府粮仓项目涵盖崇州优质粮油产业功能区绝大部分区域，而该功能区是成都市66个产业功能区中唯一的优质粮油产业功能区，是天府之国千百年的农业根基。天府粮仓现代农业园的最大亮点在于，不是局限于传统农业功能区建设的思路与模式来推进，而是通过破局、重构、振兴，进行一颗稻米的全产业链发展。

三、总体思路

以10万亩稻田打造"水稻＋"全产业链发展平台，强化农业产业升级，发展水稻产业种植科研培育，塑造"天府好米"农业品牌，引入社会资源，延展水稻精深加工产业链，实现水稻产业振兴。同时，以山、水、林、田、居等乡村资源为依托，以稻作文明为脉络，推动农旅融合，复兴天府稻田地景，深化稻乡田园体验，重塑米食文化聚落，升华稻作文化艺术体验，升级乡村生产、生活方式，打造农商文旅跨界融合发展的现代农业园区。园区整体布局为"四中心一平台一区N基地"。其中，"四中心"指"天府好米"论坛中心、乡村人才教育培训中心、科技成果营销中心、品牌运营中心；"一平台"指"天府好米"大数据运营平台；"一区"

指专家生活配套区；"N 基地"指多个优质粮油种植加工基地。

四、发展措施

园区主要围绕种好一棵稻、做精一粒米、做旺一个家、落实一个梦展开。

（一）种好一棵稻

围绕水稻种植优化，通过与高校及社会水稻科研机构合作，共同研发、科研育种，以优化种子筛选和培育；结合农业科技推动高标准农田建设；与农民建立合作模式，通过培训引导农民科学种植；在区域内布局农业社会化服务网点以建立就地服务体系，建立烘储物流体系等产业路径，强化种植环节。

（二）做精一粒米

围绕水稻精深加工，建立精深加工产品体系及水稻周边加工产品体系；明确建立一套从餐桌到田间的质量可追溯系统，以保障水稻品质；建立品质大米标准体系；建立线上线下 O2O 销售渠道体系以拓宽稻米销售通道；在保障品质、拓展渠道的前提下制订"天府好米"品牌推广计划。

（三）做旺一个家

以稻文化为核心引领农、商、文、旅、体融合发展，发扬稻作文明，建立米食文化村落、大米品鉴中心、米食文化交流空间等三产融合项目，建立从一棵稻到一粒米到一碗饭的米食礼仪与文化感知项目体系，在稻乡休闲体验中传播一棵稻蕴含的家的意义。

（四）落实一个梦

结合林盘打造稻乡精致度假空间、稻作研学空间、乡创文化空间、稻作文化艺术传承空间等多样化的稻文化体验体系，打造稻乡多彩田园生活体系、多样化产业体系，从而实现"一棵稻"的乡村振兴大计，落实美丽乡村梦想。

崇州天府粮仓项目实景如图 12.9～图 12.11 所示。

图12.9　天府稻作博物馆

图12.10 优质粮油种植加工基地

图12.11 稻乡度假空间

案例四 民宿发展型：德清县莫干山

一、基本模式

乡村民宿是对乡村闲置资源的充分利用，解决了城市资本往哪投、农民手里的资源如何合理利用的问题，是乡村振兴战略又一重要的抓手与平台。民宿是指区别于一般酒店的，具有独特吸引力的小型旅游接待设施，强调主题的特色性。民宿的独特性在于：

①建设相对比较灵活。传统酒店的建设需要经过严格的土地出让、房屋建设等各种流程，而民宿的规模小、体量灵活，可以将闲置民宅甚至废弃厂房进行改造，建设流程相对简单，在短期内就能适应市场消费风格的转换。

②对资源的利用度高。民宿多邻近良好的自然与人文资源，可以利用这些资源提供具有当地特色的服务项目，其本身也会成为旅游体验的资源之一，并与其他资源实现较强的协同和融合。

③强化人际交流。民宿可以让客人体验当地的风土人情，而且房型设计灵活多样，方便出游家庭或小团体与当地人交流。

④设计强调个性特色。民宿注重地方性、文化性，并强调个性化设计，吸引了对文化需求越来越高的消费者。

二、项目概况

莫干山位于浙江省湖州市德清县境内，距离杭州市中心70公里，自驾1小时车程。一幢幢村宅经过修葺、翻新，变身成一间间民宿，结合村庄里的美景、美食，吸引着五湖四海的游客。依托良好

的生态，莫干山大力发展以民宿、精品酒店为代表的休闲度假新业态，成为中国乡村民宿的聚集地和标杆，成功创建国家级旅游度假区。

三、总体思路

莫干山以"民宿＋旅游"模式，探索了一条独具特色的乡村振兴之路。莫干山作为乡村旅游的高级形态，充分发挥依托长三角大城市群优势，以民宿产业为先导带动乡村旅游和乡村产业新发展，构建多层次产业体系。通过莫干山的示范带动，浙江桐庐等其他地市，包括全国各地都掀起一股民宿热，尤其是在推进乡村振兴的当下，民宿已经成为带动乡村振兴发展的特色先导产业。

莫干山项目空间结构规划图如图12.12所示。

四、发展措施

（一）导入多元民宿产业

莫干山导入多元主题化的民宿产业，打造了全国民宿产业的高地。为规范引导民宿产业发展，将民宿划分为精品民宿、优品民宿和标准民宿三类；在民宿管理上，实施政府与民间机构共同管理，加强对民宿的规范和引导，并成立民宿发展协调领导小组，对民宿的经营管理等方面进行监督检查；在土地政策上，对民宿项目实行"点状供地"，避免土地浪费，并出台相关政策以减轻投资者负担。

（二）构建全域旅游产业

挖掘莫干山及周边地区旅游资源，聚焦强身健体和民国主题街道构建全域旅游产业。依托莫干山风景名胜区，打造户外生态运动基地，修建莫干山国家登山健身步道。打造"环莫干山"游，串联莫

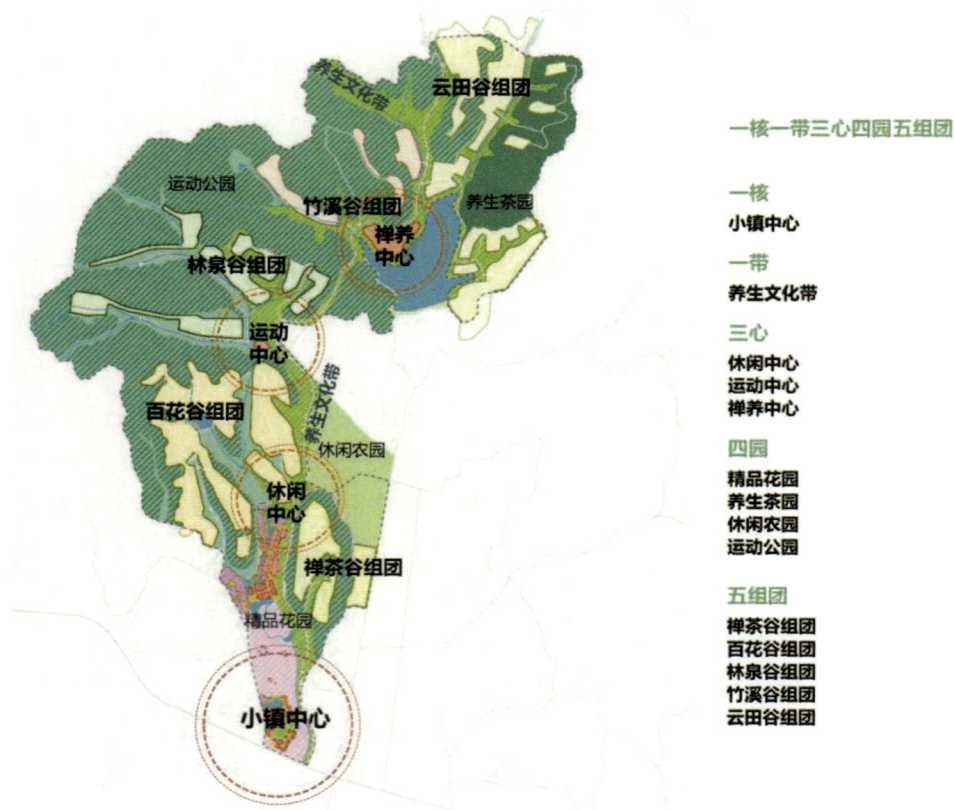

一核一带三心四园五组团

一核
小镇中心

一带
养生文化带

三心
休闲中心
运动中心
禅养中心

四园
精品花园
养生茶园
休闲农园
运动公园

五组团
禅茶谷组团
百花谷组团
林泉谷组团
竹溪谷组团
云田谷组团

图12.12　莫干山项目空间结构规划图

干山周边旅游资源，山上山下联动发展。出资对镇区街道进行民国风格改造，植入老式照相馆、复古酒馆、咖啡馆等怀旧风格的业态，建造小型博物馆、VR 体验馆、复古钟楼等建筑。举办音乐节、国际自行车赛事、山地越野竞赛等活动，提升莫干山品牌知名度，打造国际休闲旅游品牌。

（三）大力发展生态农业

利用良好的生态环境推进生态农业发展，构建有机循环农业生产系统，种植高品质有机农产品，一部分通过有机蔬菜宅配服务向外输出，另一部分进行在地营销和二次加工；开辟部分农田景观，开发农业体验项目，提供承包农场种植业务，形成可持续发展的生态农业模式。

（四）引导文化创意产业发展

挖掘莫干山人文历史底蕴，引导文化创意产业发展，建设莫干山庾村创意产业园，改造蚕种场文化集镇，引入艺文展览馆、设计工作室、主题餐饮酒店等文创业态，打造兼具文化内涵和复古气质的设计创业项目，展售当地特色的用竹、蚕丝等制作的手工艺品，带动文化创意产业发展。规划建设影视文创小镇，挖掘民国风情文化资源，打造青年电影人的创客基地。举办电影节，打造国际性电影大赛颁奖基地。大力发展大众体育运动、极限拓展运动等业态，将莫干山打造为全国知名的户外运动目的地。

莫干山景区实景如图 12.13 ～图 12.16 所示。

图12.13　莫干山周边村落

图12.14　莫干山裸心堡

图12.15　莫干山原舍怀谷酒店

图12.16　莫干山郡安里民宿

案例五 田园康养型：郫都多利农庄

一、基本模式

回归乡村的养老度假需求，是一种消费升级的新趋势。近 20 年中国波澜壮阔的城镇化进程，使得很多农民进入城镇生活。而如今，随着生活品质的提升，一批城市居民又将返回农村，追求高品质的田园生活。如何打造一个优美安宁、人际关系亲密、生活节奏缓慢、生活配套丰富的乡村环境，是摆在面前亟待解决的问题。

田园康养型项目以"农作、农事、农活"的体验为基本内容，重点在于享受乡村的生活方式，借以达到放松身心、休闲的目的。田园康养型项目的主要产品类型有农事体验、绿色生态美食、特色住宿、田园养生、运动休闲等。田园康养型项目的开发主要有四个要点：

①多主体共同开发。田园康养涉及乡村住宿、特色餐饮、养生养老产品等诸多方面，其开发需要村集体、农民、企业共同配合，形成共担责任、共享利益的开发结构。

②闲置资源的利用。在大规模乡村人口进城的背景下，乡村出现大量的闲置房屋、土地，这些闲置资源的充分利用，有利于缓解我国用地矛盾，保护耕地资源，增加农民收入，助益乡村振兴。

③打造独特的乡土味。从某种意义上说，田园康养是一次对乡土文化与生活的体验，因此，田园康养产品应从建筑形态等方面营造淳朴的乡村氛围，从文化活动、餐饮配套等方面打造乡土的生活方式，让旅游者体会本真的乡土味。

④打造高品质的康养生活。"乡土味"不等于低端，田园康养应在"乡土"基础上，提供丰富的现代休闲配套和高端的度假服务。

二、项目概况

成都郫都多利农庄位于四川省成都市郫都区的徐堰河畔，距离市中心天府广场 30 公里。其中，一期核心示范区占地 2700 亩，总占地面积逾万亩。项目在空间上以农田为基础，以农业、旅游、社区和颐养为主要功能布局，多利农庄掩映在树木和园林之间，十户而成聚落，川西林盘结构的原生态和点状散落式的村落形态布局在这里尽显。

三、总体思路

多利农庄项目旨在提供"有机健康的田园生活方式"，通过自建、合作和招商等方式导入文旅康养等产品与服务，实现农业、文旅、康养产业的融合，实现农业生产、科普教育、田园休闲、康养度假等丰富业态的融合，创造并提升乡村的多元价值，共筑田园梦想，助力乡村振兴。将田园、林木、院落和水系有效融合，营造出了一种有机生态的居住环境，为人们呈现一个基于田园康养的、以"有机生活＋田园＋小镇＋文化"为特色的作品。一期核心示范区整体结构为"一心三园三片区"。其中，"一心"是邻里中心，"三园"指四季花园、示范农园、运动公园，"三片区"为滨河社区、花海社区、颐养社区。整个项目的功能分区如图 12.17 所示。

图12.17 多利农庄项目功能分区规划图

四、发展措施

项目采用全新发展思路，践行乡村振兴战略。三产联动，打造乡村"田园、乐园、家园"三位一体。通过"农业＋文旅＋社区"的产品体系，搭建有机社群消费载体，以"绿色有机"为主题，构建完整的有机生活运营体系，为城市中产阶级消费新体验提供多重价值。项目最具特色的是结合田园康养，为人们提供了健康医疗、文化教育、农业生产、居家生活服务。

（一）健康医疗服务

为每一位入住者建立完备的家庭健康档案，并定期提供健康检查和健康促进计划，以满足各年龄段入住者的健康护理需求。

（二）文化教育服务

通过自然课堂、4点半学校、动物牧场、颐乐学院等平台为全年龄段农庄居民提供全龄化的各类文化和休闲活动。

（三）农业生产服务

多利桃花源依托多利农庄的有机农业技术与标准，提供居家农艺服务，搭建农夫集市、农业硅谷、有机农业科普馆，为农庄居民提供专业周到的农业生产服务。而庭院和田园成为每个家庭的标准配置，充分的亲地性将极大地满足人们诗意栖居的田园情结。

（四）居家生活服务

以小镇、业主餐厅、慢生活街区等配套，为每一位农庄居民提供周到的居家生活服务，使居民从琐事中解放出来，全心享受生活。

郫都多利农庄实景如图12.18～图12.20所示。

图12.18　田园社区

图12.19 农业硅谷

图12.20 颐养住宅

案例六　生态优势型：安吉高家堂村

一、基本模式

生态优势型的乡村一般集中在生态环境优美，没有工业污染，自然条件优越，拥有丰富山水资源、森林资源、草原或沙漠等特殊地貌景观资源的区域，生态环境优势明显，并且能够把生态优势通过生态旅游、乡村旅游、绿色农业等业态转变为经济优势。生态优势型乡村的主要发展措施有以下几点：

①推动绿色农业循环发展。打造生态农业品牌，有效推进农业绿色发展。积极推进化肥农药双减双替代行动，实行产业废弃物循环利用，实施农业立体种养与资源综合利用。强化水土保持与农业污染防控工作，创新多样品种选育与产品加工技术。同时，因地制宜依托优质资源，供给绿色高品质农产品，打造绿色、有机、生态的特色健康农产品品牌。

②多种途径盘活自然资源。进一步盘活森林、草原、湿地等自然资源，允许集体经济组织利用土地和现有生产服务设施开展相关经营活动。允许在符合土地管理法律法规和土地利用总体规划、依法办理建设用地审批手续、坚持节约集约用地的前提下，利用1%～3%的自然资源面积从事旅游、康养、体育等业态开发。进一步健全自然资源有偿使用制度，研究探索生态资源价值评估方法并开展试点。

③扩大商品林经营自主权。深化集体林权制度改革，全面开展森林经营方案编制工作，扩大商品林经营自主权，鼓励多种形式的适度规模经营，支持开展林权收储担保服务。完善生态资源管护机制，设立生态管护员工作岗位，鼓励当地群众参与生态管护服务。

④发展"生态+乡村"旅游产品。深入挖掘乡村经济、生态、文化、生活价值，提供农耕文化体验、生态宜居和休闲养生旅游产品，保持乡村生态产业发展良好势头。挖掘乡村景观优势，发挥多样功能作用，构建休闲农业体系。

二、项目概况

习近平总书记在2005年考察安吉时提出"绿水青山就是金山银山"的理念。浙江省安吉县以绿色发展为引领，打通了绿水青山和金山银山的转化通道，打造了宜居、宜业、宜游的美丽安吉。高家堂村就位于安吉县山川乡，全村区域面积7平方公里，其中山林面积9729亩，水田面积386亩，是一个竹林资源丰富、自然环境保护良好的浙北山区村。高家堂村在青山绿水的怀抱中，被誉为"画卷里的村庄"，在生态文明之路上，奏响可持续发展的绿色强音。

三、总体思路

高家堂村将自然生态与美丽乡村完美结合，围绕"生态立村"这一核心理念，在保护生态环境的基础上，充分利用环境优势，把生态优势转变为经济优势。现如今，高家堂村生态经济快速发展，以生态农业、生态旅游为特色的生态经济呈现良好的发展势头。高家堂村实施封山育林，修建了仙龙湖水库，对周边水源涵养起到了很大的作用。同时，高家堂村着重搞好竹产品开发，如将竹材应用到住宅的建筑和装修中，开发竹围廊、竹地板、竹栏栅等产品，并积极鼓励农户进行竹林培育、生态养殖，开办农家乐，农户收入得以增长，产生了良好的经济效益。

高家堂村鸟瞰图如图12.21所示。

图12.21　高家堂村鸟瞰图

四、发展措施

（一）科学规划，合理布局

高家堂村以休闲经济发展为主线，注重经济发展规划先行，完成了高家堂村建设规划，把乡村现有产业通过节点串联，形成了"一园一谷一湖一街一中心"的乡村休闲产业带。结合村庄整体建设规划，对农户房屋立面及庭院进行改造，将山水风情融入农户房屋及庭院。

（二）生态产业，特色明显

高家堂村根据当地实际，突出发展林业产业和生态休闲产业。建设高效毛竹林现代园区，开发毛竹林套种阔叶树项目，成立竹笋专业合作社，流转全村3800多亩毛竹林，从零散销售转为规模经营，为广大农户拓展了创收渠道。兴林富民高效林业基地、有机竹笋生产关键技术推广应用示范林的建设，

极大地提高了林业单产。高家堂村的建设以仙龙湖水库为辐射点，向周边扩散。2011年，高家堂村成立安吉蝶兰风情旅游开发有限公司，正式作为乡村经营主体对外运营，同时海博休闲山庄项目等的建成，使高家堂村的休闲产业不断扩大。近年来，游客接待率不断上升，高家堂村走上了一条集休闲、度假、观光、娱乐为一体的村庄经营可持续发展之路。

（三）乡风文明，村容整洁

高家堂村注重生态文明建设，民风淳朴，村民安居乐业。全村积极保护生态环境，保持生态原貌与科学建设的融合。对垃圾实行先按户收集后分类处置，进一步提升环境质量。村内建有阿科蔓污水处理池和湿地污水处理池，对全村农户的生活污水进行集中处理。村女子腰鼓队、球操队等文化队伍经常开展群众性文化娱乐活动，村民还自主学习舞蹈，每天傍晚自发开展排舞等活动，丰富了乡村业余文化生活。

高家堂村实景如图 12.22 ～图 12.25 所示。

图12.22　仙龙湖水库

图12.23　生态休闲山庄

图12.24 村庄生态环境

图12.25 环湖观光带

■ 案例七　环境提升型：富阳东梓关村

一、基本模式

环境提升型乡村的振兴路径，主要适用于农村环境问题突出的地区，通过生活垃圾处理、农村建筑风貌管制与提升，改善人居环境，提升居民幸福感，增加乡村吸引力，从而使生态宜居的乡村环境成为乡村产业兴旺、百姓生活富裕的首要条件。环境提升型乡村振兴发展措施主要有以下几点：

①生态环境建设。加强对生态环境的治理，着力破解畜禽养殖场污染和病死动物无害化处理等农村种养殖业污染治理难题。做好村庄内外的绿化，做好房前屋后、进村道路、村庄四周等薄弱部位的绿化，注重古树名木保护，构建多树种、多层次、多功能的村庄森林生态系统。打造生态田园，按照宜耕则耕、宜建则建、宜绿则绿、宜通则通的原则，结合整洁田园、美丽农业建设，实现村庄生态化有机更新和改造提升。

②基础设施建设。抓好农村生活污水治理。抓好农村生活设施配套建设，不断完善农村公路、电网、通信、防洪、邮政、公共照明、电子商务等生活设施，优化承接教育、医疗、商业等公共服务的能力，提高农村环境的承载力和生活宜居度。

③美丽乡村创建。以村容村貌为主攻方向，开展村庄设计、推进农村土地整治，对农村生态、农业、建设空间进行全域化优化布局，对"田、水、路、林、村"等进行全要素综合整治，对高标准农田进行连片提质建设，对存量建设用地进行集中盘活，保障美丽乡村和产业融合发展用地。

④传统村落保护。统筹推进村落系统保护和整体利用。加强技术指导，加快历史建筑和传统民居抢救性保护，协调村落、传统民居周边建筑景观环境，彰显村落整体风貌。注重健全预警和退出机制，防止损害文化遗产。做好农村传统文化的传承，抓好文化礼堂等公共文化服务设施建设，实施农村优秀传统文化保护振兴工程，加强非物质文化遗产传承与发展，挖掘农耕文明，复兴民俗活动。

二、项目概况

东梓关村，位于浙江省杭州市富阳区，面朝富春江，背靠小山群。东梓关村村中有大量新建的回迁农居，建筑师试图把该村打造为"新杭派民居示范区"，探索一种适合乡村大规模环境改善的策略和操作模式。回迁房建好后，东梓关村迅速成了"网红村"，再加上政府的支持、业态的引入，东梓关村从无人问津到如今的原住民回归，再到富春江江鲜大会等大型活动的举办，吸引着大批的游客。东梓关村实现了"华丽的转身"，为美丽乡村的建设提供了优秀的范本。

三、总体思路

基于对"新杭派民居"的全新理解，建筑师借鉴传统民居坡屋面微曲、起翘的特点，通过抽象与重构，将坡屋面组成不对称坡和连续坡，使屋面相互呼应，以深灰色的屋顶、白色的墙体，描绘出充满江南意境的"水墨画"。设计以四个基本单元为元素，形成不同的组合，打造出聚落感的村落，强化每个组团的需求和特点，实现乡村聚落的多样性，使聚落呈现出浑然天成的特点，巧妙地规避了乡村"城市化"的面貌。以低成本实现高品质设计，探索了一种适合推广的美丽乡村民居建设模式。

东梓关村鸟瞰图如图 12.26 所示。

图12.26　东梓关村鸟瞰图

四、发展措施

（一）村落风貌打造

东梓关村位于富春江南畔，依水而建，自然景观极佳。在景观环境的塑造上，景观类型设计丰富且趋于系统、成熟。在空间肌理的延续上，村庄新建居民点延续了旧村的传统肌理，从整体上严守了乡村传统的布局尺度。在村庄风貌的表现上，则运用了现代化的设计语言，重现了传统江南民居的古朴神韵和意境，同时对村庄公共区域内的古建筑进行了保护和适度利用，以实现新村、老村的自然过渡与融合。

（二）空间环境塑造

在公共空间设计上，东梓关村的老村通过改造，获得了多处可以开展乡村集体活动的新场所，并通过把握小街小巷尺度，重新唤醒人们对传统村落固有的生活尺度的审美。摒弃过去"兵营式"的机械化布局，采用灵活、人性化的组团布局，经过组团内铺地、绿植的整体设计，在更加节约用地的同时塑造出更美观、私密且可供交流的邻里空间。东梓关村新民居采用了中国传统建筑中借助院落来沟通公共空间与私密空间的做法，并通过不同的院落界面形成透明度不一的建筑空间。

（三）单体建筑设计

在新民居的形态表达上，设计者从江南水墨画中汲取灵感，用粉墙黛瓦表达建筑内含的独属于江南的温婉内敛气质。民居建筑中微曲而优雅的黑色屋顶与白墙，对比形成强烈的线条感，"白屋连绵成片，黛瓦参差错落"的水韵江南在现实中被刻画出来。在新民居功能布局上，尊重居民想要保留的生活方式，综合他们想要改进的生活方式，创造出更优质的审美化生活、生产空间。部分民居还植入了新业态、新功能，发展民宿、餐饮等产业。在历史建筑的保护与利用上，传承传统乡土文化，保留中华美学维度下的审美格调，整治有历史韵味的建筑，保留契合自然的建筑，重塑具有历史感、家园感的空间场所。

东梓关村实景如图 12.27～图 12.29 所示。

图12.27　新杭派民居

图12.28　村庄公建

图12.29 村庄街巷

案例八 乡村IP型：桃米青蛙村

一、基本模式

乡村 IP 可以理解为乡村某种特色的自然生态资源、农业景观资源、农业作物资源、乡村风貌建筑等具象的实体，或者乡村的一个故事、一种感觉、一类民俗、一项文化等抽象的概念。它赋予一个乡村独特的特点，是乡村生命力的源泉。这是乡村在同质化产品竞争中得以取胜的法宝，是乡村振兴路径中一种紧随时代需求的创新路径。乡村 IP 的类型主要包括以下几种：

①农业特色类 IP。依托乡村本身的第一产业或特色产业，如农产品、地域田园景观风貌、生态环境特色、乡村主要植物、乡村主要动物等农业资源，把它们的原型通过巧思做成独特的标识，进行一系列的吸引游客的创意设计改造等。再围绕这个核心

IP 设计一系列的农产品、文创商品、体验活动等，经过一、二、三产业的融合，提升农产品的附加值。

②文创植入型 IP。这类 IP 是应用最广泛的一种，也是传统定义中最易于识别的 IP 类型，例如文学作品、电视节目、卡通动漫等，该类 IP 可以是依托乡村某类特色资源而创意打造出的 IP，也可以是通过"拿来主义"嫁接过来的 IP。这类 IP 区别于农业特色类 IP 的特点在于，它们不一定是依托于乡村的农业产业特色进行的 IP 创意，如日本熊本县的"熊本熊"。我们的乡村也可以因地制宜，创造出属于自己的"熊本熊"，但绝不能只是简单地模仿，如何生动地营销以使 IP 活化，从而产生强大的传播效应，才是我们应该学习和借鉴的。

③故事文化类 IP。一段乡村世代相传的民间故事，一种乡村广为人知的乡愁情怀，一个乡贤报效家乡的创业故事等，都可以成为乡村 IP 的创意原型。其核心价值在于提升乡村的影响力，以情感共鸣吸引投资商、游客，这类 IP 在产品转化上较为多样，

可开发的产业类型也较为广泛，如旅游、文创、研学教育等。

二、项目概况

桃米村位于台湾南投县埔里镇，南投县埔里镇是台湾的地理区位中心，是台湾唯一不靠海的县。聚落的西北部紧邻台湾暨南国际大学，南部距日月潭直线距离仅10公里。桃米村水资源丰沛，素有"埔里泉水甲台湾，桃米泉水甲埔里"之誉，拥有得天独厚的自然生态环境。桃米村拥有全台湾一半以上的青蛙种类，郁郁葱葱的山间茂密植被为青蛙提供了良好的生存环境。在"9·21"大地震后，经过政府、学界、社会组织及社区居民的共同商讨，桃米村确定以青蛙为IP开展灾后重建，以一流的生态环境、独特的桃米文化，吸引着游客来这里观光、度假、休闲。

三、总体思路

桃米村充分利用良好的自然资源，结合当地的青蛙资源，对青蛙开展保育、培育工作。通过鼓励村民整修自家旧房屋，提高社区空间品质，引导村民开展以淳朴好客民风、亲近自然生态环境、特色餐饮美食为主题的民宿运营，形成待客亲切、装饰新颖的民宿群，并在此基础上对村民进行专业化、标准化的培训，形成标准明确的规范化民宿经营模式。桃米村借助民宿产业开展周边环境整治、主题景观营造等，从而打造了综合生态科普、农业体验等功能的观光休闲旅游地。

四、发展措施

（一）挖掘独有的生态资源

桃米村拥有丰富的生态资源。台湾原生29种青蛙，桃米村拥有23种。然而，一开始村民们对发展以青蛙为主题的生态村不以为意，甚至有些抵触。为此，新故乡文教基金会面向村民开设了系列生态课程，培养了众多"生态讲解员"，介绍青蛙的保育知识，通过大量的培训课，村民们慢慢转变观念，认识到了当地生态资源的经济价值，并自觉加入重塑家乡的队伍。

（二）打造生态IP"青蛙共和国"

桃米村提炼了独有的文化IP——"青蛙共和国"，村中处处可以看到青蛙雕塑和图腾，并通过湿地公园及民宿院落里的生态池为青蛙营造生态家园。为了进一步促进青蛙相关产业的发展，2014年台湾以桃米村为原型，以青蛙家族寻找桃花源为故事，采用3D电影技术，完成了一部非常感人的电影——《桃蛙源记》。由此，桃米村的产业由青蛙观光、生态、旅游，走向了影视媒体，产业链不断延伸，进一步提高了青蛙相关产业带来的经济效益。

（三）推广精细化建筑景观设计

桃米村精细化建筑景观设计体现在多个方面，如在建筑单体的营造中注重物理环境中气流的微循环；选用节能可持续的建筑材料，在景观节点的设计方面结合本土艺术家优秀的雕塑创作，呼应桃米村的生态主题；注重水池、廊道、植物等环境要素与建筑单体的配合，烘托出人与自然和谐相处的氛围。

（四）充分调动村民的积极性

桃米村从最基础的溪坑环境整治开始，重拾村落每一处优美的生态景观，充分发挥村民的主观能动性，引导他们积极参与由新故乡文教基金会组织的社区培训，与外界资金、物力、媒体、知识结合，共同努力，上下一心，将桃米青蛙村打造为重要的生态IP社区典范。

桃米村实景如图12.30～图12.34所示。

图12.30　桃米村的自然生态

图12.31　桃米村景观营造

图12.32　村庄中随处可见的青蛙IP

图12.33　村庄标识系统

图12.34　纸教堂

案例九　文化繁荣型：白川乡合掌村

一、基本模式

文化繁荣型的乡村，是具有优秀民俗文化、非物质文化、特殊人文景观的乡村，这些乡村或为古村落，或有古建筑、古民居，或传统文化特色较为突出、乡村文化资源丰富。文化繁荣型乡村可以通过提升文化生活质量，保护和利用乡村优秀传统历史文化，以及发展乡村特色文化产业等方式，实现乡村振兴。文化繁荣型乡村的开发主要注重以下几点：

①创新文化投入模式。加大乡村文化建设专项投入，以政府向社会购买服务等方式丰富服务内容、提高服务效率。建立文化建设专项引导基金，用于支持农村文化建设项目，并吸引社会力量投入文化建设。

②保护乡村文化资源。在保持乡村基础格局、布局形态、建筑风貌的前提下，对文化资源进行保护、修缮和改造。注重乡村古建筑及其周边环境、风貌的保护，加强对周边古树名木和山体、溪流的保护，以便村落与自然保持和谐统一。在建设中注意保留乡土味道，保留乡村风貌，留住青山绿水。

③建设基层文化设施。对基层文化设施进行建设，并确保其功用的实现，加强乡村文化站、文化馆、社区和村文化室等设施的建设。构建乡村公共服务网络，加强先进文化宣传阵地的建设。

④发展特色文化产业。充分挖掘特色文化资源，对具有突出特点和文化特色的资源进行深度开发，打造龙头品牌。开展传统节庆活动及民俗文化活动，打造文化休闲旅游品牌。开发具有传统和地域特色的剪纸、绘画、陶瓷、泥塑、雕刻、编织等民间工艺项目，戏曲、杂技、花灯、龙舟、舞狮舞龙等民间艺术和民俗表演项目，以及中药、茶饮、手工艺

品等特色产品。

二、项目概况

合掌村位于日本岐阜县白川乡的山麓里。为了抵御严寒和大雪，当地村民创造出适合大家族居住的建筑形式，屋顶为防积雪而建构成60°的急斜面，形状有如双手合掌，村庄因此得名。合掌村在文化遗产保护和传承上处于世界领先水平，沿袭并创造出一系列独特的乡土文化保护措施，如今这里被称为"日本传统风味十足的美丽乡村"。1995年12月，在德国柏林召开的联合国教科文组织第19届世界遗产委员会会议上，合掌村被列为世界文化遗产。

三、总体思路

白川乡共有5个合掌村，还有一条庄川河，以及寺庙、美术馆、博物馆等，这些旅游资源被用于开发乡村观光产业。村落以不影响村民生活为前提，将一些合掌屋改造为民宿、餐饮门店以及特产商店，以满足日益增加的观光游客的需求。民宿内体验项目以特定农作或地方生活文化为主题，包括农耕体验、牧业体验、渔业体验、加工体验、工艺体验、民俗体验等。合掌村商品主推本地特产，如浊酒、飞弹牛肉、柿饼、飞弹牛乳制成的冰激凌等，利用村内独有的原生态食材进行生产。同时，深度挖掘当地文化，打造了"浊酒节""亮灯节"等节庆活动。

合掌村鸟瞰图如图12.35所示。

四、发展措施

（一）保护原生态建筑

1965年，合掌村曾遇火灾，大火烧毁了一半以上的茅草屋。村里有三四个人主动带领大家重建家园，开始了一场保护家园的运动。由此，继承和发扬了合掌村的一个历史传统：每家都有囤积茅草

的习惯，若是一家需要更换新茅草屋顶，家家户户携带自家囤积的茅草来相助并参与更换屋顶的工事，只需要一天就可以完工。大家把合掌建筑称之为"结"的力量。

（二）制定景观保护与开发规则

为妥善保护自然环境与开发景观资源，村民自发成立了白川乡合掌村集落自然保护协会，制定了《住民宪法》和《景观保护基准》，针对旅游景观开发中的改造建筑、新增建筑、新增广告牌、铺路、新增设施等做了具体规定。例如水田、农田、旧道路、水路是山村的自然形态，必须原状保护，不能随便改动。

（三）建立"合掌民家园"博物馆

针对空屋进行了"合掌民家园"的景观规划设计，院落的布局、室内的展示等都力图遵循历史原状，使之成为展现当地古老农业生产和生活用具的民俗博物馆。博物馆与园林相结合，十分和谐，构成了具有较高审美价值的乡村景观。博物馆内有合掌村茅草屋的结构、材料及建构方法的展示。

（四）旅游与农业发展相结合

为提高经济效益，白川乡合掌村将旅游观光与农业生产相联系，使当地农副产品以及加工的健康食品与旅游直接挂钩，使游客在观赏合掌村独特景观的同时能品尝到当地新鲜农产品，或能将有机农产品带回家。这种因地制宜、就地消化农产品的销售方法，减少了运输及人力成本，受益的不仅是各地客人，还有当地农民。

（五）开发传统文化资源

合掌村从传统文化中寻找具有本地乡土特色的资源，他们充分挖掘以祈求神来保护村庄、道路安全为题材的传统节日——浊酒节。浊酒节时，合掌村建筑

图12.35　合掌村鸟瞰图

门前张灯结彩，村民都庆贺节日，节日的趣味性也成为吸引游客的重要因素。除大型节日庆典外，村民们还组织富有当地传统特色的歌谣活动。如合掌村打造了一个边唱插秧歌边手工播种的娱乐项目，游客可自主参与，体验劳动的快乐。

（六）配套建设商业街

商业街的规划建设包括饮食店、小卖部、旅游纪念品店、土特产店等，都是与本地结合的具有乡土特色的商店。店面装饰充分利用了当地的自然资源（如将花草作为装饰材料），体现了一种温馨的朴实美，以工艺性、手工趣味性吸引了大量游客。

（七）民宿与旅游相结合

由于旅客越来越多，留宿过夜、深度体验农家生活的游客也随之增多。合掌村为适应游客的居住习惯，对合掌屋室内做了改装，建筑外形不变，内装基本都是现代化家庭设施，配有电视、冰箱、洗衣机等电器，以及漱洗间、厨房等。在全新的现代家居环境中，依然保留了一些可观赏的具有历史意义的民具和农村过去的乡土摆件，旅客在合掌屋中能感受到当地农村生活的朴实与温馨。

（八）建立自然环境保护基地

当地政府与丰田汽车公司联合在白川乡的僻静山间建造了一所体验大自然的学校，2005 年 4 月正式开学，成为以自然环境教育为主题的教育研究基地。来观赏合掌村世界遗产的人们同时可以在这所学校住宿、听课、实习、体验。学校一年四季都有较丰富的观赏和体验内容，人们在这里可以体验到城市中没有的快乐，习得保护地球自然环境的知识。

合掌村实景如图 12.36～图 12.38 所示。

图12.36 建筑中乡土材料的运用
图12.37 村庄美术馆
图12.38 茅草屋

案例十 艺术创意型：越后妻有地区

一、基本模式

艺术创意型乡村是借助艺术手法，使乡村原有的良田、粮食、蔬菜、花卉苗木、乡村农舍、溪流河岸、园艺场地、绿化地带、产业化农业园区、特种养殖业基地等自然、人文景观展现出独特的艺术魅力，并以此为核心，融入文化、旅游、休闲元素，打造艺术节、文化村等活动与项目，为旅游者提供以艺术观光休闲为主要内容的产品。艺术创意型乡村的开发以艺术与乡村风貌的改造融合为核心，有三个要点：

①以艺术家为核心，多方共同参与。该模式需要艺术家对原有的田园、建筑等农业资源进行融合改造，并根据场景进行艺术创新，同时也离不开当地村民的参与。当地村民提供闲置的乡村农业资源，参与休闲活动的经营，并在区域发展中受益。被艺术连接起来的消费者，经过适当的引导，能够与当地村民一起推动区域的艺术发展与产品更新。

②依托区域资源，打造可持续更新的休闲模式。艺术具有生命性，与个人生活、时代发展等密切相关，只有持续不断地改造、创新，才能为项目注入持续的生命力。因此，这一开发模式应尽量选择具有持续性的艺术活动来带动，以不断保持产品的时代感与创新性。

③以更宽广的视角，打造产品的独特性与典型性。艺术是人类情感的表现，艺术与农业的融合远不是在农业环境中放几个艺术作品那么简单，它需要艺术与乡村风貌的完美融合，需要基于人类共同情感，打造农业中的艺术世界，形成具有独特魅力、典型价值的艺术场景，从而给人们提供更丰富的体验。

二、项目概况

20世纪中叶开始，日本进入长达40余年的经济成长期，地方人口急剧流入东京、大阪等大型都市，乡村先后陷入农业生产难以维持、社区濒临解体的困境。一些乡村开始在"创意农村论"的启发下引入艺术元素，试图借助艺术项目令乡村重现生机。越后妻有地区位于日本新潟县南部与长野县交界的山区，从2000年开始，该地区从被都市遗忘的乡村慢慢向有艺术气息、充满魅力的特殊地带转型。大地艺术节的举办增强了山村的凝聚力，为山村凋敝的产业注入新活力，可谓艺术项目推动创意农村发展的典型案例。

三、总体思路

艺术介入乡村，复兴当地的乡村精神、乡村文化是项目的基本发展思路。通过内在情感的渗透，引起人们的共鸣，帮助人们寻找记忆深处的乡村精神。具体实践过程中，采用何种艺术形式显得尤为重要，只有合适的介入方式才有可能激发当地村民的支持和参与，艺术才能真正融入乡村。越后妻有地区在向知名策展人北川富朗咨询后，认为现代艺术能将乡村的所有资源统合起来，并赋予无限附加价值。"越后妻有艺术链整备事业"就此诞生。

四、发展措施

（一）将艺术创作与居民生活紧密联结

艺术虽有触媒功能，但若村民没有参与艺术创作，仅凭艺术家与志愿者努力，无法形成北川富朗所说的"化学反应"，乡村振兴的实现更无从说起。在运营方的长期努力下，大地艺术节逐渐成为与村民生活密切相关的事业。村民不仅积极参与艺术作品的制作，也有了利用艺术创作解决就业机会短缺、废屋增多、无主地增多等问题的意识，"空房改造项目"就是其中的代表。

（二）继承并发展原有文化体系

艺术家和志愿者来到乡村，将村民或习以为常，或已然遗忘的风景、传统或仪式用艺术的手法呈现，让村民对艺术活动有了新的认识。纵观大地艺术节历届作品，都或多或少活用了越后妻有地区的特有资源，或是没膝的豪雪，或是粗犷神秘的绳文土器，或是近代的土木构造物，或是独有的文化和风俗。这些自然或文化资源经由世界级建筑师或艺术家的手，与村落凝成一体，吸引了世界各地的参观者，有力提升了越后妻有地区的乡村形象，更增强了村民的自豪感。

（三）推动乡村与都市积极交流

大地艺术节的志愿者群体叫"小蛇队"。对大地艺术节而言，小蛇队不可或缺。他们大多来自都市，但对村民礼貌亲切，保守的村民也因此愿意敞开心扉。越后妻有是典型的过疏化与高龄化地区，志愿者与高龄村民展开交流，一起协助艺术家创作，有助于激发村民的活力，让他们重新认识到自己的价值。在为村民服务的过程中，小蛇队增进了对当地风土人情的了解，不少人表达出移居此地的意愿。有了小蛇队的协助，村民能为参观者提供更优质的服务，也促进了村民与外界的交流。

（四）催生自律与循环的地域经济

想实现乡村振兴，仅依靠艺术项目远远不够，还需要将艺术项目与现有产业相连接。越后妻有地区原是有名的稻米产区，从 2003 年开始募集"田主"，"梯田银行项目"就此开始。"梯田银行项目"利用艺术节的影响力在全国乃至世界范围内寻找感兴趣的"田主"。一方面，这有助于当地村民与外界交流，进而促进越后妻有地区与外界在社会、经济、环境等层面的合作；另一方面，也吸引了大量有志于从事农业的"潜在"后继者，他们成为越后妻有地区的后备农业劳动力。

越后妻有地区实景如图 12.39 ～图 12.42 所示。

图12.39　大地艺术作品——农业舞台

图12.40　艺术作品——光之隧道

图12.41　乡道两侧的艺术作品

图12.42 "空间图画书"美术馆

参考文献

［1］王介勇，周墨竹，王祥峰．乡村振兴规划的性质及其体系构建探讨［J］.地理科学进展,2019,38(9)：1361-1369.

［2］林峰，等.乡村振兴战略规划与实施［M］.北京：中国农业出版社，2018.

［3］段德罡，刘嘉伟.中国乡村类型划分研究综述［J］.西部人居环境学刊，2018，33（5）：78-83.

［4］中央农村工作领导小组办公室，农业农村部，自然资源部，等.关于统筹推进村庄规划工作的意见［Z］.2019.

［5］段德罡，谢留莎，陈炼.我国乡村建设的演进与发展［J］.西部人居环境学刊，2021，36（1）：1-9.

［6］胡守庚，吴思，刘彦随.乡村振兴规划体系与关键技术初探［J］.地理研究，2019，38（3）：550-562.

［7］姜德波，彭程.城市化进程中的乡村衰落现象：成因及治理——"乡村振兴战略"实施视角的分析［J］.南京审计大学学报，2018，15（1）：16-24.

［8］郭俊华，卢京宇.乡村振兴：一个文献述评［J］.西北大学学报（哲学社会科学版），2020,50(2)：130-138.

［9］宁满秀，袁祥州，王林萍，等.乡村振兴：国际经验与中国实践——中国国外农业经济研究会2018年年会暨学术研讨会综述［J］.中国农村经济，2018（12）：130-139.

［10］郭晓鸣，张克俊，虞洪，等.实施乡村振兴战略的系统认识与道路选择［J］.农村经济，2018（1）：11-20.

［11］中共中央、国务院.乡村振兴战略规划（2018—2022年）［Z］.2018.

［12］刘彦随.中国新时代城乡融合与乡村振兴［J］.地理学报，2018，73（4）：637-650.

［13］王林龙，余洋婷，吴水荣.国外乡村振兴发展经验与启示［J］.世界农业，2018（12）：168-171.

［14］中共中央、国务院.关于实施乡村振兴战略的意见［Z］.2018.

［15］姜长云.准确把握乡村振兴战略的内涵要义和规划精髓［J］.东岳论丛，2018，39（10）：25-33，191.

［16］黄祖辉.准确把握中国乡村振兴战略［J］.中国农村经济，2018（4）：2-12.

［17］魏后凯.如何走好新时代乡村振兴之路［J］.人民论坛，2018（3）：14-18.

［18］蒋和平.实施乡村振兴战略及可借鉴发展模式［J］.农业经济与管理，2017（6）：17-24.

［19］廖彩荣，陈美球.乡村振兴战略的理论逻辑、科学内涵与实现路径［J］.农林经济管理学报，2017，16（6）：795-802.

［20］孔祥智，等.乡村振兴的九个维度［M］.广州：广东人民出版社，2018.

［21］华乐.国土空间规划体系下实用性村庄规划策略探讨［J］.城乡规划，2021（Z1）：69-81.

［22］杜国明，于佳兴，刘美.县域乡村振兴规划编制的理论基础与实践［J］.农业经济与管理，2018（5）：11-19.

［23］朱万峰.新时代乡村振兴规划研究与路径探索［M］.北京：中国农业出版社，2019.

［24］刘彦随.中国乡村振兴规划的基础理论与方法论［J］.地理学报，2020，75（6）：1120-1133.

［25］姜长云.关于编制和实施乡村振兴战略规划的思考［J］.中州学刊，2018（7）：26-32.

［26］闫琳."知—行"合一视角下的乡村振兴规划反思与探索［J］.小城镇建设，2019，37（11）：74-81.

［27］党国英.编制乡村振兴规划须注意的几个问题［J］.中国土地，2018（8）：11-12.

［28］段德罡，杨茹，赵晓倩.县域乡村振兴规划编制研究——以杨陵区为例［J］.小城镇建设，2019，37（2）：24-32.

［29］周学红，聂康才.空间规划背景下乡村振兴核心要素发展特征研究——以西昌市乡村振兴规划为例［J］.小城镇建设，2020，38（5）：57-62.

［30］吴亚伟，张超荣，江帆，等.实施乡村振兴战略 创新县域乡村建设规划编制——以《安徽省广德县县域乡村建设规划》为例［J］.小城镇建设，2017（12）：16-23.

［31］伍志凌，包静.新形势下实用性村庄规划的编制思路和关键技术——以四川省村庄规划编制为例［J］.农村经济与科技，2021，32（20）：290-292.

［32］徐锐，鲁艺，等.农村社会调查方法［M］.北京：科学出版社，2023.

［33］陈思雨.城市历史景观（HUL）视角下的历史地段场地调查与分析方法初探——以小雁塔历史文化片区为例［D］.西安：西安建筑科技大学，2020.

［34］马若诗.重庆乡村文化遗产资源调查研究中的工作体系与实践探索［D］.重庆：重庆大学，2019.

［35］岳玉莲.实施乡村振兴战略面临的问题及对策研究［J］.农村经济与科技，2018，29（15）：244-245.

［36］郭朝辉.基于乡村振兴的村庄调查方法研究［J］.山西建筑，2018，44（18）：5-7.

［37］王勇，李广斌.乡村衰败与复兴之辩［J］.规划师，2016，32（12）：142-147.

［38］段进，章国琴.政策导向下的当代村庄空间形态演变——无锡市乡村田野调查报告［J］.城市规划学刊，2015（2）：65-71.

［39］鲍梓婷，周剑云.当代乡村景观衰退的现象、动因及应对策略［J］.城市规划，2014，38（10）：75-83.

［40］胡彬彬，邓昶.中国村落的起源与早期发展［J］.求索，2019（1）：151-160.

［41］朱启臻.激活乡村价值 方能留住美丽"乡愁"［J］.中华建设，2018（2）：8-11.

［42］徐盘钢.乡村振兴需要产业支撑［J］.上海农村经济，2018（2）：1.

［43］朱启臻.当前乡村振兴的障碍因素及对策分析［J］.人民论坛，2018（3）：19-25.

［44］张军.乡村价值定位与乡村振兴［J］.中国农村经济，2018（1）：2-10.

［45］张献蕾.基于乡村振兴战略所引发的思考［J］.现代经济信息，2018（1）：471-472.

［46］管彦波．生态人类学视野下村落的生态结构与功能探究——以西南民族村落为考察的重点［J］．创新，2017，11（5）：38-48.

［47］闵庆文，孙业红．农业文化遗产的概念、特点与保护要求［J］．资源科学，2009，31（6）：914-918.

［48］张雪伟．日常生活空间研究——上海城市日常生活空间的形成［D］．上海：同济大学，2007.

［49］程旭．乡村产业选择与发展研究——以陕西省富平县岔口村为例［D］．西安：西北大学，2018.

［50］唐维．顺德杏坛镇乡村文化遗产价值评价与活态传承研究［D］．广州：广东工业大学，2018.

［51］周辉．建筑遗产调查记录方法研究［D］．重庆：重庆大学，2018.

［52］彭丽辉．广西乡村文化景观分类与评价体系探讨［D］．南宁：广西大学，2017.

［53］柴彦威，沈洁．基于活动分析法的人类空间行为研究［J］．地理科学，2008（5）：594-600.

［54］肖文波．面向半城镇化地区更新设计的实地调研框架研究［D］．广州：广东工业大学，2017.

［55］陈前虎．乡村规划与设计［M］．北京：中国建筑工业出版社，2018.

［56］洪亮平，乔杰．规划视角下乡村认知的逻辑与框架［J］．城市发展研究，2016，23（1）：4-12.

［57］张富刚，刘彦随．中国区域农村发展动力机制及其发展模式［J］．地理学报，2008（2）：115-122.

［58］陈明．乡村振兴中的城乡空间重组与治理重构［J］．南京农业大学学报（社会科学版），2021，21（4）：9-18.

［59］封志明，杨艳昭，闫慧敏，等．百年来的资源环境承载力研究：从理论到实践［J］．资源科学，2017，39（3）：379-395.

［60］刘冬荣，麻战洪．"三区三线"关系及其空间管控［J］．中国土地，2019（7）：22-24.

［61］王芝秀．论"五大发展理念"对中国持续发展的重大意义［J］．文教资料，2017（22）：49-50.

［62］祁帆，谢海霞，王冠珠．国土空间规划中三条控制线的划定与管理［J］．中国土地，2019（2）：26-29.

［63］祁帆，贾克敬，常笑．在国土空间规划中统筹划定三条控制线的五大趋向［J］．中国土地，2019（12）：4-8.

［64］周学红．县级国土空间总体规划的实践认知与策略研究——以四川省大英县国土空间总体规划为例［J］．西部人居环境学刊，2020，35（1）：25-30.

［65］李平星，周健，刘申伟．国土空间规划的自然要素评价与集成：进展与展望［J］．生态环境学报，2021，30（12）：2431-2440.

［66］彭俊杰，陈燕燕，李承蔚．国土空间规划中三条控制线的划定与管理［J］．城市建筑，2019，16（9）：45-46.

［67］倪玉杰，牛焕强，刘莉莉．城市用地自然条件评定的方法与步骤［J］．河北建筑工程学院学报，2010，28（1）：95-97.

［68］王勇．城市总体规划设计课程指导［M］．2版．南京：东南大学出版社，2017.

［69］林静柔，陈蕾，李锋，等．国土空间规划海洋分区分类体系研究［J］．规划师，2021，37（8）：

38–43.

［70］吴雷，雷振东，武艳文，等.乡村景观视角下传统村落现代营建监测数据库研究［J］.南方建筑，2022（3）：98–106.

［71］胡海波，唐小龙.国土空间规划多元传导机制构建——基于南通地区多层次规划实践的探索［J］.城乡规划，2021（Z1）：38–48.

［72］董彦岭.产业振兴：绿色安全、优质高效的乡村产业体系建设［M］.郑州：中原农民出版社，2019.

［73］申云，陈慧，陈晓娟，等.乡村产业振兴评价指标体系构建与实证分析［J］.世界农业，2020（2）：59–69.

［74］徐小东，张炜，鲍莉，等.乡村振兴背景下乡村产业适应性设计与实践探索——以连云港班庄镇前集村为例［J］.西部人居环境学刊，2020，35（6）：101–107.

［75］曾衍德.加快发展现代种植业 助力乡村振兴战略实施［J］.当代农村财经，2018（4）：2–7.

［76］韩风.乡村振兴背景下的乡村产业空间布局研究［J］.城市建筑，2020，17（8）：21–24.

［77］胡晓东.乡村振兴背景下农村产业融合发展研究——以正阳县为例［D］.郑州：郑州大学，2020.

［78］冯天博.新时代生态宜居美丽乡村建设研究［D］.长春：吉林大学，2020.

［79］林昆仑.林业对广西石漠化片区农民收入影响研究［D］.北京：中国林业科学研究院，2015.

［80］刘旺彤.湘乡市东郊乡土地利用多功能定量识别及影响因素分析［D］.长沙：湖南师范大学，2020.

［81］韩凝玉，张哲，王思明.农业文化遗产保护与传承的融合路径研究［J］.东南文化，2019（6）：6–10.

［82］李丽钦.乡村闲置空间景观再生研究——以英林镇"一村一景"乡村微景观活动为例［D］.福州：福建农林大学，2019.

［83］苟嘉辉.河底村三生空间适宜性评价与优化［D］.西安：西北大学，2020.

［84］宋晓倩.自然生态空间统一确权登记疑难问题研究［D］.济南：山东师范大学，2017.

［85］刘林莉.新时代中国共产党农村生态文明建设思想研究［D］.重庆：西南大学，2020.

［86］吴燕茹.基于RS-GIS的石漠化现状及分区研究［D］.重庆：西南大学，2013.

［87］黄蕊.我国生物多样性保护法律制度研究［D］.咸阳：西北农林科技大学，2009.

［88］陈宇婧.乡村振兴战略背景下农村生态文明建设研究——以武汉市木兰乡为例［D］.武汉：湖北省社会科学院，2020.

［89］刘斌.岭南郊野公园设计研究［D］.福州：福建农林大学，2016.

［90］何航洋.地方政府生态治理机制创新研究——以桂林漓江生态保护为例［D］.南宁：广西大学，2020.

［91］卢健.关于乡村旅游开发与生态环境保护问题的探讨［J］.南方农业，2021，15（11）：149–151.

［92］中共中央、国务院.关于全面推进乡村振兴加快农业农村现代化的意见［Z］.2021.

［93］陈全功.农村集体经济发展壮大的条件析论——基于全国榜样名村案例的总结［J］.理论导刊，2018（11）：59-64.

［94］华宇佳，马晓旭.江苏省乡村生态振兴存在的问题及对策思考［J］.中国集体经济，2021（16）：7-8.

［95］唐宁，王成，杜相佐.重庆市乡村人居环境质量评价及其差异化优化调控［J］.经济地理，2018，38（1）：160-165，173.

［96］张挺，李闽榕，徐艳梅.乡村振兴评价指标体系构建与实证研究［J］.管理世界，2018，34（8）：99-105.

［97］朱珈莹，张克荣.少数民族地区生态旅游扶贫与乡村振兴实现路径［J］.社会科学家，2020（10）：59-64.

［98］张超金.乡村生态旅游景观规划设计分析［J］.建材与装饰，2016（45）：57-58.

［99］杨新征.乡村景观资源开发与乡村生态旅游的可持续发展［J］.乡镇经济，2006（8）：58-60.

［100］许也，李鹏波，吴军.生态视角下乡村景观资源评价体系初探［J］.山西农经，2020（20）：83-85.

［101］林国亮.乡村生态环境问题与生态振兴策略——以浙江省平阳县萧江镇为例［D］.南昌：江西农业大学，2020.

［102］王迎洁.乡村振兴战略与乡村生态旅游互动融合发展研究［J］.淮南职业技术学院学报，2020，20（1）：134-135.

［103］中共宁河区委组织部.贯彻"两山"理念 推动乡村振兴 宁河区赴湖州市举办乡村振兴和生态文明建设专题培训班［J］.求贤，2019（9）：30.

［104］邓玲，王芳.乡村振兴背景下农村生态的现代化转型［J］.甘肃社会科学，2019（3）：101-108.

［105］王道丽.当前农田生态环境污染现状调查、原因分析及建议［J］.河南农业，2017（31）：22.

［106］翁伯琦，罗旭辉.乡村振兴应推进生态和产业融合［N］.中国环境报，2018-09-26.

［107］甘忠琴.乡村振兴战略背景下农村公共文化服务体系建设的问题与建议［J］.农村经济与科技，2020，31（23）：286-287，291.

［108］徐团团.陕西省乡村人才振兴的调查研究——以蔡家坡为例［J］.现代营销（下旬刊），2020（6）：252-253.

［109］周晖晖.基于四可论视角的乡村景观设计［J］.山东工艺美术学院学报，2020（5）：48-52.

［110］王习明，彭鹏.乡村振兴与农村土地制度改革［J］.福建农林大学学报（哲学社会科学版），2018，21（5）：18-22.

［111］阮仪三，邵甬，林林.江南水乡城镇的特色、价值及保护［J］.城市规划汇刊，2002（1）：1-4.

［112］徐敏.江南水乡古镇水域景观的比较研究［J］.江苏经贸职业技术学院学报，2007（1）：53-55.

［113］王晨，章玳.文化资源学［M］.南京：南京大学出版社，2014.

［114］黄赫男．"桂林千古情"的文化再生产方式探析［J］.桂林师范高等专科学校学报，2020，34（2）：7-10，16.

［115］宋斌，闵军．地方政府绩效评估中的文化 GDP 指标评价方法研究［J］.求实，2008（S2）：298-300.

［116］宋小霞，王婷婷．文化振兴是乡村振兴的"根"与"魂"——乡村文化振兴的重要性分析及现状和对策研究［J］.山东社会科学，2019（4）：176-181.

［117］贾云飞．乡村文化遗产保护的三大困境［J］.人民论坛，2017（8）：136-137.

［118］田菊娜．浅谈当前乡村文化振兴存在的问题及对策［J］.辽宁师专学报（社会科学版），2020（6）：15-16.

［119］曾润喜，莫敏丽．面向乡村振兴战略的"乡村短视频＋"可持续发展路径研究［J］.中国编辑，2021（6）：23-26.

［120］陈胜前．"互联网＋"时代的家乡博物馆［J］.人民论坛，2018（21）：128-129.

［121］刘正阳．乡村文化的传承与保护［J］.人民论坛，2018（21）：130-131.

［122］孙九霞．旅游作为文化遗产保护的一种选择［J］.旅游学刊，2010，25（5）：10-11.

［123］吴芙蓉，丁敏．文化旅游——体现旅游业双重属性的一种旅游形态［J］.现代经济探讨，2003（7）：67-69.

［124］崔静，哈力玛，周达疆．"集聚文化效应"视角下新疆乡村文化振兴探究［J］.新疆社科论坛，2021（1）：49-55.

［125］金传佳．乡村振兴战略背景下贵州传统村落文化保护与发展研究［J］.中外企业家，2018（28）：153.

［126］宋圭武．在人类文明新形态背景下走中国式现代化新道路［J］.发展，2021（8）：63-66.

［127］王佳星，郭金秀．农耕文化的内涵和现代价值探讨［J］.自然与文化遗产研究，2019，4（11）：20-23.

［128］马永鑫，贺明，郝文媛，等．农业科技支撑乡村振兴示范村建设的思考与建议［J］.农村科学实验，2020（28）：112-114.

［129］孙兴华．实施乡村振兴战略　打造美丽宜居乡村［N］.中国商报，2019-01-23.

［130］于东明．鲁中山区乡村景观演变研究——以山东省淄博市峨庄乡为例［D］.泰安：山东农业大学，2011.

［131］赵秋立．浙江省农村人居环境优化建设研究［D］.杭州：浙江大学，2006.

［132］朱冬．上市公司管理层股权激励及其绩效问题研究［D］.西安：陕西科技大学，2012.

［133］孙蓓．民办培训机构人力资源管理激励研究［D］.武汉：华中师范大学，2018.

［134］李妙兰．基于"慢生活"理念下本土农家乐 APP 界面视觉设计研究［D］.广州：广州大学，2018.

［135］赵景伟．城市人居环境系统中的公用基础设施市场化建设与发展研究［D］.天津：天津大学，2005.

［136］何飞．西南地区流域开发与人居环境建设研究——与城市群体空间结构相适应的交通发展研

究［D］.重庆：重庆大学，2008.

［137］孟应昕.董志塬典型地坑聚落研究［D］.西安：西安建筑科技大学，2013.

［138］刘明.苏南地区乡村居住空间组织研究［D］.苏州：苏州科技学院，2009.

［139］胡昳.宜居城市下住宅空间室内格局因素的研究［D］.郑州：河南大学，2012.

［140］齐璐.园林小气候设计理论基础研究［D］.西安：西安建筑科技大学，2013.

［141］常晓舟.绿洲历史文化名城张掖持续发展与保护开发研究［D］.兰州：西北师范大学，2002.

［142］朱妍.溱潼镇域空间利用的共生—适宜性研究［D］.南京：东南大学，2017.

［143］李青青.乡村振兴战略背景下山东省滨海镇发展的SWOT分析［D］.济南：山东师范大学，2020.

［144］官品佳.区域温泉旅游资源开发潜力评价研究［D］.福州：福建师范大学，2012.

［145］王剑.资源型城市鄂尔多斯产业转型研究［D］.北京：中央民族大学，2013.

［146］康秀梅.陕西省农村居民点建设问题研究［D］.咸阳：西北农林科技大学，2007.

［147］张环.生活垃圾焚烧处理BOT项目效益评价研究［D］.上海：上海工程技术大学，2016.

［148］杨慧卿.山西省微子镇农村住宅公寓化建设问题研究［D］.咸阳：西北农林科技大学，2009.

［149］郭丽.社区体育人居环境的现状调查及优化研究——黄冈市黄州区的个案分析［D］.福州：福建师范大学，2017.

［150］刘瑾.由点到面全面推开 村庄清洁行动"热"起来［N］.经济日报，2019-05-20.

［151］杨仲元.辽宁省农村宅基地使用权流转现状及影响因素分析［D］.沈阳：沈阳农业大学，2019.

［152］张祎娴.居住空间环境的人性化设计研究［D］.重庆：重庆大学，2003.

［153］吴绵超.苏北工业化进程中的反哺问题研究［D］.南京：南京师范大学，2005.

［154］王胤然.资源型城市伊春转型过程中的政府职能研究［D］.哈尔滨：哈尔滨师范大学，2018.

［155］沈山，秦萧，孙德芳，等.城乡公共服务设施配置理论与实证研究［M］.南京：东南大学出版社，2013.

［156］罗震东，张京祥，韦江绿.城乡统筹的空间路径——基本公共服务设施均等化发展研究［M］.南京：东南大学出版社，2012.

［157］朱建达，苏群.村镇基础设施规划与建设［M］.南京：东南大学出版社，2008.

［158］徐珊.基于城乡差异视角的综合防灾规划研究［C］//中国城市规划学会，重庆市人民政府.活力城乡　美好人居——2019中国城市规划年会论文集（01城市安全与防灾规划）.北京：中国建筑工业出版社，2019：236-247.

［159］陈厚基.农业基础设施建设［M］.北京：中国科学技术出版社，1991.

［160］任莉.探究农村安全饮水工程规划设计［J］.甘肃农业，2021（11）：106-108.

［161］曹志勇.新农村基础设施［M］.北京：中国社会出版社，2006.

［162］王华,蒋吉发.新时期农村饮水工程基本内涵与发展模式研究[J].中国农村水利水电,2007(6)：57-60.

［163］袁宇阳.信息化背景下智慧乡村的特征、类型及其实践路径［J］.现代经济探讨，2021（4）：

126-132.

［164］王新利.中国农村物流模式及体系发展研究［D］.咸阳：西北农林科技大学，2003.

［165］费振国.我国农业基础设施融资研究［D］.咸阳：西北农林科技大学，2007.

［166］史官云.现代城镇市政设施建设研究与实践［M］.北京：中国科学技术出版社，2008.

［167］高端阳，李睿.乡村治理的变迁、问题与解决路径［J］.农业经济，2021（6）：31-33.

［168］苏新杰.乡村振兴战略背景下乡村治理现代化研究［D］.洛阳：河南科技大学，2019.

［169］李骏江.乡村振兴战略背景下农村环境治理研究［J］.经济研究导刊，2021（21）：7-9.

［170］卢钇名.乡村振兴背景下乡村治理的主要内容与改进路径［J］.乡村科技，2021，12（2）：
32-33.

［171］张春照.重塑乡政村治：新时代我国乡村治理现代化研究——基于广东省乡村治理的实证与
理论分析［D］.长春：吉林大学，2019.

［172］陈文胜.以"三治"完善乡村治理［N］.人民日报，2018-03-02.

［173］刘儒.乡村善治之路：创新乡村治理体系［M］.郑州：中原农民出版社，2019.

［174］王新宇，于华，徐怡芳.田园综合体模式创新探索——以田园东方为例［J］.生态城市与绿色建筑，
2017（Z1）：71-77.

［175］无锡东方田园投资有限公司，东联设计集团.无锡惠山阳山东方田园总体规划［Z］.2013.

［176］MAD建筑事务所.无锡国家禅意小镇旅游度假区设计方案［Z］.2013.

［177］赵建.全域旅游视角下旅游风情小镇开发策略研究——以无锡灵山禅意小镇·拈花湾为例［J］.
度假旅游，2018（12）：21-22，24.

［178］马彦.以文化旅游为理念的休闲度假综合体规划研究——以无锡灵山小镇·拈花湾为例［J］.
中国园艺文摘，2018，34（3）：162-163，190.

［179］陆宇荣.德清县莫干山区域民宿产业提升的对策研究［J］.太原城市职业技术学院学报，
2017（10）：53-54.

［180］郭虓.以文村和东梓关村为例分析美丽乡村设计思路［J］.居舍，2020（5）：6，32.

［181］孙文秀，武前波，陈前虎，等.基于景观社会理论的浙江乡村振兴研究——以富阳"网红村"
建设为例［J］.城乡规划，2020（4）：88-96.

［182］任亚鹏，崔仕锦，王江萍.日本浅山区振兴策略调查研究——以越后妻有艺术节为例［J］.
风景园林，2018，25（12）：41-46.

［183］时晨.艺术项目参与乡村振兴研究——以日本越后妻有地区"大地艺术节"为例［J］.河南
科技学院学报，2020，40（7）：7-13.

［184］范霄鹏，张晨.浅议生态社区营造策略——以台湾桃米村为例［J］.小城镇建设，2018（6）：
69-75.

后　记

乡村振兴战略提出后，如何将乡村振兴战略与城乡规划教学工作进行有效衔接，为学生构建系统的乡村振兴建设规划知识体系成为当前相关专业教学的重点。2020年，绵阳城市学院成立了乡村振兴建设规划研究中心，并开始开展乡村振兴建设规划理论与实践研究工作。

教材编写人员都是长期从事城乡规划、风景园林专业教学的高校教师以及规划设计企业工程师，教材内容体系由西南科技大学李嘉华教授提出。第一章、第三章由伍志凌（绵阳城市学院）编写，第二章由伍志凌、钟兴旭（绵阳东展空间信息科技有限公司）共同编写，第四章由罗小娇（绵阳城市学院）编写，第五章、第九章由刘海静（绵阳城市学院）编写，第六章由张彦艳（绵阳城市学院）编写，第七章、第八章由包静（绵阳城市学院）编写，第十章由林政潇（绵阳城市学院）编写，第十一章由张彦艳、罗小娇共同编写，第十二章由伍志凌、杨瑜（绵阳城市学院）共同编写。

本教材力求结合乡村振兴战略，反映当前最新的研究理论和规划要求，满足当前社会发展和学科发展、行业发展需求。教材除了循序渐进、条理清楚地介绍了规划原理和方法外，还从乡村振兴实施路径的角度，解析了当前国内外优秀的乡村振兴典型案例，便于学生理解理论知识并在实际运用中找到切实可行的思路。乡村振兴战略提出后，很多问题的研究和规划实践正处于积极探索阶段，因此教材坚持开放性原则，注重交流和探讨，注重启发学生理论联系实践的设计研究方法和正确的创新思维方式，并逐步培养学生的创新能力。

教材编写历时两年多，编者从专业教学、社会实践和考研学习等需求出发，广泛查阅相关文献资料，多次深入乡村调查，反复修改完善，最终定稿。本书充分借鉴了近年来国内外许多研究学者的优秀成果，并得到了武汉大学出版社的大力支持，在此表示诚挚的感谢。当前乡村建设日新月异，知识更新加速，教材编写内容与实践需求难免有不契合之处，敬请相关院校师生在使用过程中提出宝贵意见，以供修编时再做改进。

编　者
2023年9月